W0260433

Clifford M. Will

... und Einstein hatte doch recht

Übersetzt von Anne und Gerd Leuchs

Springer-Verlag

Titel der englischen Originalausgabe: C.M. Will: **Was Einstein Right?**

ISBN 0-465-09088-5 Basic Books, Inc., Publishers, New York

ISBN-13: 978-3-642-74315-3 e-ISBN-13: 978-3-642-74314-6
DOI: 10.1007/978-3-642-74314-6

CIP-Kurztitelaufnahme der Deutschen Bibliothek
Will, Clifford M.:
... und Einstein hatte doch recht / Clifford M. Will. Übers. von Anne u. Gerd Leuchs. – Berlin ; Heidelberg ; New York ; London ; Paris ; Tokyo : Springer, 1989
Einheitssacht.: Was Einstein right? <dt.>

Softcover reprint of the hardcover 1st edition 1989

Gesamtherstellung, J. Ebner, Graphische Betriebe, 7900 Ulm (Donau)
2156/3150-543210 – Gedruckt auf säurefreiem Papier

Vorwort zur amerikanischen Ausgabe

Quasare, kosmische Hintergrund-Strahlung, Pulsare, Schwarze Löcher und Gravitationslinsen. Was verbindet all diese Dinge?

Erstens wurden sie nach 1960 entdeckt, in einer Phase beispielloser technologischer Fortschritte in der wissenschaftlichen Forschung, insbesondere in der Astronomie.

Zweitens erregten sie großes Interesse in der Öffentlichkeit. Erinnern wir uns nur an die in den letzten Jahren so erfolgreichen Bücher („Die Ersten Drei Minuten"), Filme („Das Schwarze Loch") und Fernsehproduktionen, die diese Erscheinungen einem breiten Publikum vorgestellt haben, ganz zu schweigen von den Armbanduhren („Pulsar") und Fernsehgeräten („Quasar"), die nach ihnen benannt sind.

Drittens läßt uns ihre Existenz die Frage stellen: „Hatte Einstein recht?" Jeder einzelne Posten in der eingangs aufgeführten Liste ist eng mit Einsteins Allgemeiner Relativitätstheorie verbunden. Schwarze Löcher, die Überreste toter, in sich zusammengefallener Sterne, sind eine wichtige Vorhersage der Theorie; ein Schwarzes Loch wird für die astronomische Röntgenquelle Cygnus *X1* verantwortlich gemacht. Vielfach wird angenommen, daß sie die Energie für Quasare liefern, jene Funkfeuer von unglaublicher Leuchtkraft, die wir noch bis zum Rand des sichtbaren Weltalls sehen können. Die kosmische Hintergrund-Strahlung ist höchst wahrscheinlich das Nachglühen des Urknalls, mit dem das Universum seinen Anfang nahm, eines Ereignisses, für dessen Deutung man die Relativitätslehre benötigt. Die Struktur der Pulsare, die man für sich schnell drehende Neutronensterne hält, wird stark beeinflußt von ungeheuer großen allgemein-relativistischen Gravitationskräften. Die kürzlich entdeckten Gravitationslinsen schließlich sind Galaxien, die das in ihre Umgebung kommende Licht beugen und fokussieren aufgrund der dort vorhandenen allgemein-relativistischen Krümmung der Raum-Zeit.

Moderne Astronomen und Astrophysiker kommen bei ihren Versuchen, diese Phänomene zu verstehen, nicht umhin, die Allgemeine Relativitätstheorie als Rüstzeug zu benutzen. Wäre die Theorie falsch, so kämen alle diese Wissenschaftler in Verlegenheit; eine wichtige Untermauerung ihrer Modelle ging verloren.

Natürlich steht bei der Frage „Hatte Einstein recht?" sehr viel mehr auf dem Spiel, als die Wissenschaftler bei guter Laune (und beschäftigt) zu halten. Die Allgemeine Relativitätstheorie ist eine fundamentale Theorie der Natur von Raum, Zeit und Gravitation und hat die Art und Weise, wie wir das Weltall betrachten, nachhaltig beeinflußt. Aber wie jede andere naturwissenschaftliche Theorie kann sie nicht isoliert betrachtet werden. Sie muß sich experimentellen Tests und der Beobachtung stellen. Gleichgültig, wie tiefgründig sie auch sein mag, unabhängig davon, wie schön und ausgewogen sie erscheinen mag, sie muß fallen gelassen werden, sobald sie nicht mehr mit den Beobachtungen in Einklang zu bringen ist. Leider können wir durch die Beobachtung von Quasaren, Pulsaren und ähnlichen Objekten alleine nicht viel über die Allgemeine Relativitätslehre herausfinden. Der Grund dafür ist, daß bei diesen Objekten derart komplizierte physikalische Vorgänge eine Rolle spielen, daß wir die allgemein-relativistischen Effekte nicht leicht von den anderen beteiligten Kräften trennen können. Um also herauszufinden, ob Einstein recht hatte, müssen wir verschiedene Tests durchführen.

Dieses Buch stellt solche Tests vor. Es beschreibt die um 1960 begonnenen und nun schon zwanzig Jahre andauernden Anstrengungen, die sich zum Ziel gesetzt haben, die Vorhersagen der Allgemeinen Relativitätstheorie exakt zu überprüfen und neue Vorhersagen zu machen, die wiederum zu prüfen sind. Es war schon immer als wichtig erachtet worden, die Einsteinsche Theorie zu testen, und zwar gleich von dem Augenblick an, als Einstein sie im Jahre 1915 veröffentlichte. Aber erst die Serie astronomischer Entdeckungen, die 1960 mit den Quasaren begann, gab diesem Programm eine hohe Dringlichkeit. Es waren nicht die Bemühungen eines Einzelnen oder einer Gruppe von Wissenschaftlern: es war eine internationale Forschungsanstrengung von Laboratorien in den USA, Europa und der Sowjetunion. Experimentalphysiker, Radioastronomen, Satellitengeodäten, Theoretiker und viele andere Wissenschaftler waren daran beteiligt. Die Arbeit wurde nicht besonders geplant oder organisiert, abgesehen von Konferenzen, die in regelmäßigen Abständen die verschiedenen Experten zusammenführten, um über Forschungsergebnisse zu berichten. Das alles passierte aus drei Gründen: Die astronomischen Entdeckungen, die ich oben aufgeführt habe, sorgten für die nötige Motivation; eine technologische Revolution in Physik und Astronomie lieferte das Rüstzeug für die Lösung der anstehenden Aufgaben, und die großen Fortschritte in der Handhabung der Theorie machten es uns möglich, die beobachtbaren Konsequenzen der Allgemeinen Relativitätstheorie zu berechnen und zu interpretieren.

Einstein würde von dem, was ich in diesem Buch beschreibe, nicht viel wiedererkennen. Die neuen wissenschaftlichen Techniken der Sechziger und Siebziger Jahre waren ihm natürlich nicht bekannt. Der Wasserstoffmaser als Atomuhr, die Radar-Vermessung von Planetenbahnen, die Radiointerferometrie von Quasaren, all das wurde erst nach seinem Tod im Jahr 1955 entdeckt oder entwickelt. Jede dieser Techniken wurde dazu benutzt, eine der drei berühmten Vorhersagen, die Einstein gemacht hatte, als er seine Allgemeine Relativitätstheorie aufstellte, erneut zu überprüfen. Aber auch die neuen Tests würde er nicht erkennen. Zwei zusätzliche und wichtige Bestätigungen seiner Theorie waren bis Mitte der Sechziger Jahre noch nicht einmal als theoretische Möglichkeit erwogen worden und wurden erst in den Siebziger Jahren abgeschlossen. Ein dritter, neuer Test, der gerade rechtzeitig zu seinem 100. Geburtstag beendet wurde, bestätigte schließlich eine Vorhersage der Theorie, über deren Realität Einstein selbst manchmal Zweifel gehegt hatte.

Würde sich Einstein über die Ergebnisse freuen? Ich glaube schon, denn seine Theorie hat jeden einzelnen Test glänzend bestanden.

Wäre er auch beeindruckt? Da bin ich nicht so sicher. Nicht, daß er die Experimentierkunst gering schätzte, im Gegenteil, er war in jungen Jahren Co-Autor mehrerer experimenteller Veröffentlichungen und er besaß zahlreiche Patente. Die experimentelle Seite war ihm so wichtig, daß er selbst Beobachtungen zum Test der Allgemeinen Relativitätstheorie vorschlug. Allerdings erschien er ein wenig hochnäsig, wenn es um die tatsächlichen Ergebnisse dieser Experimente ging. 1930 schrieb er: „Ich sehe die größte Bedeutung der Allgemeinen Relativitätstheorie nicht in der Voraussage einiger kleiner beobachtbarer Effekte, sondern vielmehr in der Einfachheit ihrer Grundlagen und in ihrer Schlüssigkeit". Er war offensichtlich felsenfest von der Gültigkeit der Allgemeinen Relativitätstheorie überzeugt und glaubte, daß Experimente lediglich das bestätigen würden, was er selbst schon längst wußte.

Ob besser oder schlechter, wir Wissenschaftler des späten 20. Jahrhunderts sind wohl ungläubiger. Wir haben es immer wieder erlebt, wie schöne Theorien aufgebaut wurden, nur um nach der Widerlegung durch das Experiment in der Luft zerrissen zu werden. Die Tatsache, daß die Allgemeine Relativitätstheorie schon 70 Jahre überdauert hat, sollte nicht zur Folge haben, daß man ihr nicht mit der gleichen Skepsis begegnet wie beispielsweise modernen Theorien der Elementarteilchen. Außerdem, verdient nicht gerade die Gravitation als die am längsten bekannte und in vielerlei Hinsicht fundamentalste Kraft der Natur eine empirische Grundlage?

Ein Thema, das in diesem Buch ausgeklammert wird, ist die Spezielle Relativitätstheorie. Während die Allgemeine Relativitätslehre eine Theorie über Gravitation und Raum-Zeit im Großen ist, handelt die Spezielle Relativitätslehre nur von der Physik ohne Gravitation und ist ganz besonders wichtig für die physikalischen Vorgänge in der mikroskopischen Welt der Atome und Elementarteilchen. Der Grund, warum die Spezielle Relativitätstheorie hier nicht behandelt wird, liegt darin, daß sie mittlerweile ein vollkommen akzeptierter und integrierter Teil der modernen Physik ist, ein Hauptbestandteil im Bild, das wir uns von Atomstrukturen, Atomkernen und Elementarteilchen, von allen Dingen im mikroskopischen Bereich machen. Experimentell gibt es keinen Zweifel am Wert dieser Theorie; sie wurde immer wieder überprüft und viele Male bestätigt. Trotzdem wird eine kurze Beschreibung der Hauptgedanken der Speziellen Relativitätstheorie und ihrer empirischen Grundlagen im Anhang angeführt.

Obwohl es in diesem Buch um Physik geht, handelt es auch von Menschen, denn es sind Menschen, die versuchen, die Vorhersagen der Einsteinschen Theorie zu verstehen, und es sind Menschen, die die Experimente und Beobachtungen zum Test dieser Vorhersagen durchführen. Im ganzen Buch habe ich mich bemüht, die menschliche Seite dieser Anstrengungen zu beleuchten, wobei ich auf meine Erinnerungen und die Erinnerungen von Kollegen zurückgriff.

Für ihre unschätzbare Hilfe möchte ich mich bei John Anderson, Francis Everitt, William Fairbank, Russell Hulse, Kenneth Nordtvedt, Irwin Shapiro und Robert Vessot bedanken. Für die Durchsicht des Manuskripts sowie für wichtige und hilfreiche Anregungen bin ich Bernhard Schutz, Michael Friedlander und Richard Liebmann-Smith von Basic Books zu Dank verpflichtet. Ganz besonderer Dank gilt Irwin Shapiro, der großzügigerweise etwa zwei Drittel des Buches Abschnitt für Abschnitt durchgearbeitet hat. Er entschuldigte sich für seine pingeligen Kommentare, aber sie halfen mir, zahlreiche Ungereimtheiten und Fehler zu vermeiden. Für alle Fehler und Unterlassungen, die sich möglicherweise dennoch eingeschlichen haben, bin ich selbst verantwortlich.

Inhaltsverzeichnis

1. Die Renaissance der Allgemeinen Relativitätstheorie

Der 14. September 1959 war ein Montag. Die Schule hatte gerade wieder begonnen. Damals war ich ein schmächtiger, zwölfjähriger Schüler der 9. Klasse und schleppte einen Ranzen herum, der halb so groß war wie ich selber. Ich interessierte mich sehr für die Unterrichtsfächer Englisch, Geschichte, Mathematik, Französisch und Naturwissenschaften, aber mein allergrößtes Interesse galt dem technischen Zeichnen. Dieses Fach kam meinen Berufsvorstellungen entgegen, denn ich wollte Architekt werden, in erster Linie deshalb, weil ich gehört hatte, daß man damit viel Geld verdienen konnte. An den Naturwissenschaften war ich nicht sonderlich interessiert, hatte keinerlei Ahnung von der Allgemeinen Relativitätslehre, und den Namen „Einstein" kannte ich nur als eine Umschreibung für Genie. „Diese Person ist hochintelligent, ein neuer Einstein" war ein Ausspruch, den wir zu benutzen pflegten. Ich hatte keinen blassen Schimmer von dem frischen Wind, der um die Allgemeine Relativitätslehre wehte und der auch mich ein Jahrzehnt später erfassen und mitreißen würde.

An diesem 14. September konnte ich unmöglich wissen, was sich gerade in dem 40 Millionen Kilometer weiten Raum zwischen Erde und Venus abspielte. Zwölf Tage zuvor, zu dem Zeitpunkt also, an dem gerade meine Sommerferien zu Ende gingen, hatte die Venus die *untere Konjunktion* durchlaufen, jenen Punkt ihrer Umlaufbahn, an dem sie der Erde am nächsten kommt. Wissenschaftler des Lincoln Laboratoriums des Massachusetts Institute of Technology (MIT) versuchten, diese Nähe für ein wichtiges Experiment auszunutzen. Ihr Ziel war es, ein Radarsignal zur Venus zu senden, es an der Oberfäche des Planeten reflektieren zu lassen und dann wieder zu empfangen. Dieses Radarecho erwartete man nach etwa viereinhalb Minuten. Während eines vierwöchigen Zeitraums im August und September schickten die Wissenschaftler von der Millstone Hill Antenne des MIT, dreißig Kilometer nordwestlich von Boston, kodierte Radiowellen zur Venus und warteten ungeduldig auf Echos. Leider waren die zurückkommenden Signale extrem schwach, und zu ihrem Leidwesen konnten die Wissenschaftler keine Echos aufspüren, die über das unvermeidliche, in jedem Radioempfänger vorkommende Rauschen hinausgingen. Als die Venus sich wieder von der Erde entfernte, hörten die Wissenschaftler damit auf, Signale zu senden, und stellten sich darauf ein, die nächste untere Konjunktion abzuwarten, die am 9. April 1961 fällig würde.

Die Radarmessungen vom April 1961 waren sehr viel erfolgreicher; ohne Schwierigkeiten wurden Echos von der Venus empfangen, und die Gesamtlaufzeit eines jeden Signals wurde mit großer Genauigkeit gemessen. In Verbindung mit dem Wert der Lichtgeschwindigkeit ergab sich aus diesen Messungen der Abstand zwischen Erde und Venus mit einer Ungenauigkeit, die zum damaligen Zeitpunkt noch etwa hundert Kilometer betrug. Ähnliche Erfolge wurden aus dem Jet Propulsion Laboratorium des California Institute of Technology (Caltech) gemeldet. Echos wurden ebenfalls von Radarstationen in England und in der Sowjetunion wahrgenommen. Während dieser Beobachtung wurde eine wichtige Entdeckung gemacht: Der allgemein anerkannte Wert der *Astronomischen Längeneinheit,* jener Größe, die mit 150 Millionen Kilometern in etwa die mittlere Entfernung der Erde von der Sonne angibt, war zu klein und zwar um den sechshundertsten Teil eines Prozents oder 93 000 Kilometer. Da die Astronomische Längeneinheit die Basiseinheit für die Bestimmung aller Planetenumlaufbahnen darstellt, hatte eine solche Korrektur auch eine entsprechende Änderung der errechneten Umlaufbahnen zur Folge. Während die Wissenschaftler vom Lincoln Laboratorium die Bahnen von 1961 analysierten, stellten sie fest, daß diese Korrektur möglicherweise auch für den Fehlschlag der früheren Radarbeobachtung verantwortlich war.[1] 1959 war nämlich zur Berech-

[1] Wenn man versucht, ein schwaches Signal in stark verrauschten Meßdaten zu finden, dann ist es sehr hilfreich, wenn man weiß, wo man suchen muß. (Es ist das klassische „Nadel im Heuhaufen" Problem.) Im Fall eines schwachen Radarechos will man ungefähr wissen, wo das Echo zu erwarten ist, so daß man sich auf diesen Teil der Daten konzentrieren kann.

nung der zu erwartenden Ankunftszeit des Echos der alte Wert der Astronomischen Längeneinheit zugrundegelegt worden. Daher hatten die Wissenschaftler das Echo zur falschen Zeit gesucht. So wurde bei einer neuen Analyse der alten Daten vom 14. September 1959 mit der korrigierten Astronomischen Längeneinheit tatsächlich ein Echo gefunden.

Obwohl die Entdeckung des Echos in den Meßdaten vom 14. September im nachhinein geschah, wurden die Beobachtungen jenes Tages als das Ereignis betrachtet, das am Anfang eines denkwürdigen Forschungsjahres stand — September 1959 bis September 1960, einem Jahr von großer Tragweite für Einsteins Allgemeine Relativitätstheorie.

Was geschah noch in diesem Jahr?

Physical Review Letters ist eine hochangesehene wissenschaftliche Zeitschrift; sie publiziert Beiträge von solcher Bedeutung, daß eine umgehende Veröffentlichung notwendig erscheint, um die neuen Forschungsergebnisse so schnell wie eben möglich der Wissenschaftswelt zu übermitteln. Am 9. März 1960 ging im Redaktionsbüro der Zeitschrift ein Artikel mit dem Titel „Das scheinbare Gewicht der Photonen" ein. Die Autoren waren Robert V. Pound und Glen A. Rebka Jr. von der Universität Harvard. Dieser Artikel beschrieb die erste erfolgreiche Labormessung der Änderung der Wellenlänge des Lichts, die auftritt, wenn das Licht in einem Gravitationsfeld eine Höhendifferenz durchläuft. Dieses Phänomen wird als Gravitationsrotverschiebung bezeichnet und war die erste der drei berühmten Vorhersagen, die Einstein im Rahmen seiner Allgemeinen Relativitätstheorie machte. Der Pound-Rebka-Artikel wurde angenommen und in der Ausgabe vom 1. April veröffentlicht.

Wenige Monate später erschien in der Ausgabe vom Juni 1960 der *Annals of Physics*, einer anderen physikalischen Zeitschrift, ein Artikel des englischen Mathematikers und Physikers Roger Penrose mit dem anspruchsvollen Titel „Ein Spinor-Formalismus für die Allgemeine Relativitätstheorie". Obwohl der Artikel sehr mathematisch gehalten war, umriß er eine höchst elegante und geeignete Rechentechnik für die Lösung gewisser Probleme der Allgemeinen Relativitätstheorie. Diese Theorie galt lange Zeit als extrem schwierig in ihrer mathematischen Darstellung, die neue Methode jedoch machte einige Rechnungen geradezu einfach.

Gegen Ende des Sommers, als ich auf dem Schulhof Baseball spielte, Bergwanderungen in der Umgebung unternahm und darüber nachdachte, ob ich nicht die Architektur vergessen und lieber Genetiker werden sollte, war Carl H. Brans gerade dabei, seiner Doktorarbeit den letzten Schliff zu geben. Brans war Doktorand an der Universität Princeton und arbeitete unter dem herausragenden Experimentalphysiker Robert H. Dicke. Seine Dissertation aber war der Theorie gewidmet. Sie trug den Titel „Das Machsche Prinzip und eine veränderliche Gravitationskonstante". Ein Teil dieser Doktorarbeit stellte die Gleichungen für eine neue Gravitationstheorie vor, einer Alternative zur Einsteinschen Allgemeinen Relativitätslehre. Zunächst unter dem Namen *Skalar-Tensor-Theorie der Gravitation* eingeführt, wurde sie mit der Zeit besser bekannt als *Brans-Dicke-Theorie.*

Als sich langsam der Herbst näherte, Brans arbeitete noch immer an seiner Dissertation, kam ich gerade in die 10. Klasse und war zu diesem Zeitpunkt ernsthaft davon überzeugt, daß die Genetik meine Berufung wäre. Zur gleichen Zeit bereiteten sich die Astronomen Thomas Matthews und Allan Sandage darauf vor, das Fünf-Meter-Teleskop auf dem Mount Palomar in Kalifornien für Beobachtungen einer Radiowellenquelle mit der Bezeichnung 3C48 zu benutzen. (Die Bezeichnung bedeutet 48. Eintragung im *3. Cambridge-Katalog* für Radioquellen). Sie interessierten sich dafür, welche Art sichtbaren Lichts diese Quelle wohl aussende. Deshalb photographierten sie in der Nacht vom 26. September 1960 den Himmelsausschnitt rund um die Quelle 3C48. Der damalige Stand der Wissenschaft ließ vermuten, daß sie an der Stelle der Radioquelle einen Galaxienhaufen finden würden, aber nichts dergleichen war zu sehen. Stattdessen handelte es sich bei diesem Objekt um einen Stern, soweit sie das durch Anschauen der Fotoplatte beurteilen konnten, jedoch war der „Stern" anders als alle anderen, die man bisher gesehen hatte. Die Beobachtungen, die im Oktober und November desselben Jahres und auch immer einmal wieder im Laufe des Jahres 1961 folgten, zeigten, daß sein Farbspektrum höchst ungewöhnlich war und daß sich seine Helligkeit und Leuchtkraft stark und schnell änderte, manchmal schon während eines Zeitraums von weniger als 15 Minuten. Es handelte sich also um Zuwachs in der Familie astronomischer Objekte, und man brauchte einen speziellen Namen. Das Objekt war eine Radioquelle, obwohl es wie ein Stern aussah. (Gewöhnliche Sterne sind keine starken Radioquellen.) Andererseits war es aufgrund seines Spektrums und der Veränderlichkeit kein normaler Stern, es war sozusagen „quasi-stellar". Darum wurde bald der Name quasi-stellare Radioquelle oder *Quasar* für dieses und ähnliche Objekte benutzt.

Mit dieser bemerkenswerten Entdeckung ging das akademische Jahr 1959–60 zu Ende, als die Radarbeobachtung der Venus in ihrer unteren Konjunktion gerade um etwas mehr als ein Jahr zurücklag. Es war ein bedeutsames Jahr für die Allgemeine Relativitätslehre, denn alle Anzeichen sprachen für eine beginnende Renaissance. Die fünf verschiedenen, von mir beschriebenen, scheinbar voneinander unabhängigen Ereignisse betrafen Wissenschaftsbereiche, die von der Experimentalphysik über die abstrakte Mathematik bis hin zur Astronomie reichten. Sie bereiteten den Weg für ein Zeitalter, in dem die Allgemeine Relativitätslehre ein aktiver und aufregender Zweig der Physik werden sollte, nachdem sie vorher fast ein halbes Jahrhundert lang nicht sonderlich beachtet worden war. Es sollte eine Zeit anbrechen, in der die Allgemeine Relativitätstheorie nicht nur von den Astrophysikern als wichtiges Werkzeug bei ihren Versuchen benutzt wurde, hinter die Geheimnisse der astronomischen Phänomene zu kommen, sondern in der auch die Gültigkeit dieser Theorie wie nie zuvor in Frage gestellt wurde. Es war auch eine Zeit, in der experimentelle Mittel zur Verfügung stehen würden, um die Theorie in einer bisher nie dagewesenen Weise zu testen und mit unglaublicher Genauigkeit zu bestätigen.

Die Entdeckung der Quasare beförderte die Allgemeine Relativitätslehre mit einem Schlag an die vorderste Front der Astronomie. Der Grund war eine Energiekrise von wahrhaft kosmischem Ausmaß. Innerhalb weniger Jahre nach der Entdeckung des mit 3C48 verbundenen Quasars wurde festgestellt, daß er und ähnliche Quasare zu den am weitesten entfernten Objekten im Weltraum zählen. Was die Astronomen als ungewöhnliche Spektren angesehen hatten, waren in Wirklichkeit ganz gewöhnliche Spektren, in denen alle Strukturen einheitlich zum roten Ende hin verschoben waren. Das bedeutete, daß sich die Quasare mit hoher Geschwindigkeit von uns wegbewegen mußten, im Fall des 3C48 mit 30 Prozent der Lichtgeschwindigkeit. Die Verschiebung der Wellenlänge zum Roten hin ist eine Folge der Doppler-Verschiebung, desselben Effekts, der im Falle des Schalls eine Polizeisirene in einer tieferen Tonlage erscheinen läßt, wenn sich der Einsatzwagen von uns entfernt. Im Jahre 1929 hatte der Astronom Edwin Hubble entdeckt, daß die systematische *Rotverschiebung* der Spektren ferner Galaxien, die 15 Jahre zuvor zum erstenmal von Vesto M. Slipher beobachtet worden war, nach einem bestimmten Muster erfolgte: Je weiter entfernt das Objekt, um so größer seine Fluchtgeschwindigkeit (fast in direkter Proportionalität) und umso größer die Rotverschiebung seiner Spektrallinien. Seit dieser Zeit wird angenommen, daß sich das Universum gleichmäßig in alle Richtungen ausdehnt. Im Fall von 3C48 beispielsweise beträgt die Fluchtgeschwindigkeit ein Drittel der Lichtgeschwindigkeit, was einer Entfernung von sechs Milliarden Lichtjahren entspricht. Das Licht, das wir heute von 3C48 sehen können, wurde ausgesandt, als das Weltall zwei Drittel seines heutigen Alters hatte. Wegen ihrer großen Entfernung würde man erwarten, daß die Quasare sehr schwach erscheinen; es handelt sich jedoch um sehr leuchtstarke Quellen, sowohl was das sichtbare Licht als auch die Radiowellen anbelangt. Daher muß ihre absolute Helligkeit oder Leuchtkraft enorm groß sein. Für 3C48 ergibt sich aus diesen Zahlen eine Helligkeit, die hundertmal größer ist als die unserer eigenen Galaxie.

Das war die Energiekrise: Was in aller Welt konnte die Quelle einer solchen Leistung sein? Im kosmischen Maßstab ist die stärkste uns bekannte Kraft die Gravitation. Daher wurde vorgeschlagen, daß die Energie superstarker Gravitationsfelder des Rätsels Lösung sein könnte. Darüberhinaus mußte die Quelle dieser Leistung aus einem einfachen Grund sehr kompakt sein. Wenn nämlich die gesamte Leuchtkraft der Quelle, sagen wir innerhalb einer Stunde, stark schwankt, dann kann die Ausdehnung der Quelle nicht wesentlich größer sein als die Entfernung, die das Licht in einer Stunde zurücklegen kann. Nur so kann nämlich die eine Seite der Quelle „wissen", was die andere tut, und sich gleich verhalten.

Eine Lösung der Energiekrise bei Quasaren hatte also mit starken Gravitationsfeldern zu tun und bedeutete eine riesige Massenkonzentration. Eine Masse, die vielleicht viele Millionen Mal größer als die Masse unserer Sonne ist, müßte auf eine räumliche Ausdehnung von weniger als einer Lichtstunde zusammengepreßt sein, was dem Durchmesser der Jupiterbahn entspricht. Dies stellte einen neuen, hochverdichteten Zustand der Materie dar, der nur mit Hilfe der Allgemeinen Relativitätstheorie beschrieben werden konnte.

Die Entdeckung der Quasare schuf ein neues Forschungsgebiet innerhalb der Physik. Im Juni 1963 wurden Astronomen, Physiker und Mathematiker aus aller Welt eingeladen, an einer Konferenz auf diesem neuen Gebiet teilzunehmen, das heute als Relativistische Astrophysik bezeichnet wird. Das erste Texas Symposium über Relativistische Astrophysik fand vom 16. bis 18. Dezember 1963 in Dallas statt. Etwa 300 Wissenschaftler nahmen daran teil. Es herrschte eine gespannte Atmosphäre, teils wegen des anhaltenden Schocks, den die Ermordung von Präsident Kennedy nur dreieinhalb Wochen zuvor in derselben Stadt ausgelöst hatte, teils aber auch, weil viele Wissenschaftler die enormen Möglichkeiten dieses neuen Forschungszweiges erahnten, der die fundamentalsten Fragen der Natur in Angriff nahm. Allein die Tatsache, daß Astronomen, Physiker und Mathematiker sich zur Lösung dieser Fragen versammelt hatten, war schon sehr aufregend, obwohl dieses Treffen zunächst einmal eine amüsante Seite zeigte. Mehrere Teilnehmer am ersten Texas Symposium erzählen davon, wie ein Theoretiker auf dem Gebiet der Allgemeinen Relativitätslehre den Vortrag eines Astronomen unterbrach, um zu fragen, was er unter der „Größe" eines Sterns verstehe. (Die *Größenklasse* oder kurz *Größe* ist ein Maß der Astronomen für die scheinbare Helligkeit eines Sterns, ein elementarer Begriff, der in jeder Anfängervorlesung über Astronomie gelehrt wird.) Umgekehrt wird auch von einem Astronomen berichtet, der den Allgemeinen Relativitätsforscher nach dem Riemann-Tensor fragte. (Der Riemann-Tensor ist ein Maß für die Krümmung der Raum-Zeit und für den Relativitätsforscher ebenso elementar.) Aber bald lernten die Experten auf diesem neuen fächerübergreifenden Gebiet, wie sie miteinander zu sprechen hatten, so daß bei späteren Texas Symposien gar nicht selten Relativistische Astrophysiker auftauchten, die sich mit der Komplexität der gekrümmten Raum-Zeit genauso gut auskannten wie mit der Struktur und Entstehungsgeschichte von Sternen oder der Leistungsfähigkeit und -grenze von Radioteleskopen.

Aber bei all diesen fächerübergreifenden Bemühungen erhob sich die Frage: „Ist die Allgemeine Relativitätstheorie die richtige

Grundlage für die Relativistische Astrophysik, oder sollte man lieber eine andere Theorie verwenden?" Eine Beantwortung dieser Frage erschien immer dringlicher, als innerhalb weniger Jahre die kosmische Hintergrund-Strahlung (1965), die Pulsare (1967) und eine Röntgen-Strahlungsquelle, die möglicherweise ein Schwarzes Loch enthält (1971), entdeckt wurden.

Der Artikel von Roger Penrose in den Annals of Physics 1960 markierte den Beginn einer neuen Schule von Allgemeinen Relativitätsforschern. Vor dieser Zeit hatten diese Allgemeinen Relativitätsforscher den Ruf, sich in intellektuelle Elfenbeintürme zurückzuziehen und ihre Selbstbestätigung in schwer verständlichen Berechnungen ungeheuerer Kompliziertheit zu suchen mit Ergebnissen, die unmöglich zu verstehen waren. Aber die neue Generation, die von Leuten wie Penrose repräsentiert wird, tat zwei für die Zukunft des Faches bedeutende Dinge. Zunächst einmal brachten sie neue mathematische Techniken mit, die es ihnen erlaubten, viele Berechnungen zu straffen und in vereinfachter Form darzustellen, wobei einige von ihnen fast trivial wurden. Das half auch, dem Fach etwas von seinem geheimnisvollen Anstrich zu nehmen, unter dem es gelitten hatte, und es machte die Lehre der Allgemeinen Relativitätstheorie für neue Physikergenerationen zu einem einfacheren und vielversprechenderen Zeitvertreib. Zweitens begriffen sie, daß es viel wichtiger war, sich auf die mit physikalischen Mitteln beobachtbaren und auffindbaren Auswirkungen der Theorie zu konzentrieren, als sich in mathematischen Feinheiten zu verlieren. Diese Entwicklungen halfen, die Allgemeine Relativitätslehre wieder mehr ins Zentrum des physikalischen Interesses zu rücken. Das war ein großer Schritt nach vorne verglichen mit jenen Tagen, als noch behauptet wurde, daß lediglich ein Dutzend Leute auf der Welt die Allgemeine Relativitätstheorie verstünden.

Woher die Vorstellung von der Unzugänglichkeit der Theorie stammt, ist unklar. Die Überschrift eines Artikels über die Relativitätslehre in der Ausgabe der New York Times vom 9. November 1919 behauptete: „Ein Buch für zwölf weise Männer / Nicht mehr auf der ganzen Welt sind in der Lage es zu verstehen, sagte Einstein, als sein mutiger Verleger das Werk akzeptierte". Einstein mag einen solchen Satz bereits 1916 benutzt haben, als Bemerkung zu einem von ihm geschriebenen, populärwissenschaftlichen Buch über Relativitätstheorie. Meine Lieblingsgeschichte in Zusammenhang mit diesem Mythos handelt von dem britischen Astronomen Sir Arthur Stanley Eddington. Mir wurde sie von dem Relativistischen Astrophysiker Subrahmanyan Chandrasekhar erzählt, der in den dreißiger Jahren mit Eddington zusammenarbeitete. Kurz nach der Veröffentlichung der endgültigen Fassung der Allgemeinen Relativitätstheorie im Jahre 1916 war Eddington einer der ersten, der ihre Bedeutung erkannte, und er machte sich daran sie zu meistern. (In diesem Sinne war er der erste Relativistische Astrophysiker.) Er nahm auch an der Expedition von 1919 teil, die das Ziel hatte, die Sonne während einer totalen Sonnenfinsternis zu fotographieren, um zu sehen, ob nahe an der Sonne vorbeigehendes Sternenlicht abgelenkt wird und zwar im von der Theorie vorhergesagten Ausmaß. Gegen Ende einer Sitzung, bei der die Ergebnisse der erfolgreichen Sonnenfinsternis-Expedition bekanntgegeben wurden, sagte ein Kollege: „Professor Eddington, Sie müssen einer von drei Personen in der Welt sein, die die Allgemeine Relativitätstheorie verstehen!" Eddington widersprach, aber der Kollege beharrte und sagte: „Seien Sie doch nicht so bescheiden, Eddington." Eddington antwortete: „Im Gegenteil, ich überlege gerade, wer die dritte Person sein könnte."

Vielleicht wurde die Theorie wirklich nur von drei Leuten verstanden, aber Millionen waren von ihr fasziniert und wollten über sie und Einstein lesen. In der Presse wurde die von der Allgemeinen Relativitätstheorie ausgelöste wissenschaftliche Revolution auf eine Stufe mit den Einsichten von Kopernikus, Kepler und Newton gestellt. Leitartikel über Leitartikel wunderte sich einerseits über das, was als größte Leistung in der Geschichte des menschlichen Denkens bezeichnet wurde, beklagten sich aber andererseits über die Verständnisschwierigkeiten. Einstein selbst schrieb Ende 1919 einen langen Artikel für die Londoner Times, in dem er versuchte, die Theorie einem breiten Publikum zu erläutern. Sein Portrait schmückte den Umschlag der Berliner Illustrirten Zeitung vom 14. Dezember 1919 mit dem Titel: „Ein neuer unter den Großen der Menschheitsgeschichte." Die Einstein-Legende war geboren und ist bis heute nicht in Vergessenheit geraten.

Es ist eine Ironie, daß, während Einsteins Legende und seine Theorie an Bedeutung gewannen, die eigentliche Forschung stagnierte und steril wurde. Mitte der zwanziger Jahre hatte Einstein den größten Teil seiner Aufmerksamkeit auf die vergebliche Suche nach einer vereinheitlichten Feldtheorie gelenkt, die Gravitation und Elektromagnetismus miteinander verbinden würde, und viele andere Forscher eiferten ihm nach. Von wenigen Ausnahmen abgesehen waren die Bemühungen in der Allgemeinen Relativitätsforschung in den folgenden 35 Jahren abstrakten mathematischen Fragestellungen und prinzipiellen Punkten gewidmet. Überhaupt arbeiteten nicht viel mehr als eine Handvoll Leute auf diesem Gebiet. Der Relativist Peter G. Bergmann sagte einmal über diese Zeit: „Du mußtest nur Bescheid darüber wissen, was deine sechs besten Freunde gerade taten, dann wußtest du auch, was sich auf dem Gebiet der Allgemeinen Relativität ereignete." Bis 1955 wurde keine einzige Konferenz veranstaltet, die ausschließlich der Allgemeinen Relativitätslehre gewidmet war.

Im Jahr 1960 bot sich folgendes Bild: Während die Allgemeine Relativitätstheorie zweifellos große Bedeutung als fundamentale Theorie der Natur hatte, waren die Verbindungen zur empirischen Beobachtung sehr begrenzt, war es sehr schwierig, die Theorie zu verstehen, und mit ihr zu rechnen war nahezu unmöglich. Eine klassische Beschreibung dieses Gefühls liefert die Geschichte eines jungen Absolventen des California Institute of Technology, der seinen Professor um Rat fragte, auf welchem Gebiet er sich im Rahmen seiner bevorstehenden Doktorarbeit in Princeton spezialisieren sollte. Er wurde von einem berühmten Astronomen des Caltech angewiesen, sich unter gar keinen Umständen mit der Allgemeinen Relativitätstheorie zu beschäftigen, weil diese „so wenig Bezug zur restlichen Physik und Astronomie hat." Das war 1962. Zum Glück für das Arbeitsgebiet (und zu meinem) schenkte der Student, dessen Name Kip Thorne war, diesem Ratschlag keine Beachtung. Wie Penrose wurde er einer aus der neuen Generation von Relativitätsforschern, die halfen, die alten, das Fachgebiet umgebenden Mythen auszuräumen. Nach vier Jahren kam er als Professor nach Caltech zurück und machte sich daran, ein großes Forschungszentrum für Relativistische Astrophysik aufzubauen.

Junge Theoretiker wie Penrose und Thorne, wie Stephen Hawking, James Hartle, Igor Novikov und James Bardeen, schickten sich an, zusammen mit einigen im Herzen jung gebliebenen Kollegen die Führung auf dem Gebiet zu übernehmen und es zu beherrschen. Bei den älteren Kollegen, die sich zur neuen Theorie bekehrt hatten, handelte es sich um John Wheeler, Subrahmanyan Chandrasekhar, Alfred Schild und Yaakov Zel'dovich. Ausgerüstet mit den neuen Rechenmethoden und mit dem Wunsch, die Theorie praktisch anzuwenden, begannen sie, die wichtigen theoretischen Entdeckungen in der Allgemeinen Relativitätslehre zu machen, die vier Jahrzehnte lang gefehlt hatten. Angespornt von den neuen astronomischen Beobachtungen, erarbeiteten sie die Theorie der relativistischen Neutronensterne, die Eigenschaften von Schwarzen Löchern, die Natur der Gravitationswellen und die Entstehungsgeschichte des Universums vom Urknall bis zur Gegenwart. Sie schrieben auch die neuen Lehrbücher über die Allgemeine Relativitätstheorie sowie populärwissenschaftliche Artikel, die die aufregenden Neuigkeiten sowohl unter neuen Generationen von Relativitätsforschern als auch in der Öffentlichkeit verbreiten sollten.

All diese neuartigen Forschungsarbeiten basierten auf der Annahme, daß die Allgemeine Relativitätstheorie richtig sei. Diese Annahme gewann durch ein anderes Ereignis des Forschungsjahres 1959–60 noch mehr an Bedeutung: Die Formulierung der Brans-Dicke-Theorie der Gravitation.

Die Brans-Dicke-Theorie stellte eine attraktive Alternative zur Allgemeinen Relativitätslehre dar, die durchaus eine Überlebenschance hatte. Ihre bloße Existenz und die Übereinstimmung mit allem Beobachtungsmaterial bis zu diesem Zeitpunkt demonstrierten, daß die Allgemeine Relativitätslehre nicht die einzig mögliche Theorie der Schwerkraft war. Einige gaben sogar der neuen Theorie aus ästhetischen und theoretischen Gründen den Vorzug. Um es nochmal deutlich zu machen: es war nicht die erste Alternative zur Allgemeinen Relativitätstheorie, die je gefunden wurde. Im Gegenteil, es hatte viele andere gegeben, einige wurden sogar noch vor der Allgemeinen Relativitätstheorie erarbeitet als frühe Versuche, eine Vereinigung der Gravitation mit der Speziellen Relativitätstheorie von Einstein zu schmieden. Andere entstanden später als Antwort auf die vermutete Undurchschaubarkeit der geheimnisumwitterten Allgemeinen Relativitätstheorie. Aber keine dieser Theorien wurde ganz so ernst genommen wie die Brans-Dicke-Theorie, wohl aus dem Grund, daß diese Theorie einerseits viele jener Wesenszüge der Allgemeinen Relativitätstheorie bewahrte, die von den meisten Theoretikern als wesentlich angesehen wurden, andererseits aber auch einige zusätzliche Merkmale aufwies, die man bei der Allgemeinen Relativitätstheorie vermißt hatte. In den meisten Fällen waren ihre beobachtbaren Vorhersagen zwar anders als die der Allgemeinen Relativitätstheorie, aber nicht grundsätzlich verschieden. Die Theorie wurde Mitte der sechziger Jahre langsam ernster genommen als Ergebnis eines bestimmten Experiments, das gegen die Allgemeine Relativitätstheorie zu sprechen schien.

Experiment — das war der Schlüssel. Ohne Experiment ist die Physik steril, physikalische Theorie nicht mehr als bloße Spekulation. Jede Theorie steht und fällt zu guter Letzt je nachdem, ob sie mit dem Experiment übereinstimmt oder nicht. Leider geben die Beobachtungen von Quasaren oder Pulsaren im allgemeinen keine guten experimentellen Tests der Gravitationstheorien. Diese astronomischen Phänomene sind in der Regel so kompliziert, daß es schwierig, wenn nicht sogar unmöglich ist, die Gravitationseffekte und alle anderen physikalischen Prozessen zu entwirren, um zu sehen, ob die Vorhersage der Gravitationstheorie Bestand hat. Stattdessen brauchen wir Experimente etwas näher bei uns, wo das Leben einfacher und sauberer ist, wo wir auf ein gewisses Maß an Kontrolle über die experimentellen Bedingungen hoffen können. Obwohl Einstein nicht besonders durch experimentelle Ergebnisse motiviert wurde, als er sich daran machte, die Allgemeine Relativitätsthoerie zu entwickeln, so war er sich doch immer der Notwendigkeit des Experimentierens bewußt und schlug drei Tests der Allgemeinen Relativitätstheorie vor: Die Ablenkung von Licht durch die Sonne, die Periheldrehung des Merkur und die Gravitations-Rotverschiebung des Lichts. Das dritte Experiment war wenig aufschlußreich, und die beiden ersten letztlich auch nur Teilerfolge. Die von der Allgemeinen Relativitätstheorie vorhergesagten Effekte wurden zwar beobachtet, aber mit zu geringer Genauigkeit. Im Jahr 1960 waren die Beobachtungen einfach nicht gut genug. Die Brans-Dicke-Theorie sagte diese Effekte auch vorher, aber mit geringfügig anderen Werten. Darum war die bloße Entdeckung eines relativistischen Effekts nicht genug; was zu diesem Zeitpunkt fehlte, waren neue, hochpräzise Experimente mit der Fähigkeit, die Effekte (die, wie wir sehen werden, immer sehr winzig sind) bis zu einer Genauigkeit von 10 Prozent,

1 Prozent oder Bruchteilen von einem Prozent zu messen. Nur so würde es gelingen, eine der konkurrierenden Theorien von der anderen abzugrenzen. So zwang die Brans-Dicke-Theorie die Allgemeine Relativitätstheorie, sich wie nie zuvor dem Experiment zu stellen.

Aber um Hoch-Präzisionsexperimente durchführen zu können, brauchen wir Werkzeuge, und die beiden verbleibenden großen Ereignisse aus dem Jahr 1959–60 deuteten an, daß diese Werkzeuge bald zur Verfügung stehen würden. Das Pound-Rebka-Experiment von 1960 brachte nicht nur die Bestätigung der dritten Vorhersage Einsteins, der Gravitations-Rotverschiebung des Lichts, sondern demonstrierte auch die wirksame Verwendung neuer Techniken in Präzisionsexperimenten.

Grundlage dieser neuen Techniken, die in den sechziger- und siebziger Jahren einen explosionsartigen Aufschwung nehmen sollten, waren die Quantenmechanik, Halbleiter, Maser, Laser, Supraleitung und Computer, um nur die wichtigsten Schlagworte zu nennen. So wurde eine Überprüfung der Einsteinschen Theorie mit einer Genauigkeit möglich, die zehn Jahre zuvor unvorstellbar gewesen wäre. Mit dem Ereignis, das das für die Allgemeine Relativitätstheorie bedeutsame Jahr eingeleitet hatte, begann eine neue Generation solcher Experimente. Die Radarsignale zur Venus und der Nachweis ihrer Echos öffnete das Sonnensystem nicht nur als einen Ort für die Planetenforschung und für die Suche nach außerirdischem Leben, sondern auch als eine Möglichkeit, die Allgemeine Relativitätstheorie zu testen. Die schnelle Entwicklung des interplanetaren Raumfahrtprogramms während der frühen sechziger Jahre machte Techniken wie die Radarvermessung von Planeten und Satelliten zu einer lebendigen, neuen Methode, um relativistische Effekte zu untersuchen. Die Namen Mariner, Apollo und Viking, die normalerweise in Verbindung gebracht werden mit reizvollen Großaufnahmen vom Mars und von Männern, die auf dem Mond spazieren gehen, sollten ebenso in den Sprachgebrauch der Allgemeinen Relativitätslehre eingehen. Für die nächsten eineinhalb Jahrzehnte, bis zum Sommer 1974, war das Sonnensystem zentraler Schauplatz für die Untersuchung der Frage, ob Einstein recht hatte.

1979, als sich Einsteins Geburt zum hundertsten Mal jährte, war die Renaissance der Relativitätslehre, die 1960 begonnen hatte, in vollem Gang. Die Fülle von Büchern, die dieses großen Ereignisses gedachten, zeugen von der Dynamik und dem Reiz des Forschungsgebiets Relativistische Astrophysik. Schwarze Löcher waren ein anerkannter und verstandener Teil der Theorie, und der Beweis ihrer Existenz durch Beobachtung war zwingend. Es gab ein zufriedenstellendes Modell für die grundlegende Struktur und Entwicklung des Weltalls, und Kosmologen begannen, sich Gedanken darüber zu machen, was sich in der ersten billionstel Sekunde unmittelbar nach dem Urknall abgespielt haben könnte. Ironischerweise war die Natur der Quasare nach zwanzig Jahren noch immer ein Geheimnis, während es schon eine ganz ordentliche Theorie für Pulsare gab. In Vorschau auf das Jubiläumsjahr wurde im Dezember 1978 das neunte Texas Symposium über Relativistische Astrophysik erstmals außerhalb der Vereinigten Staaten abgehalten. Es lockte über 800 Teinehmer nach München. All die neueren Entwicklungen und noch vieles andere wurde von verschiedenen Vortragenden diskutiert.

Aber während das erste Texas Symposium 1963 in Dallas keinen einzigen Vortrag über die experimentelle Bestätigung der Allgemeinen Relativitätstheorie im Programm hatte, waren es beim neunten immerhin zwei. Ein Vortrag, gehalten von Joseph H. Taylor von der Universität von Massachusetts, beschrieb die letzten Ergebnisse eines bemerkenswerten neuen Prüffeldes für die Allgemeine Relativitätstheorie, das 1974 entdeckt worden war. Es handelte sich dabei um einen Pulsar in einem Doppelsternsystem, das sind zwei Sterne, die sich umkreisen. Taylor berichtete darüber, wie Beobachtungen der Umlaufbahn des Pulsars seit 1974 zur ersten Bestätigung einer der wichtigsten Vorhersagen der Einsteinschen Theorie geführt hatten, der Existenz von Gravitationswellen. Der andere, zufälligerweise von mir selbst gehaltene Vortrag handelte davon, wie die Bemühungen zur Bestätigung der Allgemeinen Relativitätstheorie von den Ereignissen des Jahres 1959–60 angespornt worden waren und wie sie sich zu einem aktiven und aufregenden Arbeitsgebiet ausgewachsen hatten, das viele neue experimentelle und theoretische Möglichkeiten bot. Diese schlossen neue Varianten der ursprünglichen Tests mit ein, die Einstein selbst vorgeschlagen hatte, wie beispielsweise die Ablenkung des Lichts und die Gravitations-Rotverschiebung, und zwar mit einer Genauigkeit, wie sie vor 1960 undenkbar gewesen wäre. Aber sie umfaßten auch brandneue Tests der Einsteinschen Theorie, die erst nach 1960 theoretisch entdeckt worden waren. Unterm Strich hat die Allgemeine Relativitätstheorie jeden Test mit fliegenden Fahnen bestanden, und viele andere Theorien einschließlich der Brans-Dicke-Theorie wurden verworfen. Es gab jedoch noch mehr zu tun. Weitere experimentelle Möglichkeiten an der vordersten Front relativistischer Beobachtung mußten genutzt werden, um die empirischen Grundlagen von Einsteins Theorie weiterhin zu stärken.

Was war passiert, das mich vom Teenagertraum Architekt und Genetiker zum Vertreter der experimentellen Relativitätsforschung bekehrte?

Die Antwort: Ich wurde mitgerissen von der relativistischen Renaissance, die in der von Kip Thorne am Caltech aufgebauten Forschungsgruppe schon im Frühjahr 1969 zur vollen Entfaltung kam. Eine Liste der Projekte, an denen er und seine zahlreichen Doktoranden zu jener Zeit arbeiteten, las sich wie eine Hitliste der Relativistischen Astrophysik: verschiedene Arten von kosmologischen Modellen innerhalb der Allgemeinen Relativitätslehre, das Zusammenfallen von Sternen zu Schwarzen Löchern, die Schwingungen von Neutronensternen und die Abstrahlung von Gravitationswellen, die Struktur rotierender, relativistischer Neutronensterne und die superdichte Anhäufung von Sternen als mögliches Modell für Quasare. Thorne war auch dabei, zusammen mit John Wheeler und Charles Misner unter großem Einsatz den ersten Entwurf für ein Lehrbuch über die Allgemeine Relativitätslehre zu gestalten, das diese modernen Entwicklungen besonders betonen würde.

Aber Thorne machte sich selber so viele Gedanken darüber, ob Einstein recht hatte, daß er seinen zuletzt zur Gruppe gestoßenen jungen Doktoranden anwies, sich mit dieser Frage zu beschäftigen. Zu dem Zeitpunkt habe ich richtig angebissen. Obwohl schon lange der Physik verschrieben, kam ich ans Caltech, ohne mich für ein Spezialfach entschieden zu haben. Aber schon bald fühlte ich mich zu „Kips" Gruppe hingezogen, wohl wegen des Hauchs von Spannung, der von ihr ausging, wegen des Gefühls, daß diese Gruppe mittendrin steckte in einem großen wissenschaftlichen Abenteuer, und aus der Empfindung heraus, daß es abgesehen von allem anderen ganz einfach Spaß machen würde. Ich glaube, es war die Mischung aus abstrakten theoretischen Berechnungen und der Möglichkeit, die Ergebnisse mit wirklichen Beobachtungen zu vergleichen, die diese „neue" Relativitätsforschung mit so viel mehr Spaß verband als die „alte". Man konnte mit erhabenen Raum-Zeit Vorstellungen spielen und sich gleichzeitig mit aktuellen Daten die „Finger schmutzig machen". Zum Beispiel enthalten meine Aufzeichnungen aus dieser Zeit mathematische Berechnungen von möglichen beobachtbaren Effekten bei der Bewegung von Körpern, wie sie von der Allgemeinen Relativitätslehre und anderen Theorien der Schwerkraft vorhergesagt werden. Aber aus derselben Zeit habe ich auch Notizen von Diskussionen mit Wissenschaftlern des nahegelegenen Jet Propulsion Laboratoriums über die von der NASA vorgesehene Radar-Meßgenauigkeit bei der Verfolgung der Flugbahn der geplanten Raumsonde Viking, die auf eine Mission zum Mars geschickt werden sollte. Insbesondere interessierte die Frage, ob es möglich sein würde, den als *Zeitverzögerung* bekannten relativistischen Effekt mit einer Genauigkeit zu testen, die ausreicht, um zwischen der Allgemeinen Relativitätstheorie und der Brans-Dicke-Theorie zu unterscheiden.

Es ist jedoch auch möglich, daß mein Umdenkprozeß schon viel früher begann. 1961 hatte ich Genetik als Berufsziel so gut wie fallengelassen und ich dachte schon damals mehr in Richtung Physik. Im Dezember 1961 hatte ich meine erste Begegnung mit der experimentellen Gravitationsforschung und mit einem Mann, dessen Name an vielen Stellen in diesem Buch auftauchen wird: Robert H. Dicke. So wie Dicke einen ungeheueren Einfluß auf das Gebiet der Allgemeinen Relativitätsforschung hatte, so machte er auch Eindruck auf mich, auch wenn ich es damals sicherlich nicht bewußt wahrnahm. Zu meinem 15. Geburtstag hatte ich ein Geschenkabonnement des Scientific American erhalten, das mit der Dezemberausgabe 1961 begann. Natürlich las ich wie jeder neue Bezieher einer solchen Zeitschrift die erste Ausgabe von vorne bis hinten durch, mit großem Interesse, aber fast ohne etwas zu verstehen. Es war aufregend, von der „Anhebung des Ostpazifischen Rückens", der „Dreidimensionalen Struktur des Proteins" und den „Prähistorischen Siedlern an Schweizer Seen" zu lesen. Aber in den 25 Jahren bis zu dem Zeitpunkt, als ich jenes Heft beim Schreiben dieses Kapitels wieder aufschlug, hatte ich all diese schönen Artikel vollständig vergessen — alle bis auf einen.

Es war ein Artikel von Dicke mit der Überschrift „Das Eötvös-Experiment". Ich weiß nicht, warum ich von diesem Artikel nie losgekommen bin. Sicherlich konnte ich ihn nicht verstehen, jedenfalls nicht besser als die anderen Artikel. Hatte es etwas mit dem ungarischen Baron Roland von Eötvös zu tun, der dieses Experiment zur Zeit der Jahrhundertwende als erster durchführte? War es der Name Princeton, der Stadt, an deren Universität Dicke gerade dabei war, dieses Experiment zu verbessern, und in der es das *Institute for Advanced Study* gab, an dem Einstein die zweite Hälfte seines wissenschaftlichen Lebens verbracht hatte? War es, weil Dicke behauptete, daß diese wenig spektakuläre Apparatur mit Kabeln, Spiegeln, Vakuumröhren und Gewichten uns irgendwie erzählen konnte, daß die Raum-Zeit gekrümmt war? Wollte mir dieser Artikel etwas wirklich Fundamentales sagen? Nun, 25 Jahre später spüre ich beim Durchlesen des Artikels noch immer ein wenig von dem Wunder und dem Geheimnis, das ich damals empfand. Jetzt verstehe ich den Artikel natürlich ganz. Dickes Experiment wurde erst einige Jahre nach Erscheinen des Artikels abgeschlossen. Seine Resultate erzählen uns, genau wie jene von Eötvös über sechzig Jahre früher, in der Tat etwas Fundamentales, fundamentaler als die Allgemeine Relativitätstheorie selbst. Sie sagen uns, daß die Raum-Zeit gekrümmt ist, ganz gleich, ob wir an Einsteins Version oder die von Brans und Dicke glauben. Beginnen wir also die Suche nach der Antwort auf die Frage „Hatte Einstein recht?" geradewegs mit einem Einblick in die gekrümmte Raum-Zeit.

2. Auf geradem Weg zur gekrümmten Raum-Zeit

Als die Astronautin Sally K. Ride Mitte der siebziger Jahre Doktorandin an der Universität Stanford war, versäumte sie irgendwie, meinen Kurs über die Einsteinsche Theorie zu belegen. Zu der Zeit, als ich ihn anbot, hatte sie fast alle notwendigen Vorlesungen hinter sich und beschäftigte sich vorwiegend mit einer Forschungsarbeit im Fach Röntgenastronomie, die ihre Doktorarbeit werden sollte. Aber letztendlich sollte sie eine engere und viel persönlichere Erfahrung von den der Schwerkraft zugrunde liegenden Begriffen bekommen, als ich sie je haben werde. Sie spürte am eigenen Körper Schwerelosigkeit oder das augenscheinliche Verschwinden der Schwerkraft, das in jedem in einer Umlaufbahn oder im freien Fall befindlichen Raumschiff auftritt.

Nachdem wir fast ein Vierteljahrhundert lang Astronauten in einer Umlaufbahn in den abendlichen Nachrichten zu sehen bekamen, nehmen wir die Idee der Schwerelosigkeit als gegeben an und denken jetzt hauptsächlich an ihre physiologischen Einflüsse auf die Astronauten oder an ihre industriellen oder pharmazeutischen Anwendungsmöglichkeiten. Für Einstein aber war diese Idee tiefgründig, denn für ihn bedeutete sie, daß die Raum-Zeit gekrümmt sein mußte.

Die Behauptung, daß die Raum-Zeit gekrümmt sein mußte, war das Ergebnis eines genialen Einfalls von Einstein. Er kombinierte eine einfache Beobachtung mit einem idealisierten, nur in seiner Vorstellung existenten Experiment, einem sogenannten Gedankenexperiment. Es beinhaltet die wesentlichen Merkmale des eigentlichen Experiments und untersucht das Ergebnis bis hin zu seinen logischen Grenzen. In diesem Fall bestand das beobachtbare Ergebnis in dem Gemeinplatz, daß alle Körper mit der gleichen Beschleunigung fallen. Das bringt uns das Bild von Galileo Galilei ins Gedächtnis zurück, wie er Gegenstände von der Spitze des Schiefen Turms von Pisa herunterfallen läßt.

Einstein bediente sich dieser einfachen Beobachtung und stellte sich vor, welche Auswirkungen sie für einen Beobachter in einem abgeschlossenen Labor haben würde, das sich in freiem Fall befindet. Natürlich handelte es sich 1907, als Einstein über diese Frage nachzudenken begann, um ein rein gedankliches Experiment. Damals lag der Beginn des Raumfahrtzeitalters noch fünfzig Jahre in der Zukunft, und der Flug von Sally Ride war noch weitere 25 Jahre entfernt. Trotzdem, die Schwerelosigkeit oder das Verschwinden der Schwerkraft, die ein solcher Beobachter erfahren würde, erschienen Einstein derartig bedeutend, daß er es zu einem Prinzip erhob, das er *Äquivalenzprinzip* nannte. Der Begriff *Äquivalenz* ging auf die Vorstellung zurück, daß Leben in einem frei fallenden Labor identisch sei mit dem Leben ohne Schwerkraft. Auch die umgekehrte Idee, daß ein Labor im entfernten leeren Raum, das von Raketen beschleunigt wird, äquivalent sei mit einem Labor, das sich im Ruhezustand in einem Gravitationsfeld befindet, spielte bei der Begriffsbildung eine Rolle. Aus dieser Äquivalenz schloß Einstein, daß die Raum-Zeit gekrümmt sein muß. Bevor wir versuchen, diesen bemerkenswerten Schluß über die Raum-Zeit zu verstehen, sollten wir uns zunächst dem uns mehr geläufigen Raumbegriff zuwenden. Die meisten von uns sind vertraut mit dem Euklidischen Raumbild. Irgendwann einmal ackerten wir alle, freiwillig oder gezwungenermaßen, die Euklidischen Bücher oder Theoreme über die ebene Geometrie durch und lernten dabei unter anderem, daß parallele Geraden sich nie schneiden, daß die Summe der Innenwinkel eines Dreiecks genau 180° beträgt und so weiter. Wir finden diese Ideen ansprechend, denn sie stimmen mit unserer täglichen Erfahrung mit Papierbögen und Tischplatten überein. Der Raum, der durch die Postulate von Euklid beschrieben wird, wird auch ebener Raum genannt.

Tatsächlich können auch einige Arten von gekrümmten Räumen sehr leicht verstanden werden. Ein Beispiel dafür ist die Oberfläche einer Kugel (siehe Abb. 2.1). Dieses Beispiel verletzt Euklids Postulate, denn auf einer Kugeloberfläche sind die „geradesten" Linien die *Großkreise*. Vertreter solcher Großkreise sind die Meridiane und der Äquator. In einem gekrümmten Raum werden solche Linien als Geodäten bezeichnet. Wir bemerken, daß zwei Meridiane, die am Äquator parallel verlaufen, sich an den

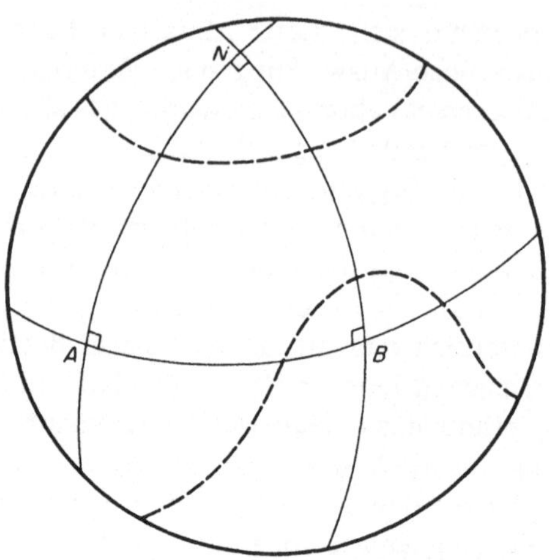

Abb. 2.1. Kurven auf einer Kugel. Die durchgezogenen Kurven sind Beispiele der Großkreise oder Geodäten, wie etwa der Äquator oder die Meridiane. Tatsächlich ist jede Kurve ein Großkreis, die gebildet wird vom Schnitt einer durch den Kugelmittelpunkt gehenden Ebene mit der Kugeloberfläche. Die gestrichelten Linien stellen keine Geodäten dar. Die Gesamtsumme der Innenwinkel im Dreieck *NAB* beträgt 270°.

Polen tatsächlich schneiden, was eine eindeutige Verletzung der Euklidischen Postulate darstellt. In ähnlicher Weise können wir ein Dreieck konstruieren, dessen Innenwinkel sich zu mehr als 180° addieren. Dafür betrachten wir beispielsweise ein Dreieck, das gebildet wird von dem 0° Meridian, dem 90° Meridian und dem Äquator. Die Summe der Innenwinkel beträgt in diesem Fall nicht 180° sondern 270°, denn es gibt drei rechte Winkel. Ein weiteres Beispiel für eine gekrümmte Oberfläche ist die Oberfläche eines Sattels, die in der einen Richtung konkav erscheint (entlang dem Rücken eines Pferdes), aber in der anderen Richtung konvex.

Diese Beispiele sind leicht zu verstehen, weil die Räume eine kleinere Dimension haben als der Raum, in dem wir leben, nämlich zwei anstatt drei. Wir können uns diese Räume von außen anschauen. Sie können in unseren dreidimensionalen Raum eingebettet werden, und darum können wir sie uns gut vorstellen. Obwohl es nicht notwendig ist, daß ein solcher Raum in einen Raum größerer Dimension eingebettet wird, um seine geometrischen Eigenschaften zu bestimmen, fühlen wir uns doch immer wohler, wenn wir auf diese Weise vorgehen können.

Diese Tatsache macht es schwierig, uns ein Bild von einem gekrümmten dreidimensionalen Raum zu machen. Um einen solchen Raum von außen zu betrachten, wäre eine vierte räumliche Dimension erforderlich, und die steht uns nicht zur Verfügung. Das ist einer der Gründe dafür, daß es nach Euklid noch 2000 Jahre dauerte, bis Mathematiker anfingen, die Frage nach gekrümmten dreidimensionalen Räumen auch nur zu erwägen oder sich gar mit Räumen noch höherer Dimension zu beschäftigen. Schließlich begannen im 19. Jahrhundert Mathematiker wie Carl Friedrich Gauß, Janos Bolyai, Nikolai Lobatschewski und Georg Friedrich Riemann damit, die Eigenschaften solcher Räume zu beschreiben, mathematisch, wenn auch nicht anschaulich.

Es ist natürlich noch eine Stufe schwieriger, sich eine vierdimensionale gekrümmte Raum-Zeit vorzustellen. Warum aber sollen wir uns Gedanken machen um die Raum-Zeit im Gegensatz zum normalen Raum? Einsteins Spezielle Relativitätstheorie gibt darauf Antwort. Die Spezielle Relativitätstheorie ersetzte die Newtonschen Vorstellungen vom Raum und einer davon getrennten absoluten Zeit durch eine einzige geometrische Raum-Zeit-Struktur, in der die Raumkoordinaten und die Zeit gleichberechtigt behandelt werden und in gegenseitiger Beziehung stehen. Zum Beispiel hängt die Geschwindigkeit, mit der die Zeit vergeht, von der Bewegung des Beobachters ab: eine Uhr in einem bewegten Labor scheint langsamer zu ticken als eine Reihe von identischen Uhren, die in einem Vergleichslabor verteilt wurden. Als ein weiteres Beispiel können zwei Ereignisse an zwei unterschiedlichen Orten von einem Beobachter als gleichzeitig erkannt werden, während ein sich bewegender Beobachter sieht, daß sie nicht gleichzeitig stattfinden. Es war Hermann Minkowski (1864–1909), der die Idee entwickelte, daß ein *Raum-Zeit-Kontinuum* die zugrundeliegende Geometrie war, die hinter den Beziehungen zwischen Zeit und Raum in der Speziellen Relativitätslehre steckte. (Eine detaillierte Beschreibung der Grundideen und Konsequenzen der Speziellen Relativitätstheorie ist im Anhang enthalten.)

Wenn es auch schwierig sein mag, mit der vierdimensionalen Raum-Zeit der Speziellen Relativitätslehre umzugehen, so ist sie wenigstens in einer Hinsicht euklidisch. Für einen Beobachter hat der gewöhnliche dreidimensionale Teilausschnitt seiner Welt die Eigenschaften eines normalen flachen Raumes.

Im Gegensatz dazu hat Einstein jedoch behauptet, daß die Raum-Zeit nicht flach, sondern gekrümmt ist, und daß diese Krümmung von den Gravitationswirkungen der Materie hervorgerufen wird. Er ging sogar noch weiter, indem er tatsächlich vorschlug, die Krümmung der Raum-Zeit und die Schwerkraft seien in gewisser Weise als identisch oder äquivalent anzusehen. Wenn man darüber nachdenkt, kommt man dahinter, daß es sich hierbei um einen wirklich erstaunlichen Gedankenschritt handelt.

Früher hatte man angenommen, daß die Schwerkraft das Ergebnis einer *Fernwirkung* sei und daß sich Körper aufgrund dieses Effekts gegenseitig anziehen. Diese Idee geht auf Newton zurück und bildet die Grundlage der Newtonschen Gravitationslehre. Gemäß dieser Idee besteht zwischen zwei beliebigen Körpern eine *Wirkung*, die sie veranlaßt, sich gegenseitig anzuziehen, und zwar mit einer Kraft, die direkt proportional zu jeder ihrer Massen und umgekehrt proportional zu dem Quadrat ihres Abstandes ist. Aber Mitte des 19. Jahrhunderts war diese Idee verdrängt worden durch die Vorstellung des *Feldes*. In diesem *Feldbild* erzeugt jeder schwere Körper ein Kräftefeld um sich herum. Es existiert unabhängig davon, ob ein zweiter Körper, der dieses Kräftefeld spüren und davon angezogen werden kann, vorhanden ist oder nicht. Das Kräftefeld steht in Beziehung zu einem Gravitationspotential, dessen räumliche Änderung die Kraft bestimmt. Jeder Körper besitzt ein Gravitationspotential. Dieses „Feld-" oder „Potential"-Konzept entstand aus dem neuen Verständnis des Elektromagnetismus, das gerade zu dieser Zeit entwickelt wurde. Zum Beispiel konnte die Existenz eines Magnetfeldes veranschaulicht werden, indem man Eisenspäne auf ein Stück Papier streute, das den Magneten bedeckte. Die Kraftlinien, die von den Polen ausgingen, konnten eindeutig durch das Muster der Eisenspäne sichtbar gemacht werden. Die Anwendung von Feldern in der Elektrizitätslehre und im Magnetismus wurde fast selbstverständlich auch für die Gravitationslehre übernommen.

Einstein schlug eine dritte Alternative vor. Aus Einsteins Sicht verzerrt ein schwerer Körper tatsächlich die Struktur des Raumes und der Zeit um ihn herum. Ein Körper, der in die Nähe des ersten Körpers kommt, reagiert bloß auf die Verzerrung der Raum-Zeit, die er vorfindet.

Um zu sehen, wie Einstein den Gedankenschritt von der gleichen Beschleunigung aller Körper und seinem Äquivalenzprinzip zur Vorstellung der gekrümmten Raum-Zeit machen konnte, kehren wir zum Beispiel des zweidimensionalen gekrümmten Raumes, zur Kugeloberfläche, zurück. Stellen wir uns eine zweidimensionale Welt vor, die in etwa der aus dem Buch „Flatland" von E.A. Abbott aus dem 19. Jahrhundert entspricht, die aber in unserem Fall auf die Kugeloberfläche beschränkt ist. Die zweidimensionalen Einwohner dieses „Kugellandes" machen sich daran, etwas über die geometrischen Eigenschaften ihrer Heimat zu lernen. Dazu konstruieren sie eine Reihe von ganz geraden Platin-Maßstäben, legen drei davon so hin, daß sie ein Dreieck bilden und messen die Summe der Innenwinkel. Zu ihrer Überraschung entdecken sie, daß diese Summe 195° und nicht 180° beträgt, wie sie es aufgrund ihrer Kenntnis der euklidischen Geometrie erwartet hatten. Ihr Postulat (erinnern wir uns daran, daß sie nicht aus ihrer Welt heraustreten und sie von außen betrachten können) lautet zunächst, daß es ein Kräftefeld gibt, das auf Platin einwirkt, und daß sich das Metall dadurch so verbiegt, daß die Summe der Innenwinkel größer als 180° wird. Um diese Vorstellung weiter zu untermauern, wiederholen sie das gleiche Experiment mit Aluminiummaßstäben mit genau dem gleichen Ergebnis. Nachdem sie zahlreiche verschiedene Materialien für ihre Maßstäbe ausprobiert haben, kommen sie zu dem Schluß, daß der Effekt, was auch immer dahinter stecken mag, universal sein muß — er beeinflußt alle Maßstäbe in gleicher Weise. Als nächstes versuchen es die „Kugelländer" mit kürzeren Maßstäben und bilden damit ein kleineres Dreieck. Dieses Mal beträgt die Innenwinkelsumme 187°. Kleinere Dreiecke ergeben eine kleinere Innenwinkelsumme. In dem Maße, wie die Dreiecke kleiner werden, kommt die Winkelsumme immer näher an den bekannten Wert von 180° heran.

Was folgern die „Kugelländer" aus dieser Serie von Experimenten? Gibt es in ihrer Welt Kräfte, die die Maßstäbe dazu zwingen, sich derart zu biegen, daß sich die Dreiecke gerade so verhalten, wie sie es taten? Die Tatsache, daß alle Maßstäbe sich in genau der gleichen Weise verhielten, deutet an, daß das Phänomen weniger mit den Maßstäben selbst als mit der zugrunde liegenden Natur von „Kugelland" zu tun hat. Vielleicht, so könnte ein Kugelländer sagen, ist unsere Welt in Wirklichkeit gekrümmt und nicht eben; das würde die Dreiecksexperimente erklären, vor allem auch ihre Allgemeingültigkeit. Darüber hinaus, wenn wir unsere Aufmerksamkeit auf immer kleinere Flächen richten, wird die Auswirkung der Krümmung kleiner und kleiner, und so wird diese Welt einer flachen Welt im euklidischen Sinn immer ähnlicher. So ist Kugelland ein Raum, der im großem Maßstab zwar gekrümmt ist, aber in kleinen Teilbereichen annähernd flach erscheint (siehe Abb. 2.2). Das ist natürlich eine Beobachtung, die uns von der Erdoberfläche her vertraut ist.

Einstein bediente sich einer ähnliche Reihe von Gedankengängen, um von seinem Äquivalenzprinzip zur gekrümmten Raum-Zeit zu kommen. Körper aus Platin und Aluminium fallen mit der gleichen Beschleunigung, darum hat vielleicht die auf sie wirkende Anziehungskraft der Erde weniger mit den Körpern selbst zu tun als mit der zugrundeliegenden Raum-Zeit. Genauso wie Kugelland gekrümmt war, ist vielleicht hier die Raum-Zeit gekrümmt, und die Flugbahnen der fallenden Körper spiegeln nur die Kurven und Wölbungen in der Raumzeit wider. Darüberhinaus können wir uns in ein frei fallendes Labor begeben und feststellen, daß wir frei schweben. Wir spüren scheinbar keine Gravitationskräfte. Wenn das Labor genügend klein ist, dann schwebt jedes beliebige Objekt, das wir mitbringen, frei mit uns, so als ob es keine Gravitationskraft gäbe. Das gilt natürlich nur näherungsweise, denn wir wissen zum Beispiel, daß in einem über der Erde frei fallenden Labor die Schwerkraft an der Decke etwas schwächer ist als am Boden, so daß noch immer eine kleine Restwirkung der Anziehungskraft existiert. Diese Effekte werden als *Gezeiten erzeugende Kräfte* bezeichnet und sind zum Beispiel für die Gezeiten der Meere auf der Erde verantwortlich. Trotzdem, je kleiner wir das Labor gestalten, um so kleiner werden diese Restkräfte, und um so näher kommen wir einer völlig schwerelosen Situation. Darum bewegen sich Körper in kleinen frei fallenden Labors auf geraden Bahnen, so als ob keine Gravitationskraft vorhanden oder als ob unser Laboratorium ein Inertialsystem wäre. Das bedeutet dasselbe wie die Behauptung, daß die Raum-Zeit des Labors zumindest näherungsweise mit der flachen Raum-Zeit der Speziellen Relativitätstheorie übereinstimmt, so wie der Raum im Kugelland im Maßstab der kleinsten Dreiecke ungefähr dem ebenen Raum des Euklid entsprach.

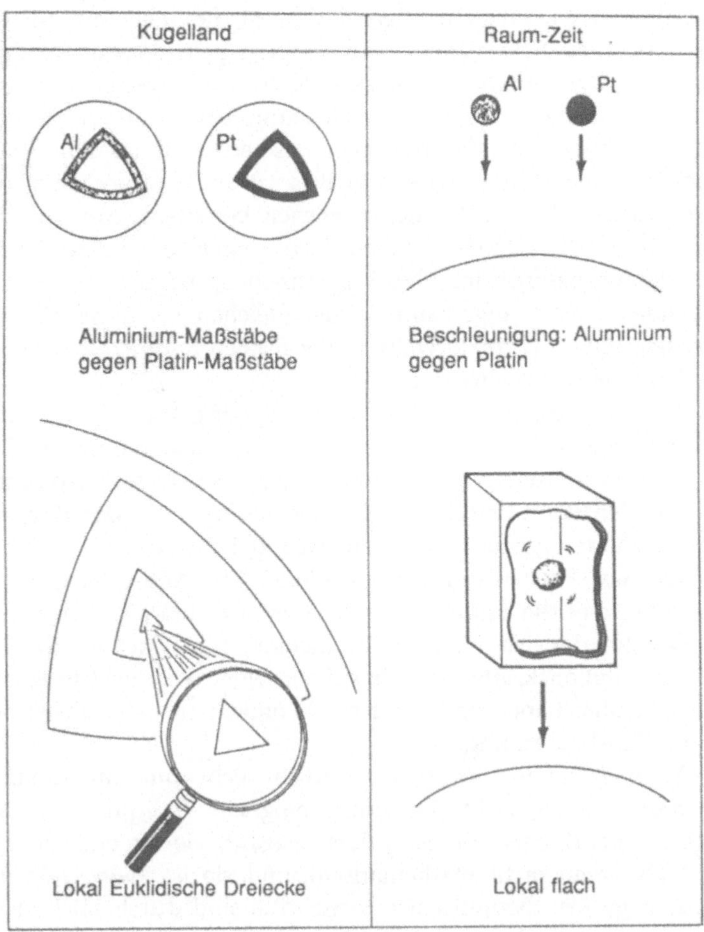

Abb. 2.2. Krümmung von Kugelland und gekrümmte Raum-Zeit. Die Eigenschaften der Dreiecke auf Kugelland sind unabhängig vom Material der benutzten Maßstäbe. Daher muß es sich um eine Eigenschaft der zugrundeliegenden Geometrie handeln. Die Beschleunigung von Körpern in der Raum-Zeit ist unabhängig vom Material, aus dem die Körper bestehen. Handelt es sich um eine Konsequenz der dahinterstehenden Raum-Zeit-Geometrie? Wenn man Ausschnitte aus Kugelland genügend klein wählt, gehorchen Dreiecke den euklidischen Postulaten des flachen Raumes. In ausreichend kleinen, frei fallenden Laboratorien erfahren Körper keine Schwerkraft wie in der flachen Raum-Zeit der Speziellen Relativitätstheorie. Folgerung: Die Raum-Zeit ist gekrümmt.

Mehr noch, Einstein folgerte, daß all das nicht nur für die mechanischen Bewegungen von Körpern gelten sollte, sondern für alle physikalischen Gesetze, einschließlich denen des Elektromagnetismus und der Atomstruktur, sowie für alle Nicht-Gravitationsgesetze, die möglicherweise erst in der Zukunft entdeckt werden würden (wie zum Beispiel Quantenmechanik und die Gesetze, die die Elementarteilchen betreffen). Mit anderen Worten, all die mathematischen Gleichungen, die solche Nicht-Gravitationsgesetze der Physik beschreiben, müssen auf ein frei fallendes System angewandt in der gleichen Form geschrieben werden, die sie normalerweise in der flachen Raum-Zeit der Speziellen Relativitätslehre haben.

Und wie bewegen sich freie Körper in der gekrümmten Raum-Zeit? So wie die lokalen, geraden Linien im Kugelland den großen Kreisen einer Kugel, den Geodäten, entsprechen, so entsprechen auch in der Raum-Zeit die Flugbahnen von frei fallenden Körpern Geodäten, den geradesten Linien, die möglich sind.

Das war Einsteins großartiger Einfall. Das Äquivalenzprinzip bedeutet, daß die Raum-Zeit gekrümmt ist, daß sie aber einem Beobachter, der sich in freiem Fall befindet, lokal flach vorkommt. Die Gravitationskräfte, die wir spüren, wenn wir nicht in einem frei fallenden Labor sind, sind nichts anderes als eine Folge der Raum-Zeit-Krümmung.

Hierbei handelt es sich natürlich nicht um ein strenges Theorem. Es ist nicht die einzig mögliche Interpretation des Äquivalenzprinzips. Sie ist jedoch elegant, sie ist einfach (begrifflich, wenn nicht mathematisch), und sie ist zwingend. Die meisten großen theoretischen Fortschritte sind durch solche Kriterien gekennzeichnet. Das genügt allerdings nicht, um solche Fortschritte auch korrekt zu machen. Der letzte Schiedsrichter ist das Experiment. In diesem Buch werden wir zahlreichen Experimenten begegnen, die ausgeführt wurden, um die Auswirkungen der gekrümmten Raum-Zeit ebenso zu testen wie die der konkreten Theorie, die Einstein konstruierte, um dem Postulat der gekrümmten Raum-Zeit einen exakten mathematischen Inhalt zu verleihen.

Da das Äquivalenzprinzip eine so herausragende Rolle spielt, sollten wir uns einen Überblick über die Geschichte seiner Entstehung und seine experimentellen Grundlagen verschaffen.

Trotz des gewichtigen Einflusses von Aristoteles mit seiner Vorstellung von der Mechanik, daß schwere Körper schneller als leichte fallen, gab es sogar schon in der Antike Gegner dieser Ansicht. Zum Beispiel berichtet Johannes Philoponos (6. Jh. n. Chr.), vermutlich aufgrund experimenteller Erfahrung, „...wenn man zwei Gewichte, von denen das eine um ein Vielfaches größer ist als das andere, von derselben Höhe herunterfallen läßt, wird man feststellen, daß ... der zeitliche Unterschied sehr gering ist." Zu denen, die die Gleichheit der Fallgeschwindigkeit erkannt hatten, gehören auch Giovanni Battista Benedetti, der dies im Jahre 1553 behauptete, Simon Stevin, der sie 1586 experimentell untersuchte, und Galileo Galilei (1564–1642), dessen vielleicht tatsächlich vom Schiefen Turm von Pisa ausgeführtes Experiment Bestandteil des wissenschaftlichen Volksguts geworden ist. Galilei nahm seinen Posten als Professor an der Universität Pisa 1589 an, also drei Jahre nach der Veröffentlichung von Stevins Ergebnissen, und blieb dort bis 1592. Es gibt keine zeitgenössischen Dokumente, die von einem Experiment vom Schiefen Turm berichten. Der einzige Anhaltspunkt, den wir besitzen, stammt von Galileis letztem Studenten Viviani, der allerdings erst 1622 geboren wurde. Es sieht so aus, als ob Galilei die Äquivalenz der Fallgeschwindigkeit als einen augenscheinlichen Allgemeinplatz betrachtete, und daß es sich bei dem Fallenlassen von Gegenständen von „einem hohen Turm" in Pisa eher um eine Demonstration dieser Regel handelte, als um ein Experiment, daß zur Entdeckung dieser Gesetzmäßigkeit führte.

Erst Isaac Newton (1642–1727) erhob die Regel schließlich zu einem fundamentalen Prinzip der Mechanik. Newton betrachtete es als einen solchen Eckstein, daß er ihm den einführenden Paragraphen seiner großartigen, 1687 erschienenen Abhandlungen zur Mechanik *Philosophiae Naturalis Principia Mathematica* widmete. Für Newton bedeutete das Äquivalenzprinzip, daß die Masse eines jeden Körpers, nämlich die als Trägheit bekannte Eigenschaft, die seine Reaktion auf eine angreifende Kraft bestimmt, identisch sein muß mit seinem Gewicht. Dies ist jene Eigenschaft, die die durch die Schwerkraft auf das Objekt ausgeübte Kraft bestimmt. Als Folge davon sollten alle Körper mit derselben Beschleunigung in einem Gravitationsfeld fallen, ganz unabhängig von ihrer Struktur oder stofflichen Zusammensetzung.

Newton machte an dieser Stelle nicht halt. Er erhob das Prinzip auch zu einer experimentellen Streitfrage, die er mit großer Genauigkeit zu testen versuchte. Falls das Äquivalenzprinzip Gültigkeit hat, dann sollte die Periode eines Pendels von vorgegebener Länge nicht von der Masse oder der Zusammensetzung der daran aufgehängten Gegenstände abhängen, da die nach unten gerichtete Beschleunigung des Objekts unabhängig von seiner Masse oder Zusammensetzung ist. Die Periode hängt tatsächlich nur von der Pendellänge und dem allgemeinen Wert für die Gravitationsbeschleunigung ab. Newton ließ identische Holzkisten an elf Fuß langen Drähten herunterhängen. Er füllte die eine Kiste mit Holz und die andere mit einem gleichen Gewicht an Gold und setzte das Pendelpaar in Bewegung. Er beobachtete, daß die Pendel bis zu einem hohen Grad an Genauigkeit Schritt hielten. Wiederholungen des Experiments unter Benutzung von Silber, Blei, Glas, Sand, Salz, Wasser und Weizen führten zum selben Ergebnis. Das ließ den Schluß zu, daß die Masse und das Gewicht von Materialien gleich sind oder daß ihre Beschleunigungen gleich sind bis hin zu einer Genauigkeit von einem Promille. Weitere Verbesserungen um den Faktor 100 wurden im 19. und frühen 20. Jahrhundert erzielt. Jedoch sind Pendelexperimente in ihrer Genauigkeit durch mehrere Faktoren begrenzt, zu denen die Auswirkungen von Luftströmungen, die durch das schwingende Pendel erzeugt werden und die Schwierigkeit der exakten Zeitmessung an bewegten Objekten gehören. (Man stelle sich vor, ein Dreisekundenpendel mit einer Genauigkeit von Hundertsteln oder Tausendsteln einer Sekunde zu messen).

Es dauerte noch bis zum Ende des 19. Jahrhunderts, bis Roland von Eötvös (1848–1919) ein bedeutender Fortschritt in der Genauigkeit gelang, wobei er in einer neuen, einfallsreichen Weise vorging. Eötvös war ein ausgezeichneter Physiker, der schon fundamentale Entdeckungen bezüglich des Einflusses der Temperatur auf die Oberflächenspannung von Flüssigkeiten gemacht hatte, jener Eigenschaft, die Wassertropfen auf einem Tisch runde Erhebungen bilden läßt. Im Jahre 1889 wurde er in Anerkennung seiner großen Verdienste zum Präsidenten der ungarischen Akademie der Wissenschaften gewählt. Zu jener Zeit hatte er seine besondere Aufmerksamkeit bereits auf die Frage der Gravitationsmessungen gelenkt.

Eötvös bediente sich einer als Torsionswaage bekannten Erfindung, die er ursprünglich entwickelt hatte, um zum Zweck geologischer Studien Veränderungen in der lokalen Schwerebeschleunigung zu messen. Zwei Gewichte werden an den Enden eines Stabes befestigt, und der Stab wird mit Hilfe eines Drahtes so aufgehängt, daß ein horizontales Gleichgewicht gewährleistet wird (der Aufhängungspunkt muß dabei nicht genau in der Mitte des Stabes liegen, wenn die Gewichte unterschiedlich groß sind). So wie es aussieht, handelt es sich hierbei nicht um einen interessanten Aufbau, weil lediglich Unterschiede in der Schwerkraft auf die zwei Gegenstände gemessen werden. Wir benötigen auch eine Trägheitskraft, so ähnlich wie die, die in Newtons Experimenten von dem Draht auf das Pendel ausgeübt wurde. Glücklicherweise stellt uns die Erde automatisch eine solche Kraft zur Verfügung als Folge ihrer Rotation. Anders als die Gravitationskraft, die zum Erdzentrum hin gerichtet ist, wirkt die träge Fliehkraft nach außen hin und zwar senkrecht zur Rotationsachse der Erde (siehe Abb. 2.3). Auf der geographischen Breite von Budapest, wo die

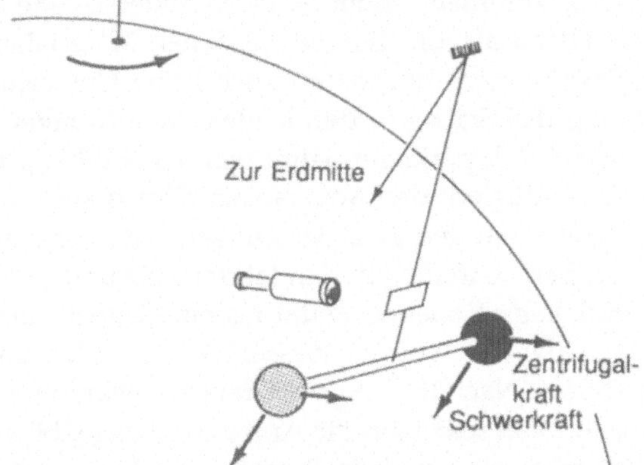

Abb. 2.3. Das Eötvös-Experiment. Der Faden, der den Stab trägt, hängt nicht exakt vertikal aufgrund der Zentrifugalkraft, die von der Erdrotation herrührt. Darum ist die nach unten gerichtete Gravitationskraft, die auf die Bälle wirkt, nicht parallel zum Faden. Wenn die Schwerkraft an einem Material kräftiger zieht als an einem anderen, dann wird sich der Stab um die Fadenachse drehen. Wenn man die ganze Apparatur so dreht, daß die beiden Bälle ausgetauscht werden, wird die daraus resultierende Rotation im entgegengesetzten Sinn verlaufen. Die Drehung wird festgestellt, indem man Licht beobachtet, das von einem am Faden angebrachten Spiegel reflektiert wird.

Eötvösschen Experimente ausgeführt wurden, ist die Zentrifugalkraft ungefähr vierhundertmal kleiner als die Gravitationskraft, und sie weicht um 47° von der Vertikalen zum Süden hin ab. Nehmen wir nun an, daß die beiden Gewichte aus verschiedenartigen Materialien bestehen. Falls die Fliehkraft im Verhältnis zur Gravitationskraft auf die beiden Materialien unterschiedlich wirkt, dann ergibt sich als Resultat ein Drehmoment. Diese Torsionskraft verursacht eine schwache Rotation des Stabes um eine vertikale Achse, solange bis sie von dem rücktreibenden Drehmoment des verdrillten Drahtes aufgehalten wird. Die Ausrichtung des Stabes relativ zum Labor kann auf verschiedenste Arten gemessen werden. Natürlich können wir daraus nichts ablesen, da wir nicht wissen, wo der Stab in den Ruhezustand käme, wenn die Fliehkraft abgestellt würde. (Leider können wir die Erdrotation nicht mit einem Hebel abschalten.) Wenn jedoch der ganze Apparat einschließlich der Halterung für den Draht um 180° gedreht wird, dann veranlaßt das Drehmoment den Stab, sich in die entgegengesetzte Richtung zu drehen und in einem anderen Orientierungssinn zum Stillstand zu kommen. Wenn es keine Unterschiede in der Wirkung der Fliehkraft auf die verschiedenen Materialien gibt, gibt es kein Drehmoment und damit auch keine Unterschiede in der Ausrichtung des Stabes in den beiden Anordnungen der Apparatur. Diese Art Experiment nennt man ein *Null-Experiment,* weil im Fall der Gültigkeit des Äquivalenzprinzips als Ergebnis keine Differenz zwischen den zwei Messungen erwartet wird.

In zwei Versuchreihen in den Jahren 1889 und 1908 benutzten Eötvös und seine Kollegen Platin als ein Gewicht und verschiedene Materialien — Kupfer, Wasser, Asbest, Aluminium etc. — für das andere. Nachdem sie die Gravitationskräfte, die von den Experimentatoren selbst auf die Apparatur ausgeübt wurden, korrigiert hatten, fanden sie kein anomales Drehmoment. Sie schlossen daraus, daß die Masse oder die *träge Masse* und das Gewicht oder die *schwere Masse* von verschiedenen Materialien jeweils bis auf wenige Milliardstel gleich sind. Anders ausgedrückt: verschiedene Körper erfahren in einem Gravitationsfeld bis auf einige Milliardstel genau diesselbe Beschleunigung.

Diese Experimente gingen Einsteins Arbeiten auf dem Gebiet der Gravitationslehre zwar voraus, augenscheinlich aber hatte er davon keine Ahnung, als er 1907 das Äquivalenzprinzip zu einer Grundlage der Gravitationstheorie erklärte. Stattdessen akzeptierte er die Gleichheit der Beschleunigung als vorgegeben. Bis zum Jahre 1912 jedoch hatte man ihn von den Eötvösschen Experimenten unterrichtet, und in späteren Schriften berief er sich häufig auf sie.

Die Eötvösschen Experimente setzten den Genauigkeitsmaßstab für die Dauer von fast sechzig Jahren. Schließlich wurden Anfang der sechziger Jahre und noch einmal um 1970 herum von zwei Gruppen größere Fortschritte erzielt. Die erste war eine von Dicke geleitete Gruppe an der Universität von Princeton (siehe Abb. 2.4), die zweite arbeitete an der Staats-Universität Moskau unter der Leitung von Wladimir Braginski. Diese Gruppen hatten zwei Vorteile. Der erste bestand in einer klugen Idee: Ersetze die Anziehungskraft der Erde durch die der Sonne, ersetze die Fliehkraft der Erdrotation durch die Kraft, die durch die Erddrehung um die Sonne erzeugt wird, und lasse schließlich die Arbeit, das Labor um die Erde-Sonne-Linie zu drehen, von der Erde selbst

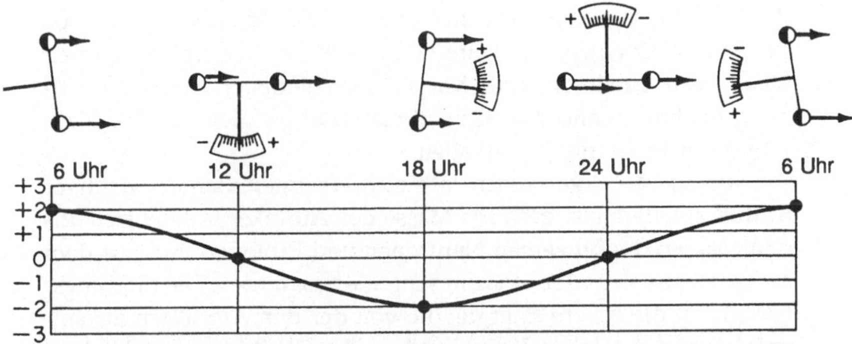

Abb. 2.4. Die Princetonsche Version des Eötvös-Experiments. Die relative Anziehung von unterschiedlichen Körpern in Richtung Sonne wird gemessen. Die Sonne befindet sich auf der rechten Seite. Falls es einen Unterschied zwischen den verschiedenartigen Materialien gibt, wird der Stab in der gezeigten Weise schwingen, wenn sich die Orientierung des Stabes relativ zur Sonne ändert, woraus sich ein Signal der Ablenkung ergibt, das sich mit einer Periode von 24 Stunden ändert. Wenn es keinen Unterschied in der Anziehung gibt, wird der Stab nicht schwingen. (Aus „The Eötvös Experiment" von R.H. Dicke. Aus *Scientific American*, Dezember 1961. Mit freundlicher Genehmigung von *Spektrum der Wissenschaft*)

verrichten. Obwohl die Gravitationskraft der Sonne auf Körper rund 1000mal kleiner ist, ist der Winkel zwischen der Richtung des Aufhängungsdrahtes und der Sonne größer und viele Stör- und Fehlerquellen sind durch die Tatsache ausgeschaltet, daß die Apparatur nicht vom Experimentator bewegt werden muß. Der zweite Vorteil, der zu Hilfe kam, bestand in der Technologie jener Tage. Dazu gehörten hervorragende Fasern, die für die Aufhängung des Stabes zur Verfügung standen, gute Vakuumsysteme, um die Effekte von Luftströmungen auszuschließen, automatische Temperaturkontrollsysteme und ausgeklügelte elektrische und optische Techniken, um die Orientierung des Stabes zu bestimmen. Wenn das Äquivalenzprinzip falsch wäre, dann müßte sich im Verlauf der Drehung der Erde um die Sonne der Stab zuerst in die eine Richtung drehen, nämlich wenn die Sonne gerade senkrecht über uns steht, und dann 12 Stunden später in die andere. Die Experimentatoren mußten ausschließlich auf Drehungen des Stabes achten, die sich in einem 24stündigen Rhythmus änderten. In keinem der Experimente konnten derartige Änderungen beobachtet werden, wobei die Meßgenauigkeit von der Gruppe aus Princeton mit eins zu 100 Milliarden und von der Moskauer Gruppe mit eins zu einer Billion angegeben wurde.[1] Damit war bewiesen, daß Körper verschiedener Zusammensetzung bis hin zu enormer Genauigkeit mit der gleichen Beschleunigung in Richtung Sonne fallen.

Von diesen Ergebnissen läßt sich ein interessanter wichtiger Schluß ableiten. Die gesamte Masse des Atomkerns setzt sich aus den Massen der einzelnen Neutronen und Protonen und aus dem Massenäquivalent der Bindungsenergie zusammen. Die Bindungsenergie ist die innere Energie, die von der den Atomkern zusammenhaltenden starken Kernkraft herrührt. Weil nun verschiedene Elemente wie Aluminium und Platin verschiedene Mengen von Bindungsenergie pro Masseneinheit enthalten, muß die der Energie von Kernkräften äquivalente Masse mit der gleichen Beschleunigung fallen wie die Kernteilchen selbst. Ein ähnlicher Schluß ist auf die elektromagnetische Energie anwendbar, die mit den

---

[1] Hinweise auf die Originalveröffentlichungen zu diesem und anderen in diesem Buch beschriebenen Experimenten können dem Buch „Theory and Experiment in Gravitational Physics" von C. M. Will entnommen werden, siehe Literaturangaben am Ende dieses Buchs.

Kräften zwischen den geladenen Protonen und Elektronen zusammenhängt. In Kap. 7 stellen wir uns die Frage, ob auch die Gravitationsenergie mit derselben Beschleunigung fällt.

In den Experimenten, die ich beschrieben habe, wurden makroskopische Körper von Laborgröße verwendet, und jeder Schluß auf das Verhalten von atomaren Teilchen und Energien, den wir wagen, ist somit notwendigerweise ziemlich indirekt. Was können wir direkt über Körper von atomarer Größenordnung aussagen? Fallen beispielsweise einzelne Elektronen mit derselben Beschleunigung wie gewöhnliche Körper? Leider ist diese Frage experimentell extrem schwer zu beantworten. Da das Elektron geladen ist, kann schon das gerinste elektrische Störfeld in der Apparatur Beschleunigungen auslösen, die die zu studierenden Gravitationseffekte haushoch übertreffen. Aus diesem Grund wurden beim besten Eötvös-Experiment an einzelnen Elementarteilchen elektrisch neutrale Neutronen benutzt. Obwohl sie außerhalb von Atomkernen instabil sind, erlaubt ihre lange Lebensdauer (1000 Sekunden) viele interessante Beobachtungen. In einem 1975 an der Technischen Universität München durchgeführten Experiment wurden langsame Neutronen aus einem Kernreaktor in horizontaler Richtung ausgeblendet. In einer Entfernung von rund 100 Metern waren die Neutronen meßbar gefallen. Der kleine Winkel, der die Abweichung ihrer Bewegung von der Horizontalen angibt und der ungefähr drei Zehntausendstel eines Grades beträgt, kann gemessen werden, indem man die Neutronen an der Oberfläche einer flüssigen Mischung aus Blei und Wismuth abprallen läßt. Der gemessene Winkel stimmt mit einer Genauigkeit von 1:10 000 mit dem überein, den man dann erwartet, wenn die Neutronen mit derselben Beschleunigung fallen wie makroskopische Körper.

Da das Äquivalenzprinzip so wichtig ist, halten Experimentatoren immer nach Möglichkeiten Ausschau, die Genauigkeit der Tests dieses Prinzips zu verbessern oder neue Wege zu seiner Überprüfung zu finden. Für die Verwirklichung einiger ihrer Ideen waren extrem tiefe Temperaturen nahe dem absoluten Gefrierpunkt erforderlich, um Fehler durch thermische Schwankungen zu reduzieren. Für andere war das Experimentieren im Weltraum entscheidend, um Rauschquellen, die umgebungsbedingt sind und die jedes auf der Erde stehende Labor beeinträchtigen, weitgehend auszuschalten. Dazu gehören zum Beispiel seismische Störungen (einschließlich vorbeifahrender Lastwagen) und atmosphärische Effekte wie Veränderungen des Luftdrucks. Möglicherweise wird man in einem zukünftigen Weltraumlabor eine Sally Ride erleben, die hilft, ein um die Erde kreisendes Eötvös-Experiment aufzubauen.

Bisher habe ich beschrieben, wie Einstein den intuitiven Gedankensprung vom Äquivalenzprinzip zur gekrümmten Raum-Zeit machte, und bin darüber hinaus einigermaßen detailliert auf die experimentelle Untermauerung dieser Theorie eingegangen. Ich habe aber noch nicht viel darüber gesagt, was gekrümmte Raum-Zeit wirklich ist. Um dieses Versäumnis nachzuholen, wären eine Menge mathematischer Einzelheiten notwendig, die aber über die Aufgabe dieses Buches hinausgehen. Unser Ziel ist vielmehr der Versuch, qualitativ zu verstehen, was die beobachtbaren Auswirkungen der gekrümmten Raum-Zeit sind und wie diese Auswirkungen in Experimente umgesetzt werden können.

Alle die beobachtbaren Raum-Zeit Effekte, über die ich in diesem Buch berichten werde, sind extrem klein, und viele von ihnen sind ziemlich spitzfindig. Wie aber verhält es sich mit den groben, alltäglichen Effekten der Schwerkraft, wie etwa mit dem Werfen eines Volleyballs auf der Erde oder mit der Umlaufbahn eines Raumschiffs um die Erde? Wie weiter oben schon erwähnt lautete Einsteins Vorschlag, daß Gravitation und gekrümmte Raum-Zeit in gewisser Weise ein und dasselbe sind. Wie in aller Welt (oder auch irgendwo anders sonst) ist die Bewegung eines Volleyballs in Beziehung zu setzen zur gekrümmten Raum-Zeit? Einstein postulierte, daß die Bewegung eines frei fallenden Körpers wie die eines geworfenen Balles oder eines in einer Umlaufbahn befindlichen Planeten entlang einer Geodäte, einer „Geraden" der gekrümmten Raum-Zeit, verläuft. Wie aber läßt sich das in Einklang bringen mit dem, was wir tatsächlich als Bewegungsablauf eines Balles oder Planeten beobachten und was gewiß noch nicht einmal annähernd einer Geraden entspricht?

Die Lösung ist recht einfach, wenn wir erst einmal gelernt haben, die Raum-Zeit vom Raum zu unterscheiden. Dazu zeichnet man sich am besten ein Bild, das sowohl einige der räumlichen Dimensionen enthält als auch die Dimension Zeit. Augenscheinlich gelingt es uns nicht, alle vier Raum-Zeit-Dimensionen auf einem zweidimensionalen Stück Papier unterzubringen, aber wenn wir eine räumliche Dimension vernachlässigen, dann können wir mit Hilfe der Perspektive zwei räumliche Dimensionen und zusätzlich die Zeit darstellen. Diese sogenannten *Raum-Zeit-Diagramme* sind ein beliebtes Hilfsmittel bei der Besprechung der Speziellen und Allgemeinen Relativitätslehre.

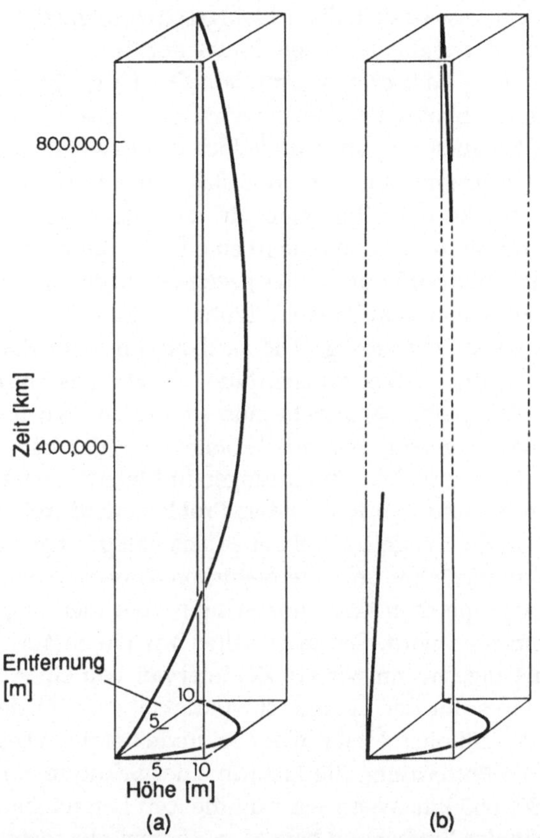

Abb. 2.5. Raum-Zeit-Diagramm für einen Volleyballaufschlag. Die Höhe ist rechts aufgetragen, die Entfernung auf dem Boden nach hinten in die Seite hinein und die Zeit nach oben. In (a) wurde die Skala der Zeitachse stark zusammengepreßt von 900 000 km auf die Größe der Seite. Der Weg des Volleyballs in der Raum-Zeit verläuft von der Ecke unten links zur oberen hinteren Ecke. Die Projektion der Flugbahn im Raum (eine Parabel) wird auf der Grundfläche gezeigt. Wenn die Zeitachse hin zu ihrer wirklichen Länge gezogen wird, erscheint die Raum-Zeit Kurve fast gerade, wie in (b).

Betrachten wir zunächst das Volleyballproblem (siehe Abb. 2.5). Stellen wir uns Sally Ride vor, die auch eine ausgezeichnete Tennis- und Volleyballspielerin ist, wie sie einen Volleyball hoch über das Netz aufschlägt, so daß er eine Höhe von 10 Metern erreicht und in einer Entfernung von 10 Metern herunterkommt. (Gewöhnlich ist Sallys Aufschlag natürlich ein hartes Geschoß, das mit etwa der halben Lichtgeschwindigkeit fliegt, wie ich während der täglichen Spiele hinter der Turnhalle von Stanford am eigenen Leib erfahren mußte). Die Flugbahn eines Volleyballs beschreibt eine Parabel, gewiß nicht so etwas wie eine gerade Linie. Schauen wir uns nun jedoch die Bewegung in einem Raum-Zeit-Diagramm an. Die Grundfläche des Diagramms zeigt eine Linie, die die Ballhöhe angibt (in der Bildebene) und senkrecht dazu (in die Bildebene hinein) eine Linie, die zwischen dem Anfangs- und Endpunkt des Balles gezogen wurde, um die Bewegung des Balles über dem Boden festzuhalten. Die dritte räumliche Dimension wird nicht gezeigt. Die vertikale Linie im Raum-Zeit-Diagramm ist die Zeitkoordinate. Nun, da wir wissen, daß wir Raum und Zeit gleich behandeln müssen, müssen wir ihnen dieselben Einheiten geben. Wie aber können wir das bewerkstelligen, wenn die räumlichen Entfernungen in Metern, Zeiten aber in Sekunden gemessen werden? Dieses Problem wird mit Hilfe der Lichtgeschwindigkeit gelöst, bei der es sich entsprechend der Speziellen Relativitätslehre um eine Naturkonstante handelt, d.h. sie hat immer den gleichen Wert, unabhängig vom Inertialsystem, in dem sie gemessen wird. Darum erhalten wir einen Wert von der Dimension Länge, wenn wir ein Zeitintervall von einer Sekunde nehmen und es mit der Lichtgeschwindigkeit multiplizieren, die ungefähr 300 Millionen Meter in der Sekunde beträgt. Diese Länge ist gerade die Entfernung, die Licht in einer Sekunde zurücklegt, also etwa 300 000 km. Wenn wir nun die Zeit betrachten und dabei Einheiten der Entfernung benutzen, können wir sagen, daß „1 Meter Zeit" das gleiche ist wie die Zeit, die das Licht braucht, um einen Meter zurückzulegen oder ungefähr 3,3 Nanosekunden (1 Nanosekunde entspricht 1 Milliardstel einer Sekunde). Es wurde uns gesagt, daß Zeit und Raum gleich zu behandeln sind, darum müssen wir, wenn wir auf den Raum-Linien unseres Raum-Zeit-Diagramms Entfernungen in 1 Meter-Intervallen markieren, im selben Maßstab Intervalle von 1 Meter auf der Zeitlinie eintragen. Tragen wir nun die Flugbahn des Volleyballs ins Raum-Zeit-Diagramm ein, wobei jeder Punkt bestimmt wird durch die horizontale Entfernung von Sally, der Höhe und der entsprechenden Zeit. Schon geraten wir in Schwierigkeiten. Die Zeit, die der Ball braucht, um den höchsten Punkt seiner Flugbahn zu erreichen, beträgt nur 1,4 Sekunden, aber auf der Zeitlinie entspricht das 430 000 km oder einer Entfernung, die ein wenig größer ist als die zum Mond. Und dabei haben wir erst eine Hälfte der Flugbahn des Balles berücksichtigt! Es wird uns klar, daß das Raum-Zeit-Diagramm nicht auf einer Seite dieses Buches unterzubringen ist. Trotzdem fangen wir an zu begreifen, in welchem Sinn die Flugbahn eines Volleyballs eine Geodäte oder „Gerade" ist. Die Flugbahn beginnt an einem Startpunkt; dann, wenn wir uns entlang der Zeitlinie hocharbeiten, bewegt sie sich in die Seite hinein, sowohl entlang der Fluglinie über Grund als auch nach rechts beim Aufsteigen. Wenn wir auf der Zeitlinie fortfahren (wir sind nun schon jenseits der Entfernung zum Mond), stellen wir fest, daß der Punkt aufhört, sich nach rechts zu bewegen (der höchste Punkt der Ballbewegung), und stattdessen anfängt, nach links zu wandern, während er sich entlang der Fluglinie über Grund weiterbewegt. Schließlich, am oberen Ende des Raum-Zeit-Diagramms, erreicht der Punkt das Ende der Flugbahn auf der Originallinie. Es ist klar, daß die Flugbahn gekrümmt war, aber weil sie in der Zeit-Dimension auf eine Länge größer als die zweifache Entfernung zum Mond auseinander gezogen wurde, würden wir uns bei der Betrachtung irgendeines Teilstücks der Kurve schwertun zu behaupten, daß es sich um etwas anderes als eine Gerade handelt. Fassen wir also kurz zusammen. Wenn wir die Flugbahn eines Balles im Raum verfolgen, beschreibt diese eine Parabel, wenn wir sie aber in der Raum-Zeit betrachten, handelt es sich fast, wenn auch nicht ganz, um eine gerade Linie. Die Tatsache, daß die Flugbahn in der Raum-Zeit fast gerade verläuft, ist eine Folge der geringen Krümmung der Raum-Zeit auf der Erde.

Als weitere Illustration bietet sich die Umlaufbahn einer Raumfähre um die Erde an (siehe Abb. 2.6). Im Raum beschreibt die Umlaufbahn fast einen Kreis. Aber in der Raum-Zeit würde die Länge der Zeitlinie (Isochrone), die benötigt wird, um einen ungefähr 1,5 Stunden dauerenden Umlauf der Fähre zu berücksichtigen, etwa 1,6 Milliarden km betragen, das ist länger

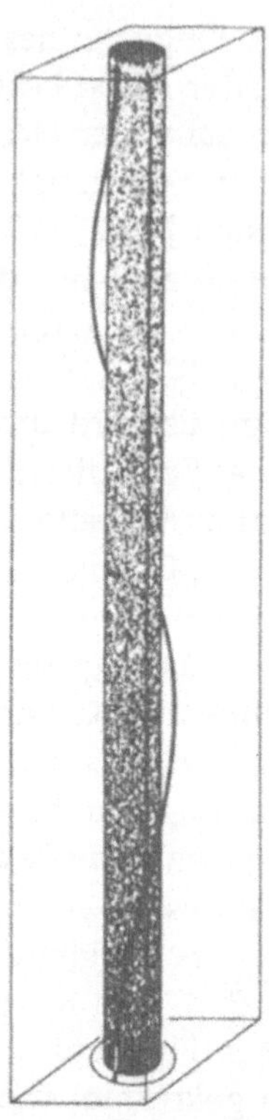

Abb. 2.6. Raum-Zeit-Diagramm für die Raumfähre. Die Zeitachse wurde wieder gestaucht. Das schattierte Rohr ist der Weg des Erdkörpers durch die Raum-Zeit. Die Flugbahn der Fähre ist eine Spirale in der Raum-Zeit, ein Kreis im Raum.

als der Radius der Saturnbahn. In der Raum-Zeit würde die Umlaufbahn der Fähre eine Spirale beschreiben, die allerdings in der Zeitkoordinate derart weit auseinandergezogen ist, daß sie kaum von einer Geraden zu unterscheiden ist.

In der Sprache der gekrümmten Raum-Zeit wird dem Sonnensystem nachgesagt, ein System mit *schwachem Feld* oder *geringer Krümmung* zu sein. Die Raum-Zeit-Flugbahnen von frei fallenden Körpern sind Geodäten, die nur geringfügig von gewöhnlichen geraden Linien abweichen. Als eine Folge davon sind Effekte der gekrümmten Raum-Zeit, die über die groben Merkmale dieser

Flugbahnen hinausgehen, nur winzige Korrekturen, und sie sind darum auch schwierig zu entdecken und zu messen. Genau das ist es, was die experimentelle Gravitation über siebzig Jahre hinweg zu einer derartigen Herausforderung werden ließ.

Eine abschließende Bemerkung. Nirgendwo in diesem Kapitel ist bis jetzt das Wort „Allgemeine Relativität" aufgetaucht. Alles, was ich diskutiert habe, ist eine direkte Folge des Äquivalenzprinzips und von Einsteins genialem Einfall von der gekrümmten Raum-Zeit. Dabei handelt es sich um eine derart fundamentale Idee, daß wir sie heute vollkommen getrennt von der Allgemeinen Relativitätslehre betrachten, obwohl nach Einsteins Auffassung beide unlösbar miteinander verknüpft sind. Das Eötvös-Experiment wird als einer der ersten fundamentalen Tests für die Gültigkeit der gekrümmten Raum-Zeit angesehen. Es ist ein so grundlegendes Experiment, daß viel Arbeit in seine Ausführung hineingesteckt wurde und noch viel mehr Mühe darauf verwandt wird, es weiterhin so gut wie möglich zu verbessern. Würde sich irgendwann einmal eine Verletzung der Gleichheit der Beschleunigung ergeben, dann müßte das ein totales Umdenken in unserer Betrachtungsweise der Raum-Zeit zur Folge haben.

Was ist nun die Allgemeine Relativitätstheorie? Sie ist wirklich ein eigenes, unabhängiges theoretisches Gebilde. Sie fußt auf der Gültigkeit der gekrümmten Raum-Zeit, geht aber darüber hinaus und beantwortet die Fragen, die wir in diesem Kapitel vermieden haben, insbesondere die nach der Stärke der Krümmung der Raum-Zeit. Das Äquivalenzprinzip sagt uns nur, daß sie gekrümmt ist, es kann uns nicht mitteilen, wie stark. Die Allgemeine Relativitätslehre stellt eine Reihe von mathematischen Gleichungen zur Verfügung, *Feldgleichungen* genannt, die es uns erlauben auszurechnen, wie stark die Raum-Zeit-Krümmung ist, die von einem vorgegebenen Stück Materie erzeugt wird wie etwa der Sonne, der Erde oder einem Stein.

Obwohl Einstein schon 1907 über ein klares physikalisches Verständnis des Äquivalenzprinzips und der gekrümmten Raum-Zeit verfügte, dauerte es noch acht Jahre, bis er die Gleichungen der Allgemeinen Relativitätstheorie aufstellen konnte. Einen Teil dieser Zeit verbrachte er damit, das mathematische Rüstzeug für die Beschreibung der gekrümmten Raum-Zeit zu erlernen, ein anderer Teil ging dadurch verloren, daß er falschen theoretischen

Fährten folgte. Aber schließlich im November 1915, während einer intensiven und anstrengenden Arbeitsperiode von drei Wochen, machte er einen zweiten großartigen Gedankensprung und stellte die Feldgleichungen in ihrer endgültigen Form auf. Die Theorie war nun komplett. Die Feldgleichungen beschreiben die Stärke der Krümmung, und das Äquivalenzprinzip sagt uns, wie Materie darauf reagiert: Frei fallende Körper bewegen sich entlang von Geodäten.

Das Äquivalenzprinzip ist derart aussagekräftig und so gut durch die Eötvös-Experimente bestätigt, daß die meisten modernen Theorien, die als Alternativen zur Allgemeinen Relativitätstheorie vorgeschlagen wurden, auch in genau der gleichen Weise auf der gekrümmten Raum-Zeit aufbauen. Diese Theorien wären mit jeder Behauptung, die in diesem Kapitel gemacht wurde, in Einklang zu bringen. Sie unterscheiden sich von der Allgemeinen Relativitätstheorie lediglich in den Feldgleichungen, mit denen sie angeben, wieviel Krümmung vorhanden ist. Die Brans-Dicke-Theorie ist eine dieser Theorien.

Experimentelle Tests für die Gravitationstheorien können daher in zwei Klassen eingeteilt werden: In jene, die das Äquivalenzprinzip untersuchen wie beispielsweise das Eötvös-Experiment, und in jene, die die einzelnen Gravitationstheorien testen. Bevor wir uns der letzten Klasse zuwenden, müssen wir uns noch mit einem Experiment beschäftigen, das Einstein als Test für die Allgemeine Relativitätstheorie vorschlug, aber von dem wir inzwischen wissen, daß es sich in Wirklichkeit um einen weiteren Test für das Äquivalenzprinzip handelt, und das daher genauso fundamental ist wie das Eötvös-Experiment. Dieser Test ist bekannt als Gravitations-Rotverschiebung.

3. Die Rotverschiebung: Licht und Uhren im Schwerefeld

Bob Vessot war zurecht etwas nervös, als er zur Startrampe hinaufschaute. Dort an der Spitze einer 25 Meter hohen Scout D Rakete, versteckt hinter einer Verkleidung ähnlich der Kappe eines Kugelschreibers, befand sich eine der präzisesten Atomuhren, die jemals gebaut wurden. Es handelte sich um ein Instrument von solcher Empfindlichkeit, daß es seine Ganggeschwindigkeit bis zu einer Genauigkeit von einem Billionstel einer Sekunde pro Stunde beibehalten konnte. Es verkörperte fünf Jahre seines Lebens, eine meisterhafte Leistung seiner Forschungsgruppe und eine Investition der NASA in Höhe von mehreren Millionen Dollar.

Die Uhr war noch nie auf einer Rakete geflogen. Es gab nur einen Grund anzunehmen, sie könnte die 20 g an Schubkraft, also die 20fache Schwerkraft, überleben, der sie beim Start ausgesetzt sein würde. Sie war ausgiebigen Erschütterungs- und Zentrifugaltests ausgesetzt worden, die sie am Marshall Space Flight Center in Alabama erfolgreich bestanden hatte, bevor man sie hierher zur NASA-Startrampe auf der Insel Wallops brachte. Es ist eine der zahlreichen kleinen Inseln vor der Ostküste der schmalen Halbinsel Virginia, die die Chesapeake Bay vom Atlantischen Ozean trennt.

Vessot schauderte beim Gedanken an die Möglichkeit, daß die Rakete vom Kurs abkommen könnte. Für diesen Fall hatten die Flugkontrolleure Anweisung, sie zu sprengen. Während der Vorbereitungswochen für den Flug hatte Vessot den Eindruck gewonnen, daß das Personal von Wallops träge geworden war. Wegen der seit einiger Zeit anhaltenden Durststrecke bei ballistischen Raketenflügen war schon lange kein Start mehr durchgeführt worden. Ein Countdown war bereits aufgrund von Schwierigkeiten mit einem Ammoniak-Kühlmittel abgebrochen worden. Trotzdem, die Scout D war eine der zuverlässigsten Raketen überhaupt.

Es gab auf der Erde nur eine einzige andere Uhr, die genauso gut war wie die auf der Rakete, und das war ihr genaues Gegenstück; sie befand sich zu der Zeit 720 Meilen weiter südlich auf der NASA Leitstelle Merritt Island, nahe bei Cape Canaveral. Während des zweistündigen Flugs der Scout D sollten die Zählraten der beiden Uhren miteinander verglichen werden. Wenn alles gut ging, würde das Experiment mit größerer Genauigkeit als jemals zuvor zeigen, ob Einstein mit der von ihm vorhergesagten Wirkung der Gravitation auf die Zählraten von Uhren, dem als Gravitations-Rotverschiebung bekannten Effekt, recht hatte.

Es war ein perfekter Tag für einen Start, ein schöner Morgen im Juli 1976. Am Himmel zeigten sich nur einige hohe, dünne Wolken. Anschließend an den Flug würden die Daten zusammengetragen und zurück zur Universität Harvard gebracht werden. Nach den Anspannungen der letzten Monate freute sich Vessot auf das lange Feiertagswochenende um den 4. Juli — vielleicht würde er eine erholsame Segeltour auf dem Ozean nahe seines Hauses in Marblehead unternehmen, oder bei den 200-Jahrfeierlichkeiten der Vereinigten Staaten zusehen, dann würde er zu seiner Arbeit, in sein Labor in Harvard und der mühsamen Auswertung der Daten zurückkehren.

Als der zweite Countdown fortschritt, hätte Vessot genausogut zurückschauen können auf die Ursprünge jenes Effekts, auf dessen Messung er soviel Anstrengung verwandt hatte. Die Gravitations-Rotverschiebung war die erste von Einsteins großen Vorhersagen. Er machte sie bald nach der Formulierung seiner Version des Äquivalenzprinzips und nachdem er erkannt hatte, was diese für das Wesen der Physik in frei fallenden Labors bedeutete. Das war 1907, acht Jahre vor der vollständigen Formulierung der Allgemeinen Relativitätslehre. Jedoch war sie erstaunlicherweise die letzte von Einsteins drei Vorhersagen, die mit einem gewissen Genauigkeitsgrad getestet wurde.

Der einfachste Weg, die Gravitations-Rotverschiebung zu verstehen, ist ein simples Gedankenexperiment, an dem die Erde, ein Lichtsender und -empfänger und einige frei fallende Laboratorien beteiligt sind. Dieses Gedankenexperiment ist in seinem Konzept tatsächlich dem ersten wirklichen Experiment zur exakten Messung der Rotverschiebung sehr ähnlich. Man stelle sich einen Lichtsender mit einer wohldefinierten Frequenz oder Wellenlänge vor, der sich auf der Spitze eines hohen Turmes befindet und dessen Strahl direkt nach unten gerichtet ist. Ein abstimmbarer Empfänger am Boden wird so eingestellt, daß er die auftreffenden Signale vom Sender auf dem Turm empfangen kann. Wie verhält sich nun die empfangene Frequenz zur ausgesandten Frequenz: Ist sie größer, kleiner oder gleich? Benutzen wir das Einsteinsche Äquivalenzprinzip, um diese Frage zu beantworten.

Wir wollen uns auf einen kleinen Teil oder ein *Wellenpaket* des ausgesandten Lichts konzentrieren.[1] Stellen wir uns ein Labor vor, das früher aus dem Zentrum der Erde herausgeschossen wurde. Sein Raketenantrieb ist ausgeschaltet, so daß sich das Labor nun im freien Fall befindet, obwohl es sich noch immer von der Erde wegbewegt (siehe Abb. 3.1 und 3.2). Nehmen wir an, daß der Zeitpunkt des Starts und seine Startgeschwindigkeit so geschickt gewählt wurden, daß in genau dem Augenblick, in dem der Sender das Wellenpaket aussendet, das Labor gerade den höchsten Punkt seiner Flugbahn, das Apogäum, erreicht hat. Es befindet sich einen Moment lang bewegungslos neben dem Sender, um dann wieder zur Erde zurückzufallen. Da es sich um ein Gedankenexperiment handelt, brauchen wir uns keine Sorgen darum zu machen, wie wir ein solch unglaubliches Kunststück bewerkstelligen könnten. Solche Einzelheiten sind für das vorliegende Experiment ohnehin belanglos. Wichtig ist das, was nun passiert.

Ein Beobachter im Labor mißt die Frequenz des ausgesandten Lichtpakets. Da er sich im freien Fall befindet und da er mit dem Äquivalenzprinzip vertraut ist, stellt er fest, daß von seinem Standpunkt aus keine Gravitation vorhanden ist, und darum kann die ausgesandte Frequenz mit Hilfe der Gesetze der Speziel-

---

[1] In Übereinstimmung mit der Quantenmechanik könnte ein solches Paket dem fundamentalen „Teilchen" oder dem Photon genannten Quant des Lichts entsprechen; oder in Einklang mit dem klassischen Elektromagnetismus könnte es einfach ein kleines Stück einer kontinuierlichen Welle sein. Diese Welle/Teilchen-Dualität ist eine grundlegende Eigenschaft der Natur, und ob Licht beschrieben werden muß als ein Teilchen oder eine Welle, hängt vom durchzuführenden Experiment ab. Jedoch unterscheidet das Äquivalenzprinzip nicht zwischen den beiden Naturen des Lichts. Wir würden dieselbe Antwort erhalten, gleichgültig, welche Beschreibung des Lichts wir benützen. Darum ist es gar nicht notwendig, in unserem Paket die Natur des Lichts genau anzugeben.

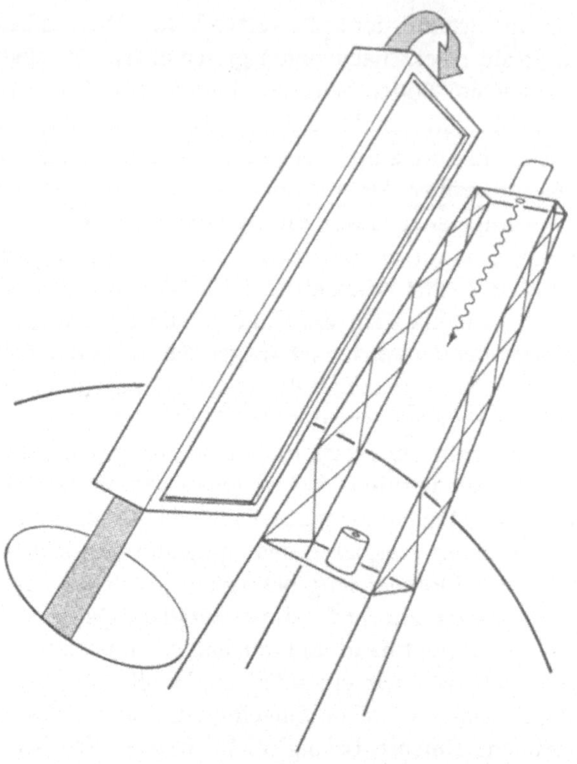

Abb. 3.1. Die Gravitations-Rotverschiebung im Gedankenexperiment. Der Sender auf der Turmspitze sendet ein Lichtpaket zum Empfänger am Boden. Vorher wurde ein Labor aus dem Erdzentrum herausgeschossen und hat seinen Raketenantrieb abgeschaltet, so daß es sich danach im freien Fall befindet. (Innen ist keine Schwerkraft.) Es erreicht den maximalen Punkt seiner Flugbahn genau in dem Moment, wenn der Sender das Lichtpaket losschickt. Der Beobachter drinnen kann die gravitationsfreien Gesetze der Speziellen Relativitätstheorie anwenden, um die Aussendung, Ausbreitung und den Empfang des Lichtpakets zu untersuchen.

---

len Relativitätslehre berechnet werden. Darum war es so wichtig, das Labor in den freien Fall zu versetzen. Weil sich das Labor aber bezüglich des Senders im Ruhezustand befindet, wenn auch nur für einen Augenblick, ist die ausgesandte Frequenz die „Ruhe"-Frequenz, unbeinflußt von einem langsameren Gang, der für be-

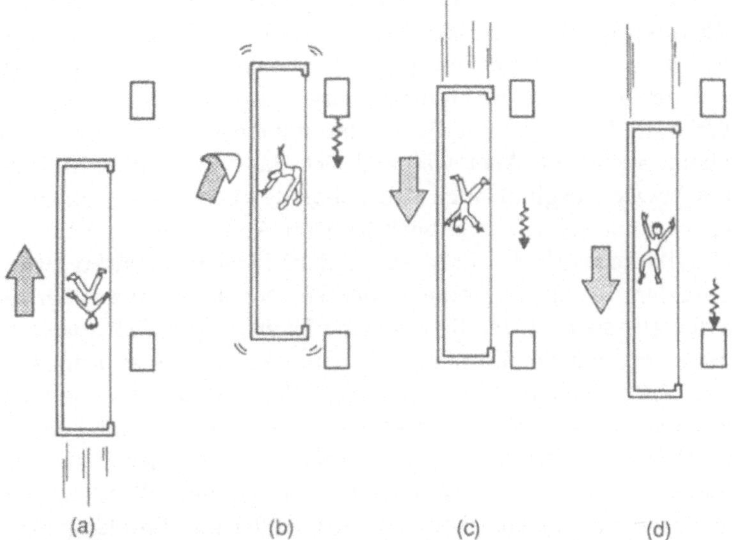

Abb. 3.2. Serie von Ereignissen beim Gedankenexperiment zur Rotverschiebung. In (a) bewegt sich das Laboratorium noch aufwärts und nähert sich dem höchsten Punkt seiner Flugbahn. In (b) befindet sich das Laboratorium momentan im Ruhezustand relativ zum Sender gerade in dem Augenblick, wenn er das Lichtpaket aussendet. Die Frequenz des Pakets, gemessen vom Beobachter im Laboratorium, ist der Standardwert. In (c) hat das Laboratorium begonnen abwärts zu fallen, weil aber der Beobachter innen keine Schwerkraft wahrnimmt, sieht er, daß sich das Lichtpaket mit derselben Frequenz ausbreitet wie vorher. In (d) fällt das Labor schneller, und der Beobachter sieht den Empfänger auf sich zukommen. Weil das Lichtpaket in seinen Augen noch immer dieselbe Frequenz hat, wird der aufsteigende Empfänger aufgrund der Doppler-Verschiebung (eine Blau-Verschiebung) eine höhere Frequenz sehen. Die Geschwindigkeit, die das Ausmaß der Verschiebung bestimmt, ist gerade diejenige, die das Laboratorium in der Laufzeit des Lichts vom Sender zum Empfänger aufnimmt.

---

wegte Uhren von der Speziellen Relativitätstheorie vorhergesagt wird. Die gemessene Frequenz würde daher der Standardwert für den Sender sein und könnte entweder in Tabellen über physikalische Konstanten nachgeschlagen oder mit Hilfe der bekannten Gesetzmäßigkeiten der Atom- oder Kernphysik berechnet werden.

Der Beobachter verfolgt dann das Wellenpaket, wie es sich in Richtung des Laborbodens bewegt. Da er noch immer im freien Fall ist, gehorcht die Bewegung der Welle weiterhin den Gesetzen der Speziellen Relativitätstheorie. Dazu gehört, daß sich die Welle mit Lichtgeschwindigkeit und mit einer unveränderten Frequenz ausbreitet. Aber während sich das Wellenpaket nach unten bewegt, beginnt auch das Labor des Beobachters zu fallen. Es war nur einen Augenblick lang im Apogäum; dann fing die Gravitationskraft der Erde an, es zurück nach unten zu ziehen. Trotzdem bleibt die Frequenz des Wellenpakets unverändert (so jedenfalls sieht es der Beobachter). Einen Augenblick später bemerkt er, daß der Empfänger auf ihn zukommt, weil er selber jetzt fällt, während der Empfänger sich auf der Erdoberfläche in Ruhe befindet. Wenn jedoch der anstürmende Empfänger das Lichtpaket empfängt, wird er aufgrund des Doppler-Effekts eine höhere Frequenz feststellen als die, die im frei fallenden Labor gemessen wurde. Hier befinden sich Sender und Empfänger relativ zueinander natürlich noch immer in Ruhe. Der wichtige Punkt ist, daß aus der Sicht des Beobachters im frei fallenden Labor, in dem die Frequenz ihren Standardwert hat, der Empfänger sich ihm entgegenbewegt. Die Geschwindigkeit des Labors relativ zum Empfänger ist gleich der Geschwindigkeit, die das frei fallende Labor nach der Zeit erreicht, die das Wellenpaket benötigt, um den Weg vom Sender zum Empfänger zurückzulegen. Sie ist gegeben durch die Erdbeschleunigung (980 cm pro Sekunde) multipliziert mit der Zeit, die man erhält, wenn man die Entfernung zwischen Sender und Empfänger durch die Lichtgeschwindigkeit dividiert. Die relative Verschiebung in der Frequenz ist dann gegeben durch diese Geschwindigkeit, dividiert durch die Lichtgeschwindigkeit. Beispielweise wäre für eine Höhendifferenz von 100 Metern die Verschiebung nur 10 Teile in einer Million Milliarden, oder der billionste Teil eines Prozents. Befinden sich Sender und Empfänger auf derselben Höhe, jedoch in horizontaler Richtung voneinander entfernt, gibt es keine Frequenzverschiebung.

In diesem Gedankenexperiment ergab sich eine beobachtete Verschiebung hin zu höheren Frequenzen — zum blauen Ende des sichtbaren Spektrums — weil sich das frei fallende Labor auf den Empfänger zubewegte. Wäre der Sender am Boden gewesen und der Empfänger oben, hätte sich eine Verschiebung zu niedrigeren Frequenzen hin ergeben — zum roten Ende hin — denn zu dem Zeitpunkt, an dem das Wellenpaket an der Spitze angekommen wäre, hätte sich das frei fallende Labor vom Empfänger wegbewegt. Obwohl das Ergebnis, abhängig vom Experiment, sowohl eine Rotverschiebung als auch eine Blauverschiebung sein kann, lautet der allgemeine Name für diesen Effekt Gravitations-Rotverschiebung. Sie wird *Gravitations-Verschiebung* genannt, da sie immer auftritt, sobald eine Masse vorhanden ist, die eine Gravitationskraft ausübt.

Es sollte aus unserem Gedankenexperiment klar sein, daß die Gravitations-Rotverschiebung ein wirklich universales Phänomen ist. Das Verhalten des frei fallenden Labors war der kritische Bestandteil der Analyse. Weder spielte die Natur des Senders und des Empfängers eine bedeutende Rolle, noch tat es unser Umgang mit der Art des Lichts. Das Licht konnte sowohl im sichtbaren als auch im Radio- oder Röntgenbereich des Spektrums liegen. Das Signal konnte ein gleichmäßiger Strahl sein oder es konnte in Form von Pulsen vorliegen, wie sie von einem Stroboskop ausgesendet werden, das beispielsweise nur einmal pro Sekunde aufblitzt. Im vorangegangenen Beispiel würde der Beobachter auf dem Boden des Turms nicht nur entdecken, daß die Frequenz des vom Stroboskop ausgesandten Lichts zum Blauen verschoben wird, sondern auch, daß die Lichtblitze schneller als einmal pro Sekunde ankommen. Also erscheinen alle Frequenzen verschoben. Würden die Lichtblitze des Stroboskops mit irgendeiner Uhr zeitlich abgestimmt, dann würde der Beobachter auf dem Boden argumentieren, daß die Uhr auf der Turmspitze schneller tickte als seine Uhr auf dem Boden, mit anderen Worten, die Ganggeschwindigkeit wäre *ins Blau verschoben*. In der Tat ist die Unterscheidung zwischen Uhr und Sender oder Empfänger des Lichts, die wir vorgenommen haben, rein semantisch. Die Bezeichnung *Uhr* steht in Wirklichkeit für eine Vorrichtung, die eine andauernde physikalische Aktivität mit einer wohldefinierten, konstanten Wiederholrate erzeugt. Die Aktivität könnte die mechanische Bewegung eines Sekundenpendels, Blitze aus einem Stroboskop oder die Wellen eines elektromagnetischen Signals sein. Moderne Atomuhren beruhen auf dem letzten Phänomen — der Aussendung von Licht mit einer konstanten, stabilen, wohldefinierten Frequenz. Die Gravitations-Rotverschiebung beeinflußt die Ganggeschwindigkeit aller Uhren, gleich ob mechanisch, biologisch oder atomar. Wie wir sehen werden, bieten Atomuhren die besten Testmöglichkeiten für die Gravitations-Rotverschiebung.

Etwas anderes sollte noch auffallen. Wieder einmal haben wir die Allgemeine Relativitätstheorie in unseren Ausführungen nirgends benutzt. Die Gravitations-Rotverschiebung hängt nur vom Äquivalenzprinzip ab. Obwohl Einstein die Rotverschiebung als einen seiner drei Haupttests für die Allgemeine Relativitätslehre angesehen hat, betrachten wir sie heute als einen Standardtest für die Existenz der gekrümmten Raum-Zeit. Jede Theorie der Gravitation, die sich mit dem Äquivalenzprinzip vereinbaren läßt (und davon gibt es mehrere, einschließlich zum Beispiel der Brans-Dicke-Theorie), sagt automatisch dieselbe Gravitations-Rotverschiebung wie die Allgemeine Relativitätstheorie voraus.

Eine oft gestellte Frage lautet: Ändern sich die Ganggeschwindigkeiten des Senders und des Empfängers, also der Uhren, oder ist es das Lichtsignal, daß während seines Fluges die Frequenz ändert? Die Antwort heißt: Es spielt keine Rolle. Beide Aussagen sind im physikalischen Sinn gleichbedeutend. Anders ausgedrückt, es gibt praktisch keine Möglichkeit, zwischen diesen beiden Aussagen zu unterscheiden. Stellen wir uns einmal vor, wir versuchten zu überprüfen, ob der Sender und der Empfänger in ihrer Ganggeschwindigkeit übereinstimmen, indem wir den Sender vom Turm herunterholen und ihn neben den Empfänger stellen. Wir würden feststellen, daß sie wirklich übereinstimmen. Wenn wir umgekehrt den Empfänger auf die Turmspitze transportieren und neben den Sender stellen, würden wir wieder Übereinstimmung feststellen. Aber um eine Gravitations-Rotverschiebung zu erhalten, müssen wir die Uhren vertikal voneinander trennen; darum müssen wir sie mit einem Signal verbinden, das die Entfernung zwischen ihnen überbrückt. Das aber macht es unmöglich, mit Bestimmtheit zu sagen, ob die Verschiebung von den Uhren oder vom Signal herrührt. Das beobachtbare Phänomen ist eindeutig: Das erhaltene Signal ist blau-verschoben. Noch mehr zu fragen heißt, Fragen ohne Bedeutung für die Beobachtung zu stellen. Das ist ein Schlüsselaspekt der Relativitätslehre, sogar großer Teile der modernen Physik: Wir konzentrieren uns nur auf beobachtbare, mathematisch definierte Größen und vermeiden unbeantwortbare Fragen.

Es gibt allerdings eine Möglichkeit, die Auswirkung der Gravitations-Rotverschiebung ohne ein störendes Signal zu sehen. Sie besteht darin, ihre Wirkung auf die verflossene Zeit zweier Uhren zu messen. Wir beginnen mit zwei nebeneinander stehenden Uhren, die in der gleichen Ganggeschwindigkeit ticken und synchronisiert sind, so daß sie dieselbe Zeit anzeigen. Tragen wir nun eine Uhr langsam zur Turmspitze und lassen wir sie dort eine Weile stehen. Dann bringen wir sie bedächtig wieder herunter und vergleichen sie mit der Uhr am Boden. Während ihre Ganggeschwindigkeiten wiederum gleich sind, wird die Turmuhr der Bodenuhr vorausgeeilt sein. Die Folgerung ist, daß die Turmuhr, während sie auf dem Turm stand, schneller lief, aber ohne daß wir die Uhren mit einem Lichtsignal verbinden, können wir die Geschwindigkeitsdifferenz erst im Nachhinein feststellen. Diese Idee war tatsächlich der Ausgangspunkt für ein interessantes Experiment mit Atomuhren und Düsenflugzeugen, das weiter unten beschrieben wird.

Frühe Versuche, die Gravitations-Rotverschiebung zu messen, konzentrierten sich auf Licht von der Sonne und von Weißen Zwergen. Wenn ein Atom einen Übergang von einem elektronischen Zustand zu einem anderen vollzieht, sendet es Licht einer Frequenz oder Wellenlänge aus, die für das Atom charakteristisch ist. Im Labor können die Frequenzen dieser *Spektrallinien* mit hoher Genauigkeit gemessen werden. Wenn das gleiche Atom auf der Sonnenoberfläche ist, wird es, von der Erde aus gesehen, Licht aussenden, dessen Frequenz rotverschoben ist, wie ein Gedankenexperiment zeigt. Benutzt man einen Turm, der auf der Sonnenoberfläche steht und den ganzen Weg bis hin zur Erde reicht, dann wäre das Atom auf dem Boden des Turms und der Empfänger auf der Erde wäre auf der Turmspitze. Hier wird das Problem ein wenig komplizierter durch die Tatsache, daß die Gravitationsbeschleunigung nicht überall auf der ganzen Länge des Turms gleich ist. Sie ändert sich von einem maximalen Wert am Boden, also auf der Sonnenoberfläche, bis hin zu einem sehr kleinen Wert an der Spitze, in diesem Fall auf der Umlaufbahn der Erde. In unserer Ableitung der Gravitations-Rotverschiebung, bei der wir frei fallende Labors benutzten, haben wir implizit vorausgesetzt, daß die Beschleunigung überall gleich war. Diese Schwierigkeit bedeutet aber nur, daß der Effekt nicht in Bezug auf Beschleunigung und

Höhendifferenz beschrieben wird, sondern bezüglich der Unterschiede in den Werten des Gravitationspotentials zwischen Sender und Empfänger. Das Gravitationspotential ist die Größe, deren Änderung im Raum die Erdbeschleunigung bestimmt. Für die Rotverschiebung der solaren Spektrallinien wird der Effekt gegeben durch die Differenz zwischen dem Potential an der Sonneoberfläche und dem auf der Erdoberfläche. Da das Gravitationspotential auf der Erdoberfläche 3000 mal kleiner ist als auf der Sonne, können wir es vernachlässigen; wir können außerdem die Bewegung der Erde in ihrer Umlaufbahn unberücksichtigt lassen. Das erzeugt winzige Korrekturen in der Frequenz, die in diesem Fall zu klein sind, als daß man sie beobachten könnte. Für die Wellenlänge von 5893 Angström (ein Angström ist der zehn milliardste Teil eines Zentimeters), die der leuchtend gelben Emissionslinie des Natrium-Atoms entspricht, einer der stärksten Linien im Sonnenspektrum, beträgt die Verschiebung 0,0125 Angström hin zu längeren Wellenlängen (niedrigeren Frequenzen). Eine solche Linienverschiebung kann leicht mit den üblichen spektroskopischen Methoden gemessen werden.

Unglücklicherweise brachten alle Versuche zwischen 1927 und 1960, die solare Verschiebung in dieser oder anderen atomaren Linien zu messen, keine Übereinstimmung mit dem vorhergesagten Wert. Das wurde nicht als eine Widerlegung der Vorhersage des Äquivalenzprinzips gewertet, sondern eher als ein Mißerfolg aufgrund unserer mangelnden Kenntnis der Sonnenoberfläche. Das Gas auf der Sonnenoberfläche unterliegt heftigen Bewegungen mit aufsteigenden Säulen heißen Gases und fallenden Säulen kühleren Gases, und das führt zu Doppler-Verschiebungen der ausgesandten Frequenzen in beiden Richtungen, zum Blauen wie zum Roten hin. Das Gas steht auch unter hohem Druck, was Verschiebungen der Eigenfrequenzen der Atome selbst zum blauen und roten Bereich hin verursacht. Diese und andere Effekte machten es unmöglich, die Gravitationsverschiebung deutlich zu beobachten. Es dauerte noch bis in die sechziger- und siebziger Jahre, bis diese Effekte besser verstanden wurden und Astronomen in der Lage waren, die Gravitations-Rotverschiebung der Sonnenlinien zu messen. Das Resultat ergab eine bis auf fünf Prozent genaue Übereinstimmung mit der Voraussage.

Ähnlich wenig Erfolg hatten Versuche, die Rotverschiebung der Linien von Weißen Zwergen zu entdecken, wie beispielsweise die des Begleitsterns von Sirius, dem Hundsstern. Weiße Zwerge sind Sterne, deren Masse vergleichbar ist mit der der Sonne, die aber einen Durchmesser von nur rund 1000 Kilometer aufweisen, die also 100mal kleiner sind als die Sonne. Das Gravitationspotential auf ihrer Oberfläche ist 100mal größer als das der Sonne, und infolgedessen ist ihre Rotverschiebung 100mal größer und leichter zu entdecken. Leider muß man die Masse und den Radius eines Weißen Zwerges mit einiger Genauigkeit kennen, um eine Vorhersage der zu erwartenden Rotverschiebung machen und sie mit den Beobachtungsergebnissen vergleichen zu können. Im Falle des Begleitsterns von Sirius beispielsweise entspricht die Masse in etwa der der Sonne und der Radius ist ungefähr 40mal kleiner. Ein Heer von komplizierten Effekten, zu zahlreich, als daß man sie alle aufzählen könnte, macht es unmöglich, eine genauere Abschätzung von Masse und Radius vorzunehmen. Dieser Test der Gravitations-Rotverschiebung konnte bis zum heutigen Tag nicht vorgenommen werden.

Der erste wirklich exakte Test der Rotverschiebung und das Experiment, das ein neues Zeitalter für die Allgemeine Relativitätstheorie einleitete, war das Pound-Rebka-Experiment im Jahre 1960. Dieses Experiment ist von seinem Konzept her dem Gedankenexperiment sehr ähnlich, das wir in Abb. 3.2 beschrieben haben. Im vorliegenden Fall war der Turm der Jefferson-Turm des physikalischen Gebäudes der Universität Harvard. Für die Turmhöhe von etwa 25 Metern beträgt die vorausgesagte Frequenzverschiebung nur 2 Teile in 1000 Billionen; es werden ein Sender und ein Empfänger mit einer extrem wohldefinierten Frequenz benötigt. Eine Möglichkeit war der Kern des als ^{57}Fe bezeichneten Eisen-Isotops, das eine Lebensdauer oder Halbwertszeit von einer Zehnmillionstel Sekunde (ein Zehntel einer Mikrosekunde) besitzt. Wenn dieses Isotop zerfällt, sendet es Licht aus in Form von Gammastrahlen mit einer Energie von 14 400 Elektronenvolt oder einer Wellenlänge von 0,86 Angström. Dabei ist die Schwankung der Wellenlänge nur ein Teil in einer Billion bezogen auf die emittierte Wellenlänge. Dasselbe Isotop kann auch Gammastrahlen derselben Frequenz innerhalb der gleichen Schwankungsbreite absorbieren. Jedoch genügt das alles noch nicht für die Messung der Rotverschiebung. Innerhalb einer jeden realistischen Probe einschließlich ^{57}Fe, ist der Eisenkern in ständiger Bewegung aufgrund der Wärmeenergie. Das führt zu Doppler-Verschiebungen in den Frequenzen der ausgesandten Gammastrahlung mit dem Ergebnis, daß der Wellenlängenbereich verbreitert wird. Zusätzlich nehmen die Eisenkerne den Rückstoß bei der Aussendung oder dem Empfang der Gammastrahlung auf. Auch die Geschwindigkeitsänderung durch den Rückstoß bewirkt eine Doppler-Verschiebung in der Frequenz. Diese Effekte können den Frequenzbereich der ^{57}Fe-Strahlung so stark verbreitern, daß eine Messung der Rotverschiebung unmöglich gewesen wäre, hätte es da nicht Rudolf Mößbauer gegeben. Gegen Ende der fünfziger Jahre machte Mößbauer, der am Max-Planck-Institut in Heidelberg arbeitete, eine Entdeckung. Wenn man einen solchen Kern in einen dafür geeigneten Kristall einbaut, dann vermindern die Kräfte der umgebenden Atome nicht nur die durch Wärme verursachte Bewegung des Atoms, sondern sie übertragen auch den Rückstoß-Impuls des aussendenden Atoms auf den Kristall als ganzes, wobei sie den Rückstoß fast völlig unterdrücken. Für diese Entdeckung erhielt Mößbauer im Jahre 1961 den Physik-Nobelpreis. Das Harvard Gravitations-Rotverschiebungsexperiment war eine der vielen wichtigen Anwendungen dieses Effekts, die bei den Feierlichkeiten anläßlich der Preisverleihung durch die schwedische Akademie der Wissenschaften erwähnt wurde.

Pound und Rebka benutzten den Mößbauer-Effekt in ihrem Experiment, um Sender und Empfänger von Gammastrahlen mit einer extrem schmalen Frequenzbandbreite herzustellen. Der Frequenzbereich von ^{57}Fe war jedoch 1000mal größer als die erwartete Verschiebung. Sie mußten deshalb die Verschiebung der Frequenzen des Senders relativ zu den Frequenzen, die vom Empfänger absorbiert werden können, mit einer Genauigkeit von einem Tausendstel der Frequenzbandbreite messen. Um dies zu erreichen, stellten sie den Sender auf einen beweglichen Tisch, der mit Hilfe einer hydraulischen Hebevorrichtung und einem Zahnstangengetriebe langsam herauf und herunter gefahren werden konnte. Wenn sich der Sender auf der Turmspitze befand, so daß die Gammastrahlen beim Erreichen des Bodens zum Blauen hin verschoben waren, wurde der Tisch langsam gehoben, was eine Doppler-Verschiebung zum Roten hin bewirkte. Dadurch, daß die

Hebegeschwindigkeit des Senders eingestellt werden konnte, gelang es Pound und Rebka eine Doppler-Rotverschiebung zu erzeugen, die die Gravitations-Blauverschiebung aufhob. Dadurch stimmte die Frequenzbreite der am Boden ankommenden Gammastrahlen sehr genau mit der überein, die vom Empfänger absorbiert werden konnte. Die erforderliche Doppler-Verschiebung war dann ein Maß für die Gravitations-Blauverschiebung. Die benötigte Geschwindigkeit betrug ungefähr zwei Millimeter pro Stunde. Um gewisse Fehlerquellen auszuschalten, wurde das vorliegende Experiment symmetrisch in zwei Teilen ausgeführt. Bei der Hälfte der Messungen befand sich der Sender auf der Spitze und der Empfänger auf dem Boden, um die Blauverschiebung zu messen. Die andere Hälfte wurde mit einem Sender am Boden und einem Empfänger auf der Spitze durchgeführt, um die gleich große und entgegengesetzte Rotverschiebung zu messen. Die Ergebnisse des Experiments von 1960 stimmten bis auf zehn Prozent und die Resultate eines verbesserten Experiments von Pound und Joseph L. Snider aus dem Jahr 1965 stimmten bis auf ein Prozent mit der Vorhersage überein.

Eine andere Möglichkeit, die Gravitations-Rotverschiebung zu untersuchen, ist der Vergleich der Aussage zweier Uhren, die vorübergehend voneinander getrennt waren. Die Idee gleicht dem sogenannten Zwillingsparadoxon in der Speziellen Relativitätslehre, bei dem Zwillinge (oder zwei identische Uhren) getrennt werden, wobei der eine zu einer weit entfernten Galaxie reist und bei seiner Rückkehr feststellt, daß er jünger ist als sein zuhause gebliebener Zwillingsbruder. Gemäß der Speziellen Relativitätslehre handelt es sich hierbei nicht um ein Paradoxon. Das Resultat kann vollständig verstanden werden als eine Folge der Zeitdehnung, also der Verlangsamung der Uhr des Reisenden relativ zu der Uhr seines Zwillingsbruders. Im Laufe des Oktober 1971 wurde ein bemerkenswertes Experiment durchgeführt, das diese beiden Phänomene — die Gravitations-Rotverschiebung und die Zeitdehnung — in ihrer Auswirkung auf reisende Uhren untersuchte. Die Idee hinter dem *Jet Lag*-Experiment[2] an Uh-

[2] Unter Jet Lag versteht man die physischen Folgen durch Unangepaßtheit der inneren menschlichen Uhr bei Interkontinentalflügen (Anm. der Übers.)

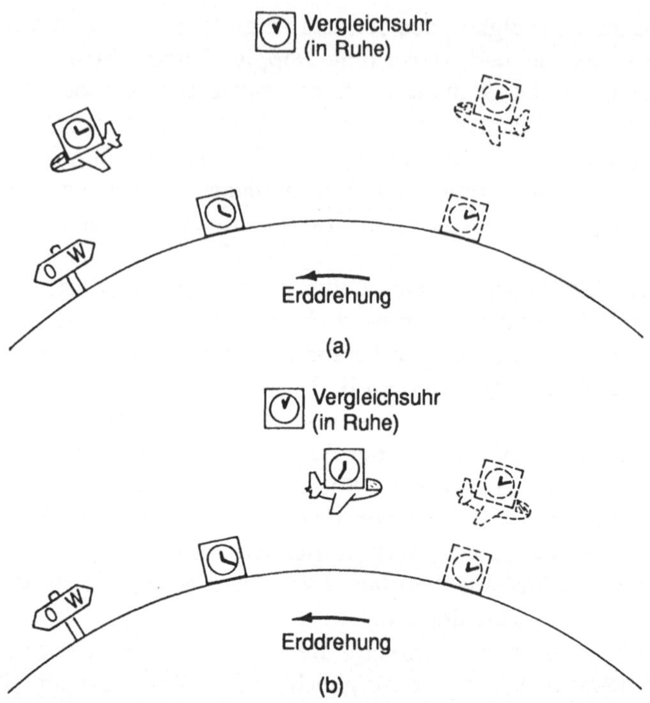

Abb. 3.3. Uhren unter dem Einfluß des Jet Lag. (a) Flug in östlicher Richtung. Beim Start befindet sich die fliegende Uhr direkt über der Uhr am Boden, nach einiger Zeit östlich davon. Die fliegende Uhr reist relativ zu einer ruhenden fiktiven Vergleichsuhr schneller als die Uhr am Boden. Also tickt die fliegende Uhr relativ zur Vergleichsuhr langsamer als die Bodenuhr aufgrund der Zeitdehnung der Speziellen Relativitätstheorie. Darum tickt die fliegende Uhr auch langsamer als die Bodenuhr. Andererseits sorgt die Gravitations-Blauverschiebung dafür, daß die fliegende Uhr schneller tickt als die Bodenuhr. Die zwei Effekte können sich gegenseitig ausgleichen, und ob es sich unter dem Strich um einen Zeitgewinn oder Zeitverlust bei der fliegenden Uhr handelt, hängt von der Geschwindigkeit und der Höhe des Fluges ab. (b) Flug in westlicher Richtung. Am Start befindet sich die fliegende Uhr direkt über der Bodenuhr; nach einiger Zeit ist sie mehr im Westen. Aber aufgrund der Erdrotation hat sie sich gegen Osten bewegt relativ zur Vergleichsuhr, und zwar mit einer geringeren Geschwindigkeit als die Bodenuhr. Also tickt die Bodenuhr relativ zur Vergleichsuhr langsamer als die fliegende Uhr. Darum tickt die fliegende Uhr schneller als die Bodenuhr als Ergebnis der Zeitdehnung. Die Gravitations-Blauverschiebung verursacht auch ein schnelleres Ticken der fliegenden Uhr, darum addieren sich die beiden Effekte.

ren ist folgende (siehe Abb. 3.3): Betrachten wir einfachheitshalber eine Uhr am Erdäquator und eine identische Uhr an Bord eines Düsenflugzeuges, das in einiger Höhe in östlicher Richtung den Äquator überfliegt, wobei es sich immer oberhalb der Uhr am Boden bewegt. Aufgrund der Gravitations-Blauverschiebung wird die fliegende Uhr schneller ticken als die Uhr am Boden. Was hat es mit der Zeitdilatation auf sich? Hier müssen wir etwas vorsichtig sein, weil sich beide Uhren in Kreisen um die Erde bewegen und nicht auf Geraden. Nun muß gemäß der Speziellen Relativitätstheorie die Ganggeschwindigkeit einer bewegten Uhr immer mit einer Reihe von Uhren verglichen werden, die sich in einem Inertialsystem befinden, mit anderen Worten, mit Uhren, die sich im Zustand der Ruhe befinden oder sich mit einer konstanten Geschwindigkeit entlang gerader Linien bewegen. Darum können wir die fliegende Uhr nicht einfach direkt mit der Uhr am Boden vergleichen. Vergleichen wir stattdessen die Ganggeschwindigkeit beider Uhren mit einer Reihe von fiktiven Uhren, die sich relativ zum Erdmittelpunkt in Ruhe befinden. Die Uhr am Boden bewegt sich mit einer Geschwindigkeit, die durch die Rotationsgeschwindigkeit der Erde bestimmt wird, und tickt infolgedessen langsamer als die fiktiven Uhren im Inertialsystem (wie sie von einer Hauptuhr im Inertialsystem in Abb. 3.3 dargestellt werden); die fliegende Uhr bewegt sich sogar noch schneller relativ zu den Uhren im Inertialsystem und tickt darum noch langsamer. Somit sorgt die Zeitdehnung dafür, daß die fliegende Uhr langsam läuft relativ zur Uhr am Boden. Die zwei Effekte, die Gravitations-Blauverschiebung und die Zeitdehnung, tendieren dazu, sich gegenseitig auszugleichen. Ob der Gesamteffekt darin besteht, daß die fliegende Uhr schneller oder langsamer tickt als die Uhr am Boden, wird von der Flughöhe abhängen, die die Größe der Gravitations-Blauverschiebung oder Beschleunigung bestimmt, sowie von der Geschwindigkeit des Flugzeugs über Grund, die die Größe der Zeitdehnung oder Abbremsung bestimmt. Betrachten wir nun eine in gleicher Höhe westwärts fliegende Uhr. Die Gravitations-Blauverschiebung ist dieselbe, aber diesmal bewegt sich die fliegende Uhr langsamer als die Uhr am Boden, relativ zu den Uhren im Inertialsystem. Deshalb tickt die fliegende Uhr schneller als die Uhr am Boden. In diesem Fall arbeiten die beiden Effekte der Gravitationsverschiebung und der Zeitdehnung zusammen und veranlassen die fliegende Uhr schneller zu ticken. Darum gilt: Wenn wir von drei identischen, synchronisierten Uhren ausgehen, von denen wir eine zuhause lassen, während wir eine in Richtung Osten und die andere in Richtung Westen um die Erde schicken, dann erwarten wir, daß die Uhr im Westen bei ihrer Rückkehr Zeit gewonnen hat oder schneller gealtert ist, während die Uhr im Osten entweder Zeit gewonnen oder verloren hat je nach Flughöhe und Geschwindigkeit.

Im eigentlichen Experiment, das dann koordiniert wurde von J.C. Hafele von der Washington Universität in St. Louis und von Richard Keating vom U.S. Marine Observatorium, wurden Cäsium-Atomuhren benutzt. Wegen der Kosten, die das Experiment mit sich brachte, konnten sie nicht einfach Flugzeuge chartern, die den Globus nonstop umkreisten, sondern mußten ihre Uhren in kommerziellen Maschinen in regulären Linienflügen mitfliegen lassen. (Aufgrund von Regierungsbestimmungen durften sie nicht mal 1. Klasse fliegen!) Nein, die Uhren wurden nicht wie die anderen Passagiere in ihren Sitzen festgeschnallt. Während der meisten Flüge wurden sie an der vorderen Kabinenwand der Touristenklasse befestigt, um sie vor plötzlichen Bewegungen bei der Landung zu schützen und um sie leichter an das elektrische Netz des Flugzeuges anschließen zu können. Die Flüge sahen zahlreiche Zwischenstops vor während der Dauer des Experiments, und die Windstärken, die Höhen- und Breitengrade und die Flugrichtungen änderten sich. Aber da man die Flugdaten sorgfältig aufzeichnete, konnten die erwarteten Zeitdifferenzen eines jeden Fluges berechnet werden. Die Reise nach Osten ereignete sich zwischen dem 4. und 7. Oktober und dauerte insgesamt 41 Flugstunden, während beim Westflug, der vom 13. bis 17. Oktober stattfand, 49 Flugstunden zusammenkamen. Für den Flug westwärts betrug der vorhergesagte Zeitgewinn der fliegenden Uhr 275 Nanosekunden (Milliardstel einer Sekunde), von dem zwei Drittel auf die Gravitations-Blauverschiebung zurückzuführen ist; der beobachtete Zeitgewinn betrug 273 Nanosekunden. Für den Flug in Richtung Osten wurde vorhergesagt, daß der Verlust durch die Zeitdehnung größer wäre als der Gewinn aufgrund der Gravitations-Blauverschiebung, so daß der Verlust insgesamt 40 Nanosekunden betragen würde; der beobachtete Verlust betrug 59 Nanosekunden. Innerhalb des experimentellen Fehlers von 20 Nanosekunden, der zurückzuführen ist auf Ungenauigkeiten in den Flugdaten und Veränderungen in der Ganggeschwindigkeit der Cäsium-Uhren selbst, stimmte die Beobachtung mit der Vorhersage überein.

Die Reihe der Pound-Rebka-Snider-Experimente, die ich vorher beschrieben habe, stellte einen Gewaltmarsch der Labortechnik dar. Sie ergab erstmalig eine Bestätigung der Gravitations-Rotverschiebung und, wie wir im Nachhinein sehen, warf sie die Schatten eines neuen Zeitalters in der Geschichte der experimentellen Gravitation voraus. Die Experimente wurden so hervorragend ausgeführt, daß sie die Grenze dessen erreichten, was bei der Verwendung von Gammastrahlenquellen und dem Mößbauer-Effekt überhaupt möglich ist. In zwanzig Jahren wurde es nie weiter verbessert. Obwohl eine Genauigkeit von einem Prozent eindrucksvoll ist, handelt es sich bei der Rotverschiebung um einen solch fundamentalen Effekt, daß man ihn gerne genauer messen würde. Das Uhren-*Jet Lag*-Experiment von Hafele und Keating erreichte nicht denselben Grad an Genauigkeit wie die Pound-Experimente, bestätigte aber das gemeinsame Auftreten der Rotverschiebung und der Zeitdehnung für Atomuhren. Die Frage lautete: Kann die Rotverschiebung genauer gemessen werden?

In der Tat lagen zur Zeit des Experiments mit dem Uhren-*Jet Lag* bereits Pläne für einen solchen Versuch vor. Welchen Hauptbestandteil lassen die beiden Experimente, die ich gerade beschrieben habe, vermissen? Die Höhe. Bis zu einem gewissen Grad nimmt die Größe der Gravitations-Rotverschiebung mit der Höhendifferenz zwischen Sender oder Empfänger oder zwischen den beiden Uhren zu. Beim Gammastrahlenexperiment konnten die Höhenunterschiede leider nicht vergrößert werden, weil die Gammastrahlen vom ^{57}Fe-Präparat gleichmäßig in alle Richtungen ausgestrahlt werden. Als Folge davon wird die Zahl der Gammastrahlen, die am Empfänger ankommt, bei zunehmender Höhe irgendwann einmal unmeßbar klein. Das Experiment mit dem Uhren-jet lag war aus finanziellen Gründen auf die typischen Höhen im Luftverkehr beschränkt, aber es enthielt bereits die Elemente des letztlich anzustrebenden Experiments, nämlich eine Atomuhr auf einem Satelliten oder einer Rakete anzubringen.

Diese Idee war bereits 1956 vorgeschlagen worden, als gerade die ersten Erdsatelliten gestartet wurden, und wurde im Jahre 1966 mit bescheidenem Erfolg bei einer Meßgenauigkeit von zehn Prozent ausprobiert. Aber das Experiment, an dem 1971 gearbeitet wurde, war wirklich ehrgeizig. Die Idee bestand darin, eine der beiden besten damals existierenden Wasserstoffmaser-Atomuhren an der Spitze einer Rakete anzubringen und sie auf eine Höhe, die dem mehrfachen Erdradius entspricht, hochzuschießen. Ihre Ganggeschwindigkeit sollte mit der der am Boden zurückgebliebenen Uhr verglichen werden. Im Prinzip war die erreichbare Meßgenauigkeit der Verschiebung 1:10 000 oder ein Hunderstel eines Prozents. Glücklicherweise führte das Experiment die beiden Gruppen von Experten zusammen, die nötig waren, um es zustande zu bringen.

Die erste Gruppe bestand aus Robert Vessot und Martin Levine vom Smithsonian Astrophysical Observatorium der Universität Harvard. Ihr Labor befand sich an der vordersten Front in der Entwicklung dieser neuen Art von Atomuhren. Bald nach der Entwicklung der Wasserstoffmaser-Uhr im Jahre 1959 durch die Harvard-Physiker Norman Ramsey, Daniel Kleppner und H. Mark Goldenberg leistete Vessot, der damals für die Firma Varian arbeitete, Pionierarbeit in der Entwicklung einer kommerziellen, tragbaren Version des neuen Zeitmessers. 1969 war Vessot von der Industrie nach Harvard gewechselt und wollte nun in grundlegenden physikalischen Experimenten Gebrauch von seinen Geräten machen. Die andere Expertengruppe kam von der NASA, die die Trägerrakete, die Flugkontrolle und andere Einrichtungen zur Verfügung stellten, um die Uhr nach oben zu bringen und ihre Frequenzverschiebung zu messen.

Die Wasserstoffmaser-Uhr war ideal für das Experiment. Ihre Funktion beruht auf einem Sprung des Elektrons ("Übergang" genannt) zwischen zwei atomaren Energieniveaus im Wasserstoff, bei dem elektromagnetische Wellen im Radiobereich des Spektrums ausgesendet werden. Die Frequenz beträgt 1420 Millionen Perioden pro Sekunde (1420 Megahertz), entsprechend einer Wellenlänge von ungefähr 21 cm. Die Lebendauer des Energieniveaus, von dem der Sprung ausgeht, ist zehn Millionen Jahre. In der Tat ist diese *21 cm-Linie* des Wasserstoffs in der Astronomie von großer Bedeutung, da sie es den Radioastronomen erlaubt, die Struktur und Geschwindigkeit riesiger Wolken atomaren Wasserstoffs in unserer und anderen Galaxien auf Karten festzuhalten. Eine Uhr kann dann dadurch gebaut werden, daß mit Hilfe dieses

Übergangs die Frequenz eines elektronischen Geräts kontrolliert wird. Dazu werden Wasserstoffatome in das obere Energieniveau angeregt und in eine leergepumpte Hohlkugel gebracht (typische Größe: ungefähr 15 Zentimeter im Durchmesser). Dort können sie für die Dauer einer Sekunde gespeichert werden, ohne daß sie etwa durch Stöße mit den Wänden der Hohlkugel oder mit anderen Atomen in einen niedrigeren Zustand zerfallen. Das trägt dazu bei, die Bandbreite der Frequenzen zu minimieren, die beim Zerfall ausgesandt werden. Die Atome können dann zum Zerfall gebracht werden, indem man sie mit einem von dem elektronischen Gerät gelieferten Radiosignal „kitzelt", vorausgesetzt, das Signal ist genau auf die benötigte Frequenz innerhalb der erlaubten schmalen Bandbreite abgestimmt. Auf diese Art kann das elektronische Gerät immer genau auf der 1420 Megahertz Frequenz gehalten werden. Die Frequenzbandbreite ist derartig schmal, daß die tatsächliche Frequenz bis auf 12 Dezimalstellen bekannt ist, entsprechend einer Genauigkeit von einem Teil in hundert Milliarden. Darüber hinaus kann eine solche Maseruhr über Zeitspannen von einigen Tagen die Frequenz sogar mit einer Genauigkeit von eins in einer Billion beibehalten.

Der ursprüngliche Plan sah vor, eine dieser Uhren auf eine Umlaufbahn zu bringen. Aber bis 1970 hatte sich herausgestellt, daß die dazu erforderlichen Kosten für die Titan 3C Rakete und die 1000 Kilogramm Nutzlast weit höher waren, als der NASA-Haushalt erlauben würde, und es wurde ein bescheidenerer Plan entwickelt. Der bestand darin, die Uhr auf einen ballistischen Flug bis in ungefähr 10 000 km Höhe zu schicken (was dem 1,5fachen Erdradius entspricht), wobei eine billigere Scout D Rakete benutzt werden sollte und eine kleinere Nutzlast in der Größenordnung von wenigen Zentnern. Es gab zwei Probleme zu lösen, wenn das Experiment gelingen sollte. Das erste bestand darin, eine leichtgewichtige Maseruhr zu bauen, die die Beschleunigung von 20 g aushielt, der sie während des Starts ausgesetzt sein würde. Das zweite Problem lag darin, wie man die Gravitations-Rotverschiebung messen sollte. Betrachten wir, was während des Aufstiegs der Rakete passiert. Sagen wir einmal, die Uhr auf der Rakete sendet ein Signal aus, das am Boden empfangen und mit der Frequenz der dort gebliebenen Uhr verglichen wird. Die empfangene Frequenz unterscheidet sich aufgrund zweier Effekte von der Frequenz der

Uhr am Boden: der Gravitations-Blauverschiebung, die von der Höhendifferenz herrührt und der Zeitdehnung, die durch die schnelle Bewegung der Rakete hervorgerufen wird. Jedoch wird die empfangene Frequenz auch wegen der gewöhnlichen Doppler-Verschiebung zum Roten hin verschoben, und zwar durch die Bewegung der Rakete weg von der Uhr am Boden (während des Rückflugs der Rakete zur Erde wäre dieser Effekt eine Blauverschiebung). Diese Doppler-Verschiebung ist 100 000 mal größer als die Gravitations-Rotverschiebung für eine typische Scout D Geschwindigkeit von mehreren Kilometer pro Sekunde. Wir würden diesen riesigen Effekt gerne irgendwie eliminieren, um die wesentlich kleineren interessanteren Effekte sehen zu können. Dies wurde auf die folgende sehr elegante Art erreicht. Stellen wir uns vor, daß ein Signal von der Uhr am Boden zur Uhr an der Rakete gesendet wird (das wird *uplink* genannt, während ein Signal nach unten hin als *downlink* bezeichnet wird). Wenn die Frequenz der Bodenuhr an der Rakete empfangen wird, unterscheidet sie sich von der Frequenz der Raketenuhr aufgrund der Doppler-Verschiebung, der Gravitations-Rotverschiebung und der Zeitdehnung. Eingebaut in die Nutzlast der Rakete ist ein Transponder, eine Vorrichtung, die ein empfangenes Signal nimmt und gleich wieder mit derselben Frequenz zurücksendet (und mit ein wenig mehr Leistung, um die möglichen Verluste während der Übermittlung wettzumachen). Wenn das Transponder-Signal auf der Erde empfangen wird, ist seine Frequenz durch den Doppler-Effekt weiter rotverschoben, weil sich der Transponder von der Erde entfernt. Aber es ist jetzt Gravitations-blauverschoben in einer Größenordnung, die gerade die Gravitations-Rotverschiebung, die das Signal während des *uplink* erfuhr, aufhebt, und es ist durch die Zeitdehnung in einer Weise verändert, die ebenfalls die Veränderung während des Aufstiegs rückgängig macht. Darum ist die Frequenz des Signals, nachdem es die beiden Strecken durchlaufen hat und man es am Boden wieder empfängt, zweimal durch die Doppler-Verschiebung verändert, und das ist alles. Das Einweg-Signal nach unten, das von der Uhr in der Rakete gesendet und am Boden empfangen wird, unterliegt einer Veränderung durch die einfache Doppler-Verschiebung, die Gravitations-Blauverschiebung und die Zeitdehnung. Alles was jetzt noch zu tun bleibt, ist die Veränderung der Frequenz des

Zweiwegesignals zu nehmen, sie durch zwei zu dividieren, von der Einweg-Frequenzveränderung zu subtrahieren, und man hat den Doppler-Effekt eliminiert. Tatsächlich wurde dieses Schema zur Ausschaltung des Doppler-Effekts direkt der Elektronik einverleibt, die die Daten der zwei Radiosignale sammelte. So verschwand der Doppler-Effekt aus dem gesamten Experiment (siehe Abb. 3.4).

Nach Jahren, in denen die Entwicklung der Uhren vorangetrieben wurde, in denen eine davon weltraumtauglich gemacht wurde, in denen sie immer und immer wieder dadurch getestet wurden, daß man Startbedingungen vortäuschte, war die Zeit gekommen, das wirkliche Experiment durchzuführen. Vessot trug die Verantwortung für die Raketenuhr auf Wallops Island, während Levine die Uhr am Boden auf Merritt Island versorgte. Wie so oft verlief die Vorbereitungszeit des Starts nicht ohne Krisen. Der Schaden in einem nicht richtig funktionierenden Monitor, der dazu vorgesehen war, die Bedingungen in der Raketenuhr zu verfolgen, wurde von Vessot in eleganter Weise behoben: Er ließ den Monitor zu Boden fallen.

Endlich ging der Countdown dem Ende zu, und am Morgen des 18. Juni 1976 um 6.41 Uhr erhob sich die Scout D mit Getöse in den Himmel über Virginia. Um 6.46 Uhr trennte sich die Nutzlast einschließlich der Uhr von der vierten Stufe der Rakete und befand sich von da an im freien Fall. Zu diesem Zeitpunkt konnten Daten aufgenommen werden, da die Raketenuhr nicht mehr der hohen Beschleunigung und den Vibrationen des Starts ausgesetzt war. Ungefähr drei Minuten lang war die nach unten gerichtete Einweg-Frequenz der Raketenuhr niedriger als die der Uhr am Boden (wobei, wir erinnern uns, der Doppler-Teil automatisch gelöscht wurde), weil die hohe Raketengeschwindigkeit eine Zeitdehnungs-Rotverschiebung zu niedrigeren Frequenzen hin verursachte, während die Höhe gerade noch nicht groß genug war, um eine Gravitations-Blauverschiebung zu erzeugen. Um 6.49 Uhr waren die Frequenzen beider Uhren genau gleich: Die Gravitations-Blauverschiebung hob die Rotverschiebung aufgrund der Zeitdehnung auf. Danach, als die Höhe zunahm und die Geschwindigkeit der Rakete abnahm, dominierte die Gravitations-Blauverschiebung mehr und mehr. Der höchste Punkt der Umlaufbahn, das Apogäum, wurde um 7.40 Uhr erreicht. Hier war die

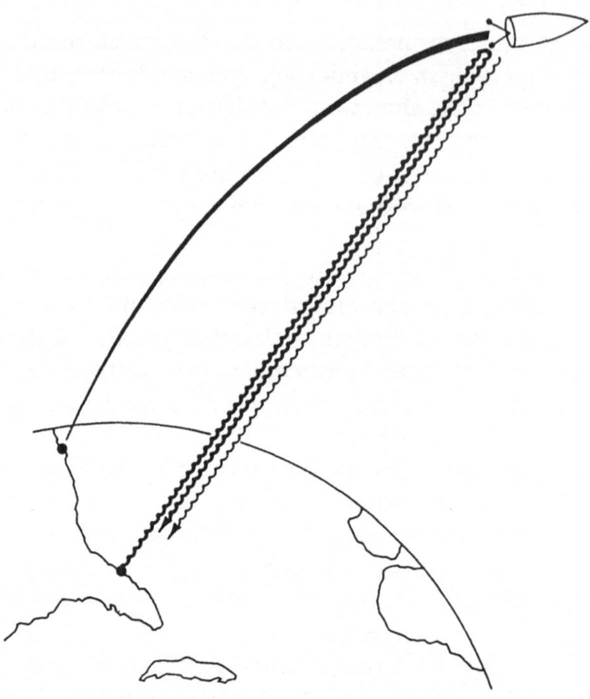

Abb. 3.4. Experiment zur Rotverschiebung mit einer Rakete. Wenn die mit einer Scout D Rakete hochgeschossene Wasserstoffmaser-Uhr über dem Atlantik auftaucht, wird ein Signal von einer identischen Uhr am Boden zu ihr hochgeschickt. Sobald das Signal von der Rakete empfangen wird, wird es zusammen mit einem Signal direkt von der Uhr auf der Rakete zurückgesendet. Weil sich die Raketenuhr in einer unterschiedlichen Höhe befindet und sich auch mit einer anderen Geschwindigkeit als die Uhr am Boden bewegt, wird die Frequenz des Einweg-Signals, das von der Bodenuhr empfangen wird, durch den Doppler-Effekt, die Gravitations-Rotverschiebung und die Zeitdehnung verändert. Für das Hin- und Rücksignal ist die Bodenuhr Sender und Empfänger gleichzeitig. Darum gibt es keine Gravitations-Rotverschiebung oder Zeitdehnung, weil das Signal in derselben Höhe und mit derselben Geschwindigkeit gesendet und empfangen wird. Jedoch leistet die Doppler-Verschiebung einen doppelten Beitrag. Die Transponder genannte Vorrichtung, die das Signal umkehrt, sieht ein durch den Doppler-Effekt rotverschobenes Signal, da es sich vom Grund wegbewegt, und der Empfänger am Boden sieht das Signal wiederum Doppler-verschoben, da der Transponder, der es umkehrt, sich vom Boden entfernt. Wenn also eine Hälfte der Frequenzänderung des Hin- und Rücksignals von der Frequenzänderung des Einwegsignals abgezogen wird, ist der Doppler-Effekt ausgeschaltet.

vorherrschende Verschiebung die Gravitations-Blauverschiebung, die bis auf fast 1 Hertz aus 1420 Megahertz anstieg, oder auf 4 Teile in 10 Milliarden. Da beide, die Raketenuhr (nach der Trennung von der vierten Stufe der Scout D) und die Bodenuhr, ihre Eigenfrequenzen unverändert mit 1:1 Million Milliarden beibehielten, konnte man diese Frequenzänderungen mit sehr großer Genauigkeit messen. Auch während des Rückflugs wurden Daten aufgenommen, und um 8.31 Uhr trat wieder eine Aufhebung zwischen Gravitations-Blauverschiebung und Zeitdehnung auf. Um 8.36 Uhr war die Nutzlast am Himmel zu niedrig, um noch zuverlässig von der Flugkontrolle verfolgt werden zu können. Kurz danach fand dieser tapfere, kleine Zeitmesser, der soviel zu unserem Verständnis der gekrümmten Raum-Zeit beigetragen hatte, ungefähr 900 Meilen östlich der Bermudas, ein nasses, unrühmliches Ende.

Dieser Zweistundenflug lieferte Daten, deren Auswertung Vessot und seine Kollegen mehr als zwei Jahre kostete. Aber als alles erledigt war, stimmten die vorhergesagten Frequenzenverschiebungen (Gravitationsverschiebung und Zeitdehnung), die aus der Geschwindigkeit und dem Standort der Rakete, die während der ganzen Beobachtung bekannt waren, errechnet wurden, mit der beobachteten Verschiebung bis zu einer Genauigkeit von siebzig Teilen in einer Million, oder bis auf sieben Tausendstel eines Prozents überein.

In den frühen Tagen der Allgemeinen Relativitätstheorie empfanden einige Physiker die Fehlschläge bei den Versuchen, die Gravitations-Rotverschiebung zu bestätigen, als einen ernsthaften Stolperstein auf dem Weg zur vollen Anerkennung der Theorie. Nun wissen wir, daß die Gravitations-Rotverschiebung in Wirklichkeit gar kein echter Test für die Allgemeine Relativitätslehre selbst ist. Sie ist, wie auch das Eötvös-Experiment, vielmehr ein Test des Äquivalenzprinzips und unserer grundlegenden Vorstellung von der gekrümmten Raum-Zeit. Aber es bedurfte der fortgeschrittenen Technologie der sechziger- und siebziger Jahre, um endlich über die Mittel zu verfügen, die Experimente mit diesem Genauigkeitsgrad durchführen zu können. Der Erfolg gibt uns große Zuversicht, daß die Idee von der gekrümmten Raum-Zeit richtig ist. Das sagt uns jedoch noch immer nicht, daß die Allgemeine Relativitätslehre richtig ist. Dafür müssen wir uns Experimente anschauen, die die wirklichen Vorhersagen der Theorie testen, Vorhersagen, die sich damit beschäftigen, wie groß die Raum-Zeit-Krümmung für ein gegebenes Gravitationsfeld ist. Der Rest dieses Buches ist diesen Tests gewidmet. Wir fangen an mit einem Versuch, der den Namen Einstein in aller Munde brachte.

4. Licht auf krummen Wegen

Die Schlagzeile der Londoner Times vom 7. November 1919 lautete „Revolution in der Wissenschaft/Neue Theorie des Weltalls/Newtons Ideen überholt.“ Sie kündigte eine schöne neue Welt an, in der die alten Werte des absoluten Raumes und der absoluten Zeit für immer verloren waren. Für einige erhob sich die neue Welt aus den Verwüstungen des großen Krieges und bedeutete ein Überbordwerfen aller Wertvorstellungen, ob in der Moral oder Philosophie, in der Musik oder Kunst. In einem vor kurzem erschienenen Überblick über die Geschichte des 20. Jahrhunderts vertritt der britische Historiker Paul Johnson die Ansicht, daß die Moderne nicht im Jahre 1900 begann und auch nicht im August 1914, sondern mit jenem Ereignis, das diese Schlagzeilen hervorbrachte.

Dieses Ereignis machte aus Einstein eine Berühmtheit. Vergessen wir für einen Augenblick sein Genie, den Triumph seiner Theorien und das neue wissenschaftliche Weltbild, das er fast mit links schuf. Dies allein wäre bereits genug gewesen, aber Einstein war in der heutigen Terminologie ausgedrückt ein sehr willkommener Medienstar. Seine Zerstreutheit, sein spielerischer Witz, seine Bereitschaft, sich über die Naturwissenschaft hinaus auch über Politik, Religion und Philosophie auszulassen, sein Geigenspiel — all das erregte heftige Neugier in großen Teilen der Öffentlichkeit. Die Presse, müde davon, Kriegsberichte zu drucken, war mehr als bereit, die Wißbegier ihrer Leser zu stillen.

Das eigentliche Ereignis, das einen solchen Aufruhr erzeugte, war die erfolgreiche Messung der Ablenkung von Sternenlicht durch die Sonne. Das Ausmaß der Ablenkung stimmte mit den Vorhersagen von Einsteins Allgemeiner Relativitätslehre überein, widerlegte aber die Vorhersage von Newtons Gravitationstheorie.

Die Geschichte der Ablenkung des Lichts ist eine der faszinierendsten der ganzen Naturwissenschaft. Sie hat ihre Wurzeln bereits im 18. Jahrhundert, ist aber bis auf den heutigen Tag immer weitergegangen. Sie reicht von den Höhen der theoretischen und experimentellen Vollendung zu den Tiefen der rassistischen Propaganda, von unserem Sonnensystem bis hin zu den entfernten Galaxien.

Vermutlich war der erste Mensch, der einen möglichen Effekt der Schwerkraft auf Licht ernsthaft in Betracht zog, der britische Amateurastronom Reverend John Michell. Seit der Zeit Newtons wurde angenommen, daß Licht aus Partikeln oder *Korpuskeln* bestand. Im Jahre 1783 überlegte Michell, daß Licht durch die Schwerkraft in genau derselben Weise angezogen würde wie normale Materie. Er argumentierte, daß von der Oberfläche eines Körpers wie der Erde oder der Sonne ausgesandtes Licht in seiner Geschwindigkeit abgebremst wird, während es große Entfernungen zurückgelegt. (Natürlich kannte Michell nicht die Spezielle Relativitätstheorie, die eine konstante Lichtgeschwindigkeit voraussetzt.) Wie groß müßte ein Körper von der Dichte der Sonne sein, damit das Licht, das er aussendet, durch die Schwerkraft gestoppt und zurückgezogen würde, bevor es im unendlichen Raum verschwindet? Michells Rechnungen ergaben das 500fache des Sonnendurchmessers. Licht könnte von einem solchen Körper niemals entfliehen. Diese bemerkenswerte Idee beschreibt das, was wir heute unter einem Schwarzen Loch verstehen. Fünfzehn Jahre später führte der große französische Mathematiker Pierre Simon Laplace eine ähnliche Berechnung durch. Obwohl Michell und Laplace im Detail falsch lagen, war ihre Grundvorstellung richtig: die Schwerkraft beeinflußt das Licht.

Inspiriert durch die Spekulationen von Laplace stellte ein bayerischer Astronom namens Johann Georg von Soldner (1776–1833) eine verwandte Frage: Würde die Schwerkraft Licht ablenken? Das geschah über 100 Jahre vor Einstein. Soldner war ein Mann, der zum hochangesehenen Astronom wurde, obwohl er sich sein Wissen weitgehend selbst angeeignet hatte. Er lieferte fundamentale Beiträge auf dem Gebiet der astronomischen Präzisionsmessungen, der Astrometrie, und stieg schließlich zum Direktor des Observatoriums der Münchner Akademie der Wissenschaften auf. Aber im Jahre 1801 war er noch Assistent des

Astronomen Johann Bode im Berliner Observatorium. Soldner nahm an, daß Licht aus Korpuskeln besteht und derselben Schwerkraft unterliegt wie ein Materieteilchen, und er rechnete aus, wie stark eine Flugbahn abgelenkt würde, die haarscharf an der Sonnenoberfläche vorbeigeht. Gemäß der Newtonschen Schwerkraft beschreibt die Bahn eines Körpers um einen anderen einen Kegelschnitt, also die Figur, die gebildet wird durch den Schnitt eines Kegels mit einer in verschiedenen Winkeln gekippten Ebene: eine Ellipse oder ein Kreis, wenn die Bahn geschlossen ist, so daß der Körper nie entflieht; eine Hyperbel, wenn sie offen ist, oder im Grenzfall eine Parabel (siehe Abb. 4.1). Da die Lichtgeschwindigkeit so groß ist, ist in diesem Fall der Effekt der Schwerkraft klein, und die Bahn stellt eine Hyperbel dar, die einer geraden Linie sehr nahe kommt. Die Abweichung ist zwar klein, aber berechenbar, und Soldners Wert betrug 0,875 Bogensekunden (3600 Bogensekunden = 1 Grad).

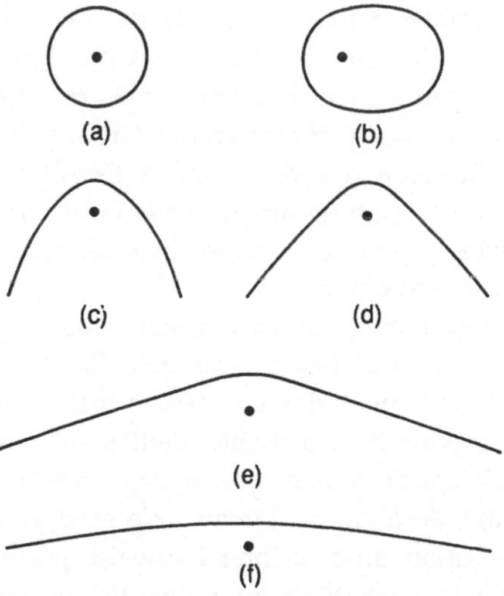

Abb. 4.1. Umlaufbahnen nach Newton. Die Umlaufbahnen (a) und (b) sind gebundene, (c) bis (f) dagegen ungebundene Umlaufbahnen. (a) kreisförmige Umlaufbahn, (b) ellipsenförmige Umlaufbahn, (c) parabelförmige Umlaufbahn, (d) hyperbelförmige Umlaufbahn, (e) und (f) hyperbelförmige Umlaufbahnen bei immer größer werdenden Geschwindigkeiten.

Diese schöne, höchst originelle Arbeit wurde 1803 in einer deutschen astronomischen Zeitschrift veröffentlicht. Danach geriet sie sofort in Vergessenheit. Das ist teilweise darauf zurückzuführen, daß der Effekt gerade etwas zu klein war, um mit den damaligen Teleskopen gemessen werden zu können, teilweise aber auch auf die im 19. Jahrhundert aufkommende Wellentheorie des Lichts, nach der sich Licht als Welle durch einen gewichtslosen *Äther* ausbreitet und daher keine Ablenkung erfährt. Einstein kannte Soldners Abhandlung offensichtlich nicht. Es dauerte noch bis 1921, bevor Soldners Arbeit wiederentdeckt wurde, aber zu diesem Zeitpunkt galt die Wiederbelebung einem widerwärtigen Zweck.

Wie Soldner ein Jahrhundert zuvor interessierte sich Einstein im Jahre 1907 für die Wirkung der Schwerkraft auf Licht. Er erkannte: Wenn das Äquivalenzprinzip zur Beeinflussung der Lichtfrequenz also zur Gravitations-Rotverschiebung führt, dann sollte es ebenso einen Einfluß auf die Flugbahn haben. Einstein gab 1911 an, daß die Ablenkung eines Strahls, der die Sonne streift, 0,875 Bogensekunden betragen sollte. Er schlug vor, diesen Effekt während einer totalen Sonnenfinsternis zu untersuchen, wenn die Sterne in Sonnennähe sichtbar seien und die Ablenkungen ihrer Strahlen als Positionsabweichungen der Sterne meßbar würden. Aber der Effekt lag noch immer an der Grenze der Beobachtbarkeit. Die Bemühungen des Astronomen Erwin Freundlich, eine solche Expedition zu unternehmen, stießen nur auf geringes Interesse. Freundlichs Expedition wurde ein Mißerfolg, und Einsteins Vorschlag wurde vergessen.

Es ist recht einfach nachzuvollziehen, wie Einsteins Äquivalenzprinzip zu einer Ablenkung von Licht führt, obwohl das hier benutzte Argument nicht das ist, dessen sich Einstein in seiner Veröffentlichung von 1911 bediente. Stellen wir uns zwei Labors mit gläsernen Wänden vor, in denen sich jeweils ein Beobachter befindet, der mit dem Äquivalenzprinzip sehr vertraut ist (siehe Abb. 4.2.). Die Labors sind in ihrer Bauweise perfekt mit parallelen Flächen und rechten Winkeln in allen Ecken. Sie sind über ein reibungsloses Rollensystem miteinander verbunden, das sie stets parallel zueinander hält, es ihnen aber erlaubt, sich unabhängig und frei in paralleler Richtung zu bewegen. Mit Hilfe von Raketenantrieben heben die Labors von der Sonnenoberfläche aus in radialer Richtung ab, um auf ihrem Weg ein Lichtsignal aufzu-

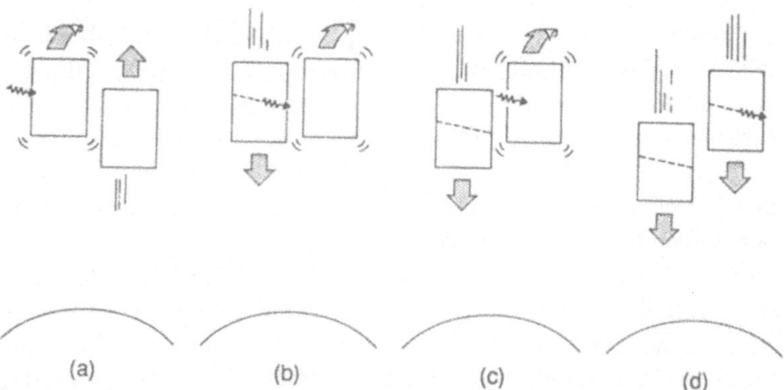

Abb. 4.2. Das Äquivalenzprinzip und die Ablenkung von Licht. Zwei Laboratorien werden aus dem Zentrum der Sonne herausgeschossen, die Raketen werden abgeschaltet und sie befinden sich im freien Fall. (a) Labor 1 kommt genau in dem Augenblick am höchsten Punkt seiner Flugbahn zum Stillstand, wenn der Lichtstrahl hineinfällt. Labor 2 steigt noch immer. (b) Weil Labor 1 sich im freien Fall befindet, bewegt sich das Licht aufgrund des Äquivalenzprinzips geradlinig und verläßt das Labor unter demselben Winkel, mit dem es eintraf. Aber inzwischen hat Labor 1 begonnen zu fallen, während Labor 2 den höchsten Punkt seiner Flugbahn erreicht hat. (c) Der Lichtstrahl tritt in Labor 2 ein, aber da Labor 1 relativ zu Labor 2 fällt, ist der beobachtete Einfallswinkel nach unten gerichtet im Vergleich zu dem, der in Labor 1 gemessen wurde, wegen der Aberration. (d) Das Licht bewegt sich geradlinig durch Labor 2, da es sich im freien Fall befindet. Wenn diese zusätzlichen Ablenkungen für eine Reihe von Labors entlang des Lichtweges aufaddiert werden, ergibt sich ein Resultat von 0,875 Bogensekunden für einen die Sonne streifenden Lichtstrahl.

---

fangen, das gerade an der Sonne vorbeiläuft. Nachdem die Raketen abgeschaltet sind, befinden sich die Labors in freiem Fall und fangen an, sich unter der Anziehungskraft der Sonne zu verlangsamen. Genau wie in unserem vorhergehenden Gedankenexperiment wurden ihre Anfangsgeschwindigkeiten so geschickt gewählt, daß genau in dem Augenblick, in dem der Lichtstrahl auf die Scheibe von Labor 1 trifft, sich dieses Labor gerade im Zustand der Ruhe in Beziehung zur Sonne befindet, um einen Moment später seinen Abstieg zu beginnen. Die Geschwindigkeit des zweiten Labors wurde ebenso geschickt gewählt, daß zu dem Zeitpunkt, wenn der Lichtstrahl das erste Labor verläßt und auf die linke Scheibe des zweiten Labors trifft, sich nun Labor 2 relativ zur Sonne gerade in Ruhe befindet, um unmittelbar danach zurückzufallen. Nun bemerkt der Beobachter im Labor 1, daß der Lichtstrahl sein Fenster an einer bestimmten Stelle und unter einem bestimmten Winkel durchdringt. Der Strahl durchquert dann das Labor und verläßt es durch die rechte Scheibe unter genau demselben Winkel. Das erscheint dem ersten Beobachter vollkommen natürlich, da er sich in einem frei fallenden Koordinatensystem aufhält, in dem die Wirkung von Schwerkraft ausgeschaltet ist. Bei einer solchen Anordnung muß sich Licht entlang einer geraden Linie ausbreiten und es darf sich darum auch der Winkel von der einen zur anderen Seite des Labors nicht verändern. Der zweite Beobachter kommt zu einem ähnlichem Schluß. Er beobachtet, daß der Strahl das Labor unter demselben Winkel wieder verläßt, unter dem er auch hineingekommen ist. Auch er sieht darin eine Übereinstimmung mit dem Äquivalenzprinzip. Jedoch, wenn die Beobachter zum Ausgangspunkt ihres Unternehmens zurückkehren und ihre Daten vergleichen, finden sie heraus, daß die Winkel, unter denen der Strahl durch ihre Labors gegangen ist, nicht gleich sind. Im zweiten Labor war der Lichtstrahl mehr nach unten (in Richtung Sonne) geneigt als im ersten Labor. Nach einer kurzen Denkpause verstehen sie warum. Obwohl beide Labors in dem Moment, als der Strahl sie traf, in Ruhestellung relativ zur Sonne waren, sind beide Augenblicke doch nicht genau gleich. Zu der Zeit, als der Strahl Labor 1 durchquert und Labor 2 erreicht hatte, hatte Labor 1 bereits begonnen zu fallen und hatte dabei eine Geschwindigkeit, die sich aus der Gravitationsbeschleunigung multipliziert mit der Zeit, die Licht für die Durchquerung benötigt, ergibt. Deshalb sah der zweite Beobachter Licht in sein Labor einfallen, das von einem Labor kam, daß sich relativ zu ihm nach unten bewegte. Darum wurde der Eintrittswinkel durch das Phänomen der Aberration nach unten abgelenkt. Dabei handelt es sich genau um das Phänomen, das die Vorderseite unserer Beine naß werden läßt, wenn wir einen Schirm nur schnell genug durch einen eigentlich senkrecht fallenden Regen tragen. Die Richtung, unter der man sich den Regen unseren Beinen nähern sieht, ist nicht mehr senkrecht. Sie wurde aufgrund unserer Bewegung relativ zum Boden geändert. Licht unterliegt demselben Phänomen, nur weniger stark aufgrund seiner großen Geschwindigkeit. Das

Resultat ist, daß Beobachter 2 behauptet, daß der Lichtstrahl geringfügig in Richtung Sonne abgelenkt wurde.

Wenn sich der Beobachter eine Reihe solcher Labor-Experimente vorstellt, die entlang der ganzen Bahn des Lichtstrahls ausgeführt werden und wenn er alle die winzigen Ablenkungen aufaddiert, dann kommt er zu dem Ergebnis, daß die tatsächliche Ablenkung eines Strahls, der die Sonne streift, 0,875 Bogensekunden betragen würde. Ganz gleich also, ob wir die Gravitationstheorie von Newton kombiniert mit der Korpuskeltheorie des Lichts benutzen, wie es Soldner tat, oder das Äquivalenzprinzip wie in dieser Ableitung, wir sagen dieselbe Ablenkung von Licht voraus.

Dann aber verdoppelte Einstein im November 1915 seine Vorhersage. Damals hatte er gerade die Allgemeine Relativitätstheorie in vollem Umfang fertiggestellt und fand heraus, daß die Ablenkung den Gleichungen seiner Theorie zufolge nicht 0,875, sondern 1,75 Bogensekunden betragen muß.

Geschah diese Verdoppelung völlig willkürlich? Waren die vorhergehenden Berechnungen total falsch? Nicht im geringsten. Sie waren soweit richtig. Sie hatten einfach einen wichtigen Umstand außer acht lassen müssen, den erst die vervollständigte Allgemeine Relativitätstheorie berücksichtigen konnte: den Grad der Raumkrümmung. Wie wir bereits gesehen haben, sagt uns das Äquivalenzprinzip, daß die Raum-Zeit gekrümmt sein muß, aber sie gibt uns nicht im Detail an, wie stark die Krümmung ist, und insbesondere sagt sie nichts über die Krümmung des Raumes selbst aus. Die Krümmung des Raumes verändert das Ergebnis in der folgenden Weise. Stellen wir uns eine große Anzahl von kleinen, völlig geraden Maßstäben vor, deren Enden so geschnitten wurden, daß perfekte rechte Winkel entstanden sind (siehe Abb. 4.3). Nehmen wir etwa ein Drittel dieser Maßstäbe und bilden daraus eine Gerade, indem wir alle Maßstäbe exakt und parallel zu ihren Nachbarn aufreihen, so daß sich die Gerade über einen riesigen Teil des leeren Raumes fern der Sonne erstreckt. Das ist die Strecke *BO* der Abbildung. Nun nehmen wir ein weiteres Drittel der Maßstäbe und reihen sie exakt aneinander, wobei wir vom Punkt *O* ausgehen und wiederum weit weg von der Sonne bleiben, aber darauf achten, daß die zwei freien Enden der Geraden aus Maßstäben auf verschiedenen Seiten von der Sonne zu liegen kommen. Jetzt nehmen wir fast alle restlichen Maßstäbe

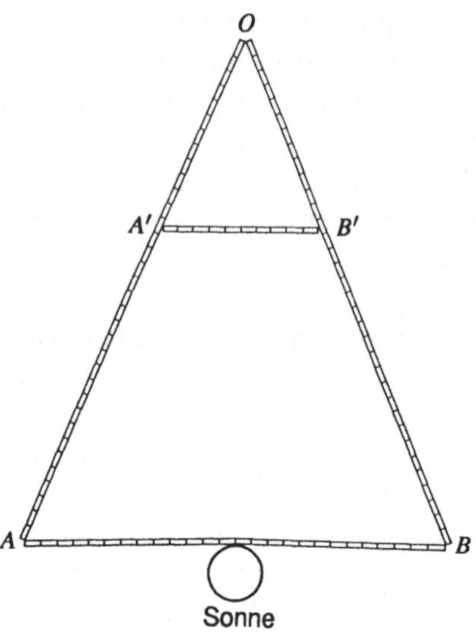

Abb. 4.3. Sonnensystem-Dreieck. Die aus Maßstäben bestehenden Strecken *BO* und *OA* sind weit von der Sonne entfernt, während die aus Maßstäben gebildete Strecke *AB* die Sonne streift. Die Strecke *A'B'* aus Maßstäben verläuft weit weg von der Sonne, und der Winkel *OB'A'* ist der gleiche wie der Winkel *OBA*. Die Innenwinkelsumme von *OA'B'* beträgt 180°, die Innenwinkelsumme von *OAB* dagegen nur 179° 59′59.125″. Darum ist der Winkel *OAB* um 0,875 Bogensekunden kleiner als der Winkel *OA'B'*.

---

und reihen sie in der bekannten Weise auf, diesmal vom Punkt *B* ausgehend bis zum Punkt *A*, wobei sie gerade an der Sonnenoberfläche vorbeigehen sollen. Wir haben so ein riesiges Dreieck vervollständigt. Zwei Seiten dieses Dreiecks (*OA* und *OB*) verlaufen in großer Entfernung von der Sonne, während die dritte Seite (*AB*) die Sonnenoberfläche streift. Mit Hilfe der noch verbleibenden Maßstäbe bilden wir nun, ausgehend von einem Punkt B' ein Dreieck $OA'B'$, wobei wir darauf achten, daß der Winkel mit dem wir von B' aus arbeiten mit dem bei B genau übereinstimmt.

Die Allgemeine Relativitätslehre sagt aus, daß der Raum in der Nähe anziehender Körper gekrümmt ist. Die Krümmung ist umso stärker, je näher man dem Körper kommt und kann in großer Entfernung vernachlässigt werden. Da das Dreieck $OA'B'$

weit von der Sonne entfernt ist, beträgt die Summe seiner Innenwinkel 180° , genau wie im normalen flachen Raum. Aber eine detaillierte Berechnung unter Benutzung der Gleichungen der Allgemeinen Realtivitätslehre ergibt, daß die Innenwinkelsumme des Dreiecks *OAB* nicht mehr 180° beträgt (erinnern wir uns an die Kugelländer!), sondern 179° 59′59,125″ oder 180° minus 0,875 Bogensekunden!

Daraus erklärt sich Einsteins Verdopplung. Die vorhergehenden Berechnungen wie jene, die sich der frei fallenden Laboratorien bedienten, gaben die Ablenkung des Lichts relativ zu Linien an, die im lokalen Bereich gerade sind. Wir erinnern uns, daß die Labors parallel zueinander aufgereiht wurden und dabei die gleiche Sorte kleiner, gerader Maßstäbe und rechter Winkel benutzt wurde wie auch bei unseren großen Dreiecken. Wenn wir jetzt annehmen, daß der Raum flach ist, dann sind wir bereits fertig. Jedoch sagt die Allgemeine Relativitätslehre aus, daß die lokal geraden Linien, die nahe an der Sonne vorbeikommen, relativ zu jenen, die weit weg von der Sonne im völlig leeren Raum verlaufen, um zusätzlich 0,875 Bogensekunden abgelenkt werden (siehe Abb. 4.4.). Darum muß die Gesamtablenkung 1,75 Bogensekunden betragen.

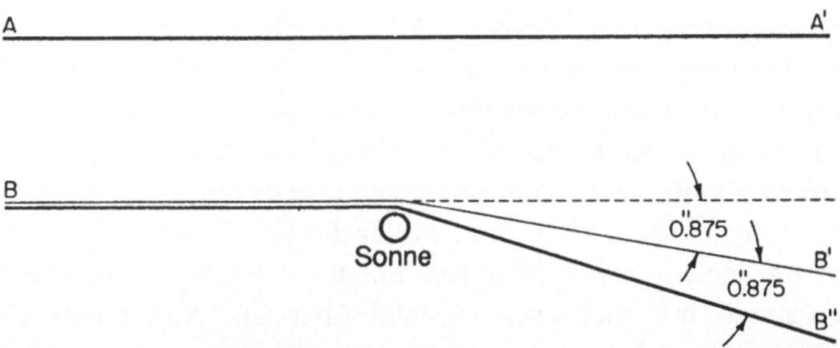

Abb. 4.4. Kombinierte Lichtablenkung. Strecke *AA*′: eine gerade Linie in Sonnenferne. Strecke *BB*′: Eine „gerade" Linie von Maßstäben, die die Sonne berührt, und relativ zur entfernten Linie um 0,875 Bogensekunden (entsprechend der Allgemeinen Relativitätstheorie) abgelenkt wird. Strecke *BB*″ : Die Richtung des Lichtstrahls, die verglichen mit der „geraden" Linie *BB*′ um 0,875 Bogensekunden abgelenkt wird. Dieser Teil rührt vom Äquivalenzprinzip her oder von der Newtonschen Theorie. Die Ablenkung der in Sonnennähe verlaufenden Maßstäbe relativ zu den entfernten Maßstäben hängt von dem Ausmaß der Raumkrümmung ab und kann von Theorie zu Theorie unterschiedlich sein.

Wie wir später sehen werden, ist dieser Krümmungseffekt der wichtigste Unterschied in den verschiedenen Gravitationstheorien. Jede der Gravitationstheorien, die mit dem Äquivalenzprinzip vereinbar sind, sagt einen ersten Anteil von 0,875 Bogensekunden voraus. Der zweite Teil rührt von der Raumkrümmung her. Newtons Theorie ist eine Theorie des flachen Raumes, darum gibt es keinen weiteren Effekt; die Vorhersage bleibt 0,875 Bogensekunden. Die Allgemeine Relativitätslehre sagt rein zufällig einen Grad der Krümmung vorher, der die Ablenkung gerade verdoppelt. Die alternative Brans-Dicke-Theorie (in Kap. 8 in mehr Einzelheiten beschrieben) geht von einer etwas geringeren Krümmung aus als die Allgemeine Relativitätslehre, was sich in einem etwas kleineren Wert für den zweiten Teil und damit in einer etwas kleineren Gesamtablenkung niederschlägt.

Einsteins Verdopplung der vorhergesagten Ablenkung hatte wichtige Konsequenzen. Sie bedeutete, daß der Effekt endlich der Beobachtung zugänglich war. Die Tatsache, daß eine erfolgreiche Beobachtung schon 1919 möglich wurde, nur drei Jahre nach der Veröffentlichung der Allgemeinen Theorie, verdanken wir der wichtigen Rolle, die Sir Arthur Stanley Eddington (1882–1944) gespielt hat. Als der Erste Weltkrieg ausbrach, war Eddington einer der bedeutendsten beobachtenden Astronomen seiner Zeit und eine herausragende Persönlichkeit innerhalb der britischen Naturwissenschaften; er war kurz zuvor zum Fellow of the Royal Society und zum Inhaber des *Plumian*-Lehrstuhls der Universität Cambridge ernannt worden. Der Krieg hatte praktisch jede direkte Kommunikation zwischen britischen und deutschen Wissenschaftlern unterbunden, aber dem holländischen Kosmologen Willem de Sitter gelang es, Eddington Einsteins letzte Veröffentlichung zusammen mit mehreren eigenen über die Allgemeine Relativitätstheorie zukommen zu lassen. Eddington erkannte die tiefe Bedeutung dieser neuen Theorie und machte sich umgehend daran, die Mathematik zu erlernen, die für ihr volles Verständnis notwendig war. Im Jahre 1917 fertigte er für die Physikalische Gesellschaft von London einen detaillierten Bericht über die Theorie an, der dazu beitrug, sie bekannter zu machen. Eddington und der Hofastronom Sir Frank Dyson fingen auch an, eine Sonnenfinsternis-Expedition in Erwägung zu ziehen, um die vorhergesagte Ablenkung des Lichts zu messen. Als Astronom am

Royal Greenwich Observatory von 1906 bis 1913 hatte Eddington bereits 1912 eine Sonnenfinsternis-Expedition durchgeführt und war mit den notwendigen Techniken und möglicherweise auftretenden Problemen vertraut. Dyson betonte, daß die Sonnenfinsternis, die für den 29. Mai 1919 erwartet wurde, eine hervorragende Gelegenheit bieten würde, weil man mit einer großen Anzahl heller Sterne rechnete, die das Umfeld um die Sonne bilden würden. Man erhielt eine Unterstützung von 1 000 Pfund Sterling von seiten der Regierung, und die Planung konnte ernsthaft beginnen. Der Ausgang des Krieges war damals noch immer ungewiß, und es bestand Gefahr, daß Eddington eingezogen würde. Als gläubiger Quaker hatte er sich als Kriegsdienstverweigerer aus Gewissensgründen um die Befreiung vom Militärdienst bemüht, aber in seinem verzweifelten Bedarf an Menschen hatte es der Minister für militärische Angelegenheiten abgelehnt, eine Ausnahme zu machen. Schließlich, nach drei Anhörungen und einem Gesuch von Dyson in letzter Minute, das Eddingtons Bedeutung für die Sonnenfinsternis-Expedition bescheinigte, wurde der Befreiung vom Kriegsdienst am 11. Juli 1918 stattgegeben. Das war gerade eine Woche vor der zweiten Schlacht an der Marne.

In unserer heutigen Zeit, in der manchmal eine Politik des kalten Krieges den Austausch von wissenschaftlichen Informationen und jede Zusammenarbeit verhindert, tun wir gut daran, uns an dieses Beispiel zu erinnern: Eine britische Regierung entläßt einen Wissenschaftler, der für den Frieden eintritt, aus der Pflicht des Kriegsdienstes, damit er frei ist für den Versuch ‚eine Theorie zu bestätigen, die von einem Wissenschaftler des feindlichen Landes aufgestellt wurde.

Am 8. März 1919, gerade vier Monate nach Einstellung der Feindseligkeiten, brachen zwei Expeditionen von England aus auf: Eddington nach der Insel Principe vor der Küste Spanisch-Guineas; das andere Team unter der Leitung von Andrew Grommelin zur Stadt Sobral in Nordbrasilien. Das Prinzip des Experiments ist verblüffend einfach. Während einer totalen Sonnenfinsternis verbirgt der Mond die Sonne vollständig und enthüllt eine Reihe von Sternen in ihrem Umfeld. Mit Hilfe eines Teleskops und Fotoplatten machen die Astronomen Aufnahmen der verdunkelten Sonne und des umgebenden Feldes von Sternen. Diese Aufnahmen werden dann verglichen mit Bildern desselben

Sternenfeldes, die in Abwesenheit der Sonne gemacht wurden. Die Vergleichsaufnahmen werden nachts gemacht, mehrere Monate vor oder nach der Finsternis, wenn die Sonne weit weg ist von diesem Teil des Himmels und die Sterne sich in ihrer richtigen, unabgelenkten Position befinden. In den Finsternis-Aufnahmen würden die Sterne, deren Licht abgelenkt wurde, in einer von der Sonne entfernteren Stellung erscheinen, als es ihrer tatsächlichen Position entspricht. Eine Eigenschaft der vorhergesagten Ablenkung ist wichtig. Obwohl ein Stern, dessen Abbildung sich am Rand der Sonne befindet, mit 1,75 Bogensekunden abgelenkt wird, wird ein Stern, dessen Abbildung doppelt so weit vom Mittelpunkt der Sonne entfernt liegt, halb so stark abgelenkt, und ein Stern in der zehnfachen Enfernung wird nur um den zehnten Teil abgelenkt, mit anderen Worten, die Ablenkung verhält sich umgekehrt proportional zu dem Winkelabstand des Sterns von der Sonne. Nun, da die Finsternis-Aufnahmen und die Vergleichsbilder zu verschiedenen Zeiten und zu unterschiedlichen Bedingungen (manchmal werden andere Teleskope benutzt), gemacht wurden, ist unter Umständen ihre Gesamtvergrößerung nicht dieselbe. Darum können die Sterne, die auf den Fotoplatten am weitesten von der Sonne entfernt sind und die auf den Vergleichsplatten nicht abgelenkt sind, dazu benutzt werden, eine Korrektur der Gesamtvergrößerung vorzunehmen. Dann kann die wirkliche Ablenkung der Sterne, die der Sonne am nächsten sind, gemessen werden.

In der Praxis ist natürlich nichts jemals so einfach. Eine wichtige Erschwernis ist ein Phänomen, das die Astronomen „Seeing" nennen. Aufgrund von Turbulenzen in der Erdatmosphäre kann Sternenlicht, das auf die Erde fällt, durch wärmere und kältere, sich bewegende Luftmassen gebrochen oder gebeugt und so bis zu einigen Bogensekunden abgelenkt werden. (Das ist ein Teil dessen, was Sterne vor unserem bloßen Augen blinken läßt). Diese Ablenkungen sind den zu messenden vergleichbar. Da sie aber in der Natur zufällig vorkommen (genauso wahrscheinlich zur Sonne hin als von ihr weg), können sie weggemittelt werden, wenn man viele Bilder hat. Je größer die Anzahl von Sternbildern ist, umso genauer kann man diesen Effekt ausschließen. Darum ist es entscheidend, so viele Fotographien mit so vielen Sternaufnahmen wie möglich zu erhalten. An dieser Stelle hilft natürlich ein klarer Himmel weiter.

Wir können uns daher Eddingtons Gemütsverfassung vorstellen, als am Tag der Finsternis starker Regen einsetzte. Als der Vormittag fortschritt, hatte er fast die Hoffnung aufgegeben. Vor der Expedition hatte Dyson über die möglichen Ergebnisse gewitzelt; keine Ablenkung würde beweisen, daß die Gravitation keinen Einfluß auf Licht hat, eine halbe Ablenkung würde Newton bestätigen und eine volle Ablenkung würde Einstein Recht geben. Eddingtons Begleiter auf der Expedition hatte gefragt, was geschehen würde, wenn man eine doppelte Ablenkung vorfände. Dyson hatte geantwortet: „Dann dreht Eddington durch und Sie müssen alleine heimkommen." Nun mußte sich Eddington mit der Möglichkeit auseinandersetzen, überhaupt keine Ergebnisse zu bekommen. Aber im allerletzten Moment trat eine Wetterbesserung ein. Gegen Mittag hörte der Regen auf und gegen 1.30 Uhr, als die erste Phase der Finsternis schon weit fortgeschritten war, konnte er einen Schimmer der Sonne „erhaschen". Von den 16 Fotos, die durch die verbleibende Wolkendecke aufgenommen wurden, ergaben nur zwei ein zuverlässiges Bild mit insgesamt nur fünf Sternen. Trotzdem ergab der Vergleich dieser zwei Finsternisplatten mit Vergleichsplatten, die mit dem Teleskop der Universität Oxford vor der Expedition gemacht worden waren, eine Übereinstimmung mit der Allgemeinen Relativitätslehre. Die Ablenkung eines Strahls, der die Sonne streifte, betrug $1{,}60 \pm 0{,}31$ Bogensekunden, was $0{,}91 \pm 0{,}18$ mal die Einsteinsche Vorhersage ausmachte. Der Expedition nach Sobral, die mit besserem Wetter beglückt wurde, gelang es acht brauchbare Platten zu erhalten, die jeweils mindestens sieben Sterne zeigten. Die 19 Platten, die mit einem zweiten Teleskop aufgenommen wurden, erwiesen sich als wertlos, weil das Teleskop offensichtlich ausgerechnet vor der totalen Finsternis seine Brennweite verändert hatte, möglicherweise aufgrund der Erhitzung durch die Sonne. Die Auswertung der guten Platten lieferte eine Ablenkung der streifenden Strahlen von $1{,}98 \pm 0{,}12$ Bogensekunden, entsprechend dem $1{,}13 \pm 0{,}07$fachen des Einsteinschen Wertes.

Trotz der Schwierigkeiten und Enttäuschungen waren diese Expeditionen Triumphzüge für die beobachtende Astronomie und verhalfen der Allgemeinen Relativitätslehre zum Durchbruch. Das hatte natürlich nicht die bedingungslose Anerkennung der Theorie zur Folge. Legitime wissenschaftliche Zweifel wurden nicht ausgeräumt. Verglichen mit anderen physikalischen Theorien dieser Zeit war die Allgemeine Relativitätslehre mathematisch sehr komplex, und ihre Gültigkeit hing von nur zwei Tests ab — der Ablenkung von Licht und der Periheldrehung des Merkur (beschrieben in Kap. 5). Jede neue physikalische Theorie muß dem Test vieler theoretischer und experimenteller Versuche standhalten. Aber es gab noch andere Zweifel an der Allgemeinen Relativitätslehre, unwissenschaftliche Zweifel von skurriler Art, von Individuen erhoben, die sich selbst Wissenschaftler nannten. Diese Zweifel an der Theorie waren lediglich in der Tatsache begründet, daß Einstein Jude war. Es geschah in diesem Zusammenhang, daß man die schöne Arbeit von Soldner wieder entdeckte und verfälschte.

Die Zunahme des Antisemitismus in Deutschland in der Zeit zwischen den Weltkriegen hatte sein Gegenstück in wissenschaftlichen Kreisen. Einer der Hauptvertreter dieser Ansicht war Philipp Lenard, ein Nobelpreisträger der Physik (1905) in Würdigung seiner Arbeiten über Elektronenstrahlen. Als eingefleischter Nazi verbrachte Lenard zwischen den Kriegen einen Großteil seiner Zeit damit, die deutsche Wissenschaft vom „jüdischen Makel" zu reinigen. Die Relativitätslehre stellte so etwas wie die Essenz der „jüdischen Wissenschaft" dar, und Lenard, Johannes Stark — auch ein Physiknobelpreisträger (1919) — und andere bemühten sich sehr, sie in Mißkredit zu bringen. Ihre Ansicht wurde jedoch von der großen Mehrheit der nicht-jüdischen Wissenschaftler nicht geteilt, und obwohl die Nazis die Macht in Deutschland ergriffen und in der Folgezeit viele jüdische Physiker (darunter auch Einstein) entlassen wurden und emigrierten, blieb das Antirelativitätsprogramm nicht viel mehr als eine Fußnote in der Geschichte der Naturwissenschaften.

Anfang 1921 erfuhr Lenard, während er gerade einen Artikel gegen die Spezielle Relativitätslehre verfaßte, von der Existenz von Soldners Veröffentlichung aus dem Jahre 1803. Zu seinem Entzücken zeigte sie die Priorität von Soldners „arischer" Arbeit vor Einsteins „jüdischer" Theorie. Die Tatsache, daß die Ergebnisse der Sonnenfinsternisexpedition eher Einstein bestätigten, schien ihn nicht durcheinanderzubringen. Lenard fertigte einen umfangreichen Einführungsaufsatz an, wobei er die ersten beiden Seiten wortwörtlich von Soldners Veröffentlichung übernahm und den

Rest zusammenfassend wiedergab. Er ließ das ganze Ding in der Ausgabe vom 27. September 1921 der Zeitschrift „Annalen der Physik" unter Soldners Namen veröffentlichen. Zum Glück ließen sich die meisten Physiker durch derlei Betrachtungen nicht beeinflussen. Sie lenkten ihre Aufmerksamkeit auf das Experimentieren und nicht auf die Rasse als Entscheidungskriterium für eine wissenschaftliche Theorie.

Obwohl die Ergebnisse der Finsternisexpedition eine klare Entscheidung zwischen den Möglichkeiten lieferten, entweder keine, die Newtonsche oder die Einsteinsche Ablenkung zu finden, machten die relativ großen experimentellen Fehler eine Wiederholung der Messungen notwendig. Während späterer Sonnenfinsternisse versuchten zahlreiche Expeditionen besser zu sein — es gab drei Expeditionen im Jahre 1922, eine im Jahr 1929, zwei im Jahre 1936, 1947 und 1952 jeweils eine, und erst kürzlich eine im Jahre 1973. Erstaunlicherweise konnte man keinen wesentlichen Fortschritt verzeichnen. Die verschiedenen Messungen ergaben Werte irgendwo zwischen dem 3/4 und 1,5fachen des Wertes, der von der Allgemeinen Relativitätslehre vorhergesagt wurde. Die Expedition von 1973 ist ein typischer Fall. Organisiert von den Universitäten von Texas und Princeton fand die Beobachtung im Juni in der Chinguetti Oase in Mauretanien statt. (Sonnenfinsternisse haben die unangenehme Angewohnheit, gerade in entlegenen Gebieten aufzutreten.) Die Beobachter hatten alle Vorteile der Technologie der siebziger Jahre: Fotoemulsion von Kodak, ein temperaturgeregeltes Gebäude für das Teleskop (die Außentemperatur bei der totalen Finsternis betrug 37° C), ausgeklügelte motorgetriebene Nachführungen, um die Richtung des Teleskops exakt zu kontrollieren, und eine computergesteuerte Auswertung der Platten. Unglücklicherweise konnten sie das Wetter genausowenig beeinflussen wie Eddington. Am Morgen der bevorstehenden Finsternis zogen starke Winde auf und brachten Treibsand und Staub, der so dick war, daß man die Sonne nicht sehen konnte. Als aber die totale Finsternis näherrückte, legte sich der Wind, der Staub setzte sich ab, und die Astronomen machten eine Reihe von Aufnahmen während dieser, wie sie sagten, kürzesten sechs Minuten ihres Lebens. Sie hatten gehofft, über 1000 Sternabbildungen zu erhalten, aber der Staub verminderte die Sicht auf weniger als 20 Prozent und man mußte sich mit enttäuschenden 150 zufriedengeben. Im Anschluß an eine Nachfolgeexpedition in dieses Gebiet im November, bei der man Vergleichsplatten anfertigte, wurden die Fotos ausgewertet. Dazu wurde ein spezielles, als GALAXY bezeichnetes automatisches Meßgerät des Royal Greenwich Observatory nahe London benutzt. Das Ergebnis war eine Ablenkung von 0,95 $\pm$0,11 mal der Vorhersage Einsteins, eine nur unwesentliche Verbesserung gegenüber früheren Finsternismessungen.

Die Expedition von 1973 war wirklich so etwas wie der Schwanengesang für diesen Typ von Messungen, da bereits sehr viel genauere Bestimmungen der Ablenkung gemacht worden waren mit Hilfe einer Technik, die die beiden bedeutendsten astronomischen Entdeckungen des 20. Jahrhunderts miteinander verband: das Radioteleskop und den Quasar.

Die Radioastronomie nahm ihren Anfang im Jahre 1931, als Karl Jansky von den Bell Telephone Laboratories in New Jersey herausfand, daß das Rauschen in der Radioantenne, die er für den Einsatz in der Radio-Telekommunikation zu verbessern versuchte, aus der Richtung des galaktischen Zentrums kam. Die Entwicklung des Radars während des Zweiten Weltkrieges führte zu neuen Empfangsgeräten und Techniken und zur rasanten Entwicklung von Radioteleskopen als neuen astronomischen Werkzeugen. Unter den Quellen von Radiowellen, die entdeckt wurden, befanden sich die Sonne selbst, Gaswolken wie beispielsweise der Krebsnebel, Wolken von Wasserstoffatomen und komplexen Molekülen, und Radiogalaxien. Radiowellen sind dasselbe wie normales sichtbares Licht, nur haben sie eine größere Wellenlänge. Während das sichtbare Licht den Wellenlängenbereich von 4000 bis 7000 Angström abdeckt, liegen Radiowellen im Bereich von einem Zehntel Millimeter bis zu mehreren Metern. Wir erwarten, daß Radiowellen von der Anziehungskraft eines Körpers wie der Sonne in genau derselben Weise abgelenkt werden wie sichtbares Licht von Sternen. Tatsächlich sagt die Allgemeine Relativitätslehre dieselbe Ablenkung voraus, unabhängig von der Wellenlänge.

Um die Ablenkung von Radiowellen zu messen, ist es notwendig, daß wir die Richtung, aus der sie kommen, mit großer Genauigkeit bestimmen können. Hier erweist sich das Radio-Interferometer als ideales Instrument. Ein Radio-Interferometer mißt die Richtung, aus der eine Radiowelle kommt, in ganz ähnlicher Weise wie ein Mensch, der trotz verbundener Augen die Richtung ausmachen kann, aus der ein Ton kommt. Zum Beispiel wird ein Ton, der von der rechten Seite kommt, das rechte Ohr erst treffen und dann, kurze Zeit später, ins linke Ohr gehen. Die Zeitdifferenz ist kurz, nur 1/3 einer Millisekunde (1 000 Millisekunden = 1 Sekunde) für einen Ton, der sich aus Richtung „1 Uhr" nähert, aber darum sind die zwei akustischen Wellen leicht außer Phase, wenn sie in jedes Ohr eindringen. Die Wellen können sich dann gegenseitig verstärken oder einander auslöschen, je nachdem, ob sie in Phase oder gegenphasig sind. Hierbei handelt es sich um das Phänomen der konstruktiven beziehungsweise destruktiven Interferenz. Es stellt sich heraus, daß Ohr und Gehirn sehr empfindlich gegenüber diesem Effekt sind im Bereich der tieferen Töne, unterhalb etwa 1 500 Perioden pro Sekunde, für die die Wellenlänge des Schalls größer ist als der Abstand der Ohren voneinander. Im Falle höherer Töne wird die Richtung des Tons hauptsächlich über die Intensitätsunterschiede, mit denen der Ton von beiden Ohren empfangen wird, ausgemacht, zumindest für nahe Geräuschquellen.

In einem Radio-Interferometer wird die Rolle der Ohren von zwei Radioteleskopen gespielt, und der hereinkommende Ton wird durch einen ankommenden Radiowellenzug ersetzt. Die Zeitdifferenz zwischen der Ankunft der Wellenfront bei den zwei Teleskopen bestimmt das Ausmaß und das Muster der Interferenz der Radiowellen, wenn man die Signale von den beiden Teleskopen verbindet. Umgekehrt hängt der zeitliche Unterschied vom Winkel ab, unter dem die Wellenfront relativ zu einer Linie ankommt, die man zwischen den beiden Teleskopen zieht und die man Basislinie nennt. Für eine gegebene Wellenlänge der Radiowellen gilt: Je länger die Basislinie, umso länger die Zeitverzögerung für einen vorgegebenen Einfallswinkel, und umso genauer kann der Winkel gemessen werden (für verschiedene Wellenlängen ändert sich die Genauigkeit, mit der das Interferenzmuster interpretiert werden kann; unter der Voraussetzung, daß alles andere unverändert bleibt, wächst die Genauigkeit in dem Maß, wie die Wellenlänge abnimmt). Im Gegensatz zum menschlichen Ohr kann das Radio-Interferometer noch bei Wellenlängen, die erheblich kürzer sind als die Basislinie, effektiv arbeiten. Anders als beim Ohr ist die Intensität, die von beiden Teleskopen empfangen wird, gleich, deshalb ist dieser Effekt nicht wichtig. Es gibt Radio-Interferometer mit den verschiedensten Basislängen, vom 1 km-Instrument in Owens Valley, Kalifornien, zum 35 km-Gerät am National Radio Astronomy Observatory (NRAO) in West Virginia bis hin zur 3 900 km-Anlage, die man unter dem Namen „Goldstack" kennt und die das Goldstone-Teleskop in Kalifornien mit dem Haystack-Teleskop in Westford, Massachusetts verbindet. Auch interkontinentale Interferometer, die bis zu 18 Teleskope in der ganzen Welt miteinander verbanden, wurden schon benutzt. Die Auflösung einiger dieser Interferometer kann an ein Zehntausendstel einer Bogensekunde herankommen.

Wir benötigen auch eine punktförmige Quelle von Radiowellen. Die meisten astronomischen Quellen sind für diesen Zweck unbrauchbar, da sie im Raum ausgedehnt sind. Zum Beispiel senden die meisten Radiogalaxien ihre Wellen von einem ausgedehnten Gebiet aus, dessen Winkelgröße bis zu einem Grad betragen kann. Die Entdeckung der Quasare lieferte neben der Motivation, die Allgemeine Relativitätstheorie in der Astrophysik anzuwenden, die ideale Radiowellenquelle zur Überprüfung der Ablenkung des Lichts. Weil sie so weit entfernt sind, etwa zehn Milliarden Lichtjahre, erscheinen sie in ihrer Ausdehnung viel kleiner, so daß es möglich wird, ihre Winkelposition genauer festzulegen. Trotz ihrer Entfernung sind viele von ihnen leuchtstarke Radioquellen. Jedoch ist eine intensive, punktförmige Radioquelle nicht der einzige Bestandteil eines erfolgreichen Lichtablenkungs-Experiments. Wir brauchen mindestens zwei davon, die am Himmel einigermaßen dicht beieinander stehen, und sie müssen, von der Erde aus gesehen, nahe an der Sonne vorbeikommen. Wir benötigen mindestens zwei aus demselben Grund, aus dem wir ein Sternenfeld hinter der verdunkelten Sonne in den optischen Ablenkungs-Experimenten brauchten: die Sterne, deren Bild weit von der Sonne entfernt erscheint, werden dazu benutzt, eine Skala anzufertigen, da ihr Licht relativ wenig abgelenkt ist, und die Veränderung der Sternbilder in Sonnennähe wird dazu benutzt, die Ablenkung zu bestimmen.

Nun kommt ein himmlischer Zufall zu Hilfe. Zwei der hellsten Quasare am Himmel sind 3C273 und 3C279 und beide haben eine kleine Winkelausdehnung. Jeweils am 8. Oktober kommen sie, von der Erde aus gesehen, sehr nahe an der Sonne vorbei; genau genommen geht 3C279 hinter Sonne vorbei, während 3C273 sich ihr bis auf 4° nähert (siehe Abb. 4.5). Der Vorteil der Radio-Interferometrie besteht darin, daß mit ihrer Hilfe der Winkel zwischen zwei solchen Radioquellen sehr genau gemessen werden kann, mit noch größerer Genauigkeit nämlich als ihre tatsächliche Position am Himmel. Während einer Zeitspanne von zehn Tagen um den 8. Oktober herum, bewegt sich das Quasar-Paar von einer Seite der Sonne zur anderen, und jeden Tag kann die Änderung des Winkels zwischen den beiden mit dem Radio-Interferometer gemessen werden. Was wäre die erwartete Datenausgabe des Instruments? Anfänglich, wenn beide Quasare weit entfernt von der Sonne sind, handelt es sich bei dem gemessenen Winkel um den wirklichen, von der Ablenkung nicht beeinflußten Winkel zwischen ihnen. Im Laufe der Zeit nähert sich das Paar der Sonne, und am 7. Oktober ist 3C279 ihr wesentlich näher als 3C273. Da sich das Ausmaß der Ablenkung umgekehrt proportional zu der Entfernung der Lichtstrahlen von der Sonne verhält, werden die Radiowellen von 3C279 stärker abgelenkt als die von 3C273, und der Winkel zwischen beiden erscheint größer. Wenn 3C279 die Sonne gerade streift, wird sein Licht um ungefähr 1,73 Bogensekunden abgelenkt, während 3C273, der mit seiner Entfernung von 9° 35mal weiter von der Sonne entfernt ist, nur um 0,05 Bogensekunden abgelenkt wird. Am 9. Oktober befindet sich 3C279 auf derselben Seite von der Sonne wie 3C273, darum verkleinert sich scheinbar der Winkel zwischen ihnen. Im Verlauf der nächsten Tage bewegt sich das Paar weiter von der Sonne weg, und ihr Abstand geht auf seinen ursprünglichen Wert zurück.

Durch sorgfältige Auswertung des Verhaltens des Abstandswinkels im Laufe der Zeit können Radioastronomen die Ablenkung des Lichts als Funktion der Entfernung von der Sonne bestimmen und diese umrechnen in eine Ablenkung eines Strahls, der die Sonne streift. Einer der Vorteile dieser Technik ist es, daß sie jährlich wiederholt werden kann, im Gegensatz zu den Finsternismessungen, die sporadisch und in den abgelegensten Gegenden durchgeführt werden müssen. Ähnlich wie in altertümlichen Herbstritualen kann man sich vorstellen, wie die Radioastronomen jeden Oktober zum Interferometer pilgern, um die Ablenkung des Lichts zu messen. Das erste erfolgreiche Ritual war 1969

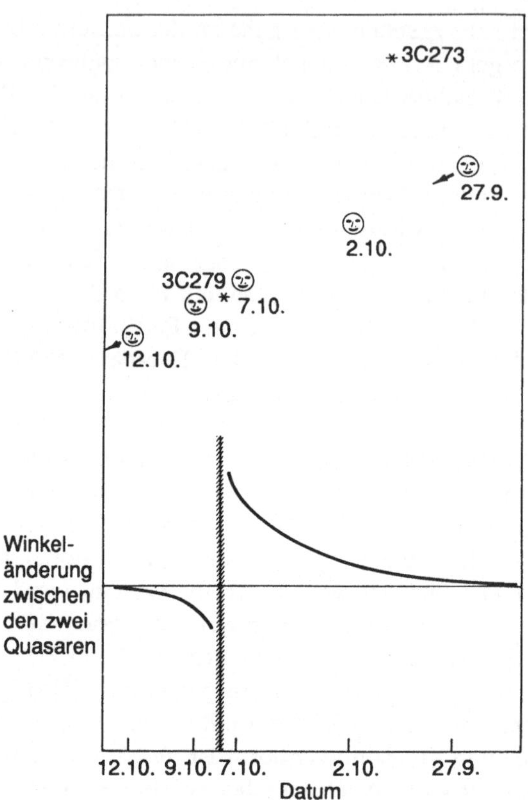

Abb. 4.5. Lichtablenkungsmessungen mit Quasaren. Der obere Abbildungsteil zeigt die Quasare 3C273 und 3C279 sowie den Weg, den die Sonne jedes Jahr zwischen dem 27. September und dem 12. Oktober beschreibt. Die Sonne zieht tatsächlich vor dem Quasar 3C279 vorbei. Der untere Teil der Abbildung zeigt die scheinbare Änderung des Winkel zwischen ihnen, wie sie ein Radio-Interferometer messen würde. 27. September: Sehr geringe Änderung verglichen mit dem normalen, unabgelenkten Winkel, da die Sonne keinem der beiden Quasare nahe ist. 2. Oktober: Der Winkel hat sich ein wenig vergrößert, da die beiden augenscheinlichen Quasarpositionen geringfügig von der Sonne weg abgelenkt wurden. 7. Oktober: Große Winkelzunahme, da die Position von 3C279 weit von der Sonne weg abgelenkt wurde. 8. Oktober: Keine Daten, da sich 3C279 hinter der Sonne befindet. 9. Oktober: Geringe Abnahme des Winkels, da die Position von 3C 279 von der Sonne weg abgelenkt wurde, d.h. auf 3C273 zu. 12. Oktober: Rückkehr zum unabgelenkten Ausgangswinkel.

zu verzeichnen; tatsächlich gab es zwei solche, eines im Owens Valley und das andere in Goldstone. Die Ergebnisse stimmten mit der Allgemeinen Relativitätslehre überein, mit experimentellen Fehlerraten zwischen 10 und 15 Prozent waren sie aber kaum besser als die der Finsternisexpeditionen. Aber das war nur der erste Versuch. Jedes Jahr konnten die Messungen wiederholt werden, Techniken konnten verbessert werden, Fehlerquellen ausgeschaltet oder unter Kontrolle gebracht und eine ausgeklügeltere Datenauswertung benutzt werden. Genau das geschah: In jedem Jahr zwischen 1969 und 1975 wurde zumindest eine Ablenkungsmessung von Quasar-Radiowellen durchgeführt, und zwar an weit verstreuten Teleskopen von Goldstone über Haystack, NRAO, Mullard in England bis nach Westerbork in den Niederlanden. Der Genauigkeitsgrad konnte kontinuierlich verbessert werden, über 8 Prozent, 5 Prozent, 3 Prozent bis hin zu einer Fehlerquote von einem Prozent. Alle Messungen bis auf eine einzige stimmten mit der Allgemeinen Relativitätslehre überein. Eine der Messungen von 1970 lag etwa 10 Prozent zu niedrig, aber da sie nie von irgend einer anderen Beobachtung bestätigt wurde, schenkte man ihr wenig Glauben. Die letzten beiden Beobachtungen 1974 und 1975 bedienten sich nicht der Quasare 3C273 und 3C279. Sie benutzten ein Trio von Quasaren mit den Namen 0111 + 02, 0116 + 08 und 0119 + 11, die auf einer fast vollkommen geraden Linie am Himmel liegen und im April an der Sonne vorbeikommen. Das mittlere Mitglied des Trios wird dabei von der Sonne verdeckt.

Die Messung von 1975 war für mehrere Jahre der letzte Versuch, die Ablenkung von Radiowellen durch die Sonne direkt zu messen. Zu dieser Zeit hatten die Ergebnisse die Genauigkeitsgrenze erreicht, die dieser Methode anhaftete, und die meisten der betroffenen Radioastronomen waren nicht gewillt, weitere größere Anstrengungen zu unternehmen, um eine noch höhere Genauigkeit zu erzielen. Der Hauptfaktor, der die Genauigkeit beschränkte, war die Sonnenkorona, jenes heiße, turbulente Gas aus Wasserstoffionen von zwei Millionen Grad, das die Sonne umgibt und bis in eine Entfernung von mehreren Sonnenradien um die Sonne hinaus reicht. Wenn Radiowellen durch dieses Gas laufen, werden sie durch Brechung von ihrem Weg abgelenkt. Es handelt sich dabei um dasselbe Phänomen, das Licht zwingt, seine Richtung zu ändern, wenn es von einem Medium in ein anderes übergeht wie zum Beispiel von Wasser in Luft. Das hat zum Beispiel zur Folge, daß der Fisch, den man im Wasser aufzuspießen versucht, höher erscheint, als er tatsächlich ist. Die Größe der koronalen Ablenkung ist größer bei langen Radiowellenlängen und kleiner bei kürzeren Wellenlängen. Für eine Wellenlänge von 3,7 cm, eine typische Größe in der Quasarbeobachtung, beträgt die Ablenkung eines Strahls, der in einem Abstand von drei Sonnenradien vorbeikommt, aufgrund der Sonnenkorona ungefähr ein Viertel der Einsteinschen Vorhersage. Das ist ein beachtlicher Effekt, und für Strahlen, die näher an der Sonne vorbeilaufen, wird es sogar noch schlimmer. (Im Bereich der kürzeren Wellenlängen des optischen Lichts ist dieser Effekt unbedeutend, darum war er bei den Finsternisexperimenten kein Problem.) Es ist möglich, diesen Effekt so zu kontrollieren, daß er sich im Ein-Prozentbereich bewegt, in dem man Modelle der Sonnenkorona betrachtet, die Ablenkung von Radiowellen bei mehreren verschiedenen Wellenlängen mißt, oder ganz einfach die Daten der Strahlen, die durch den dichtesten Teil der Sonnenkorona laufen, nicht anschaut. Ein Beispiel aus jüngster Zeit ist eine Reihe transkontinentaler und interkontinentaler interferometrischer Quasarbeobachtungen, die in erster Linie gemacht wurden, um die Erdrotation zu überprüfen; ein Test der Relativitätslehre fiel nebenbei ab. Da die Genauigkeit der Interferometer zwei Zehntausendstel einer Bogensekunde betrug, konnten sie die Ablenkung sogar dann feststellen, wenn die Quasare 90° weit von der Sonne entfernt waren, wo die Ablenkung sich auf vier Tausendstel einer Bogensekunde beläuft, ja sogar bis hin zu einer Winkelentfernung von 175° zur Sonne machte sich der Effekt bemerkbar. Mit anderen Worten, bei dem momentanen Genauigkeitsgrad der Radio-Interferometer ist die Ablenkung von Licht praktisch überall am Himmel von Bedeutung. Darum waren Beobachtungen nahe der Sonne und ihrer Korona nicht erforderlich, und das Ergebnis war ein auf ein Prozent genauer Test der Krümmung. Trotzdem gibt es noch genügend Unsicherheitsfaktoren, die insbesondere mit turbulenten Schwankungen in der Dichte des Gases in der Sonnenkorona zusammenhängen. Daher hat es sich als schwierig erwiesen, deutlich unter eine Genauigkeit von einem Prozent zu kommen. Allerdings stellt das schon eine ganz erhebliche Verbesserung gegenüber der Genauigkeit von 10 Prozent bis 20 Prozent dar, die durch die optischen Messungen erreicht wurde.

Im Jahre 1979 nahm die Geschichte der Ablenkung von Licht eine neue und interessante Wende mit der Entdeckung des „Doppelquasars". Dieses System, in astronomischen Katalogen unter der Bezeichnung Q 0957+561 aufgelistet, ist ein Paar von Quasaren, die am Himmel ungefähr sechs Bogensekunden getrennt sind. Dies allein wäre noch nicht so ungewöhnlich gewesen, allerdings waren sich die beiden Quasare unheimlich ähnlich: ihre Fluchtgeschwindigkeiten waren identisch innerhalb der Meßgenauigkeit, und ihre Spektren waren fast gleich. Der einzig augenscheinliche Unterschied war, daß der eine Teil des Paares irgendwie blasser war als der andere. Die Astronomen, die dieses System mit Telekopen der Universität Arizona und des Kitt Peak National Observatory entdeckten, hatten gleich eine Erklärung zur Hand. Sie argumentierten, daß es sich in Wirklichkeit um nur einen Quasar handele und daß irgendwo entlang der Sichtlinie zwischen uns und ihm ein riesiges Objekt läge, das das Licht des Quasars in einer Weise ablenke, die zur Entstehung des Mehrfachbildes führe. Die spätere Entdeckung einer schwach leuchtenden Galaxie zwischen den zwei Quasarbildern zusammen mit einem umgebenden Galaxienhaufen bestätigte diese Interpretation. Seit damals wurden mindestens sechs weitere solcher Mehrfachquasare gefunden.

Der Gedanke, daß ein Objekt großer Masse als Gravitationslinse wirken und ein Bild entstehen lassen kann, war nicht neu. Der Physiker Sir Oliver Lodge regte es erstmals 1919 an, kurz nach der Bestätigung der Ablenkung von Sternenlicht durch die Untersuchungen während der Sonnenfinsternis. In den dreißiger Jahren behandelten Einstein selbst sowie der Astronom Fritz Zwicky diese Frage im Detail. In den sechziger Jahren fand ein hektisches Treiben in der theoretischen Untersuchung von Gravitationslinsen statt. Die tatsächliche Entdeckung von Gravitationslinsen hatte der Allgemeinen Relativitätslehre eine neue Rolle innerhalb der Astronomie eingeräumt. Die Idee besteht nicht darin, die Gravitationslinse als neuen Test für die Allgemeine Relativitätstheorie zu benutzen. Im Gegenteil, die Idee ist vielmehr, die allgemeinrelativistische Beschreibung der Lichtablenkung als richtig anzusehen (was natürlich auf den vorangegangenen Beobachtungen beruht, die ich beschrieben habe) und den Linseneffekt als astronomisches Werkzeug zu benutzen. Zum Beispiel hängen die Zahl der Quasarbilder, ihre relative Leuchtkraft und Stellung am Himmel und jede Verzerrung ihrer Form (besonders der ausgedehnten Strahlungskeulen, die die meisten Quasare begleiten) im Detail alle von der Verteilung der Materie in der dazwischenliegenden Galaxie oder dem Galaxienhaufen ab. Darum können wir mit Hilfe dieser Methode etwas über die Struktur der Galaxien lernen. Außerdem werden die verschiedenen Bilder von Lichtstrahlen produziert, die verschiedene Wege zurückgelegt haben. Deshalb wird ein Lichtausbruch im Quasar in den verschiedenen Abbildungen zu verschiedenen Zeiten gesehen. Verglichen mit den Milliarden von Jahren, die das Licht des Quasars benötigt, um uns zu erreichen, ist der vorhergesagte zeitliche Unterschied von einigen Jahren sehr klein, aber nach unseren Maßstäben beobachtbar, wenn man nur genug Geduld und Fleiß aufbringt. Der genaue Zeitabstand hängt von der Verteilung der Materie in der abbildenden Galaxie und von der Entfernung zum Quasar ab. Diese Methode könnte uns neue Informationen über diese ungewöhnlichen Objekte liefern.

Ilse Rosenthal-Schneider, eine von Einsteins Studentinnen im Jahre 1919, war erstaunt über seine bemerkenswert ruhige Reaktion auf das Telegramm von Eddington, das die Ergebnisse der Finsternismessungen ankündigte. Als sie fragte, wie er sich gefühlt hätte, wenn die Beobachtungen seine Vorhersage nicht bestätigt hätten, antwortete er: „Dann hätte es mir leid getan für den lieben Gott — die Theorie stimmt". Einstein witzelte natürlich. Er verstand sehr wohl, daß eine Theorie steht oder fällt mit den Ergebnissen des Experiments. Jedoch war seiner Meinung nach die Allgemeine Relativitätslehre so schön, so elegant, so in sich geschlossen, daß sie korrekt sein mußte. Die Ergebnisse der Finsternisexperimente lieferten lediglich die Bestätigung für seine schon damals überlegene Zuversicht. Ein Teil dieser Zuversicht war auch auf eine andere Vorhersage der Theorie zurückzuführen, die er gemacht hatte, noch bevor er die volle Beugung des Lichts durchrechnete. Diese Vorhersage erklärte genau jene Diskrepanz in der Umlaufbahn des Merkurs, die als *anomale Periheldrehung* bekannt ist und die eines der wesentlichen ungelösten Probleme in der Mechanik des 19. Jahrhunderts darstellte. Die Untersuchung der sonnennächsten Position des Merkur wurde eine der großen Stützen der Theorie. Hätte Einstein allerdings ahnen können, was mit diesem Test in der Mitte der sechziger Jahre geschehen würde, wäre seine Selbstsicherheit vielleicht doch etwas ins Wanken geraten.

5. Die Periheldrehung des Merkur: Erfolg oder Mühsal ohne Ende?

Newtons Theorie der Gravitation war eine der erfolgreichsten physikalischen Theorien aller Zeiten. Sie konnte nicht nur die groben Merkmale der Planetenbewegungen deuten wie etwa die Beziehung zwischen ihren Umlaufzeiten und ihrer Entfernung von der Sonne, sondern konnte auch die Details erklären. Auf breiter Front führte sie zu einem vollständigen Verständnis der Gesetze der Planetenbewegung. Diese Gesetzmäßigkeiten waren von Johannes Kepler (1571–1630) hergeleitet worden mit dem Ziel, die Fülle der Beobachtungsdaten über die Planeten, die im Laufe des 16. Jahrhunderts von Tycho Brahe und anderen gesammelt und systematisch erfaßt worden waren, durch Formeln zu beschreiben. Keplers Gesetze lauten: (1) Die Planeten laufen auf ellipsenförmigen Bahnen um die Sonne, die sich in einem der Brennpunkte befindet; (2) die Verbindungslinie der Sonne und eines Planeten überstreicht gleiche Flächen in gleichen Zeiträumen; (3) das Quadrat der Umlaufzeit eines Planeten ist proportional der dritten Potenz der großen Halbachse seiner Umlaufbahn (der Hälfte der längsten Ausdehnung der Ellipse). Newtons Gravitationstheorie setzt voraus, daß die Gravitationskraft von einem Körper zum anderen gerichtet ist und sich umgekehrt proportional zum Quadrat der Entfernung zwischen den beiden Körpern verhält. Das genügte, um zusammen mit den Newtonschen Gesetzen der Bewegung Keplers Gesetze für jedes beliebige System von zwei Himmelskörpern auf Umlaufbahnen herzuleiten. Einer der ersten Erfolge der Newtonschen Gravitationstheorie bestand darin, daß sie von Sir Edmund Halley dazu benutzt wurde, herauszufinden, daß die Umlaufbahnen der Kometen der Jahre 1531, 1607 und 1682 in Wirklichkeit ein und dieselbe waren und daß der Komet etwa alle 75 Jahre wieder erscheinen müßte. Das planmäßige Wiederauftauchen des Halleyschen Kometen 1986 war eines der medienwirksamen wissenschaftlichen Ereignisse des Jahres.

In Wirklichkeit waren die detaillierten Planetenbewegungen natürlich komplizierter, als es das einfache Bild Keplers beschrieb. Aber sogar diese komplizierten Vorgänge konnten mit den Störungen einer vorgegebenen Planetenumlaufbahn durch die Gravitationskräfte der anderen Planeten erklärt werden. Diese Vorstellung war derart erfolgreich, daß bis zur Mitte des 19. Jahrhunderts John Couch Adams (1819–1892) in England und unabhängig davon Joseph Leverrier (1811–1877) in Frankreich in der Lage waren, die ungefähre Bahn eines bislang unbekannten Planeten vorherzusagen, der existieren mußte, damit man gewisse Störungen in der Umlaufbahn des Uranus erklären konnte. Die astronomische Erforschung der vorhergesagten Position offenbarte im Jahre 1843 tatsächlich einen Planeten, den man Neptun nannte.

Ein anderes Verdienst der Newtonschen Theorie war das Problem der Mondbewegung. Auf den ersten Blick ist die Mondumlaufbahn um die Erde eine Ellipse, die durch Keplers drei Gesetze beschrieben wird. Sie wird jedoch durch die Sonne stark gestört. Schon 1765 konnte eine vollständige und genaue Beschreibung dieser Störungen gegeben werden, mit einer Ausnahme. Diese Ausnahme ist das Phänomen der sogenannten *Säkularbeschleunigung*, die sich in einer systematischen Zunahme der mittleren Entfernung des Mondes von der Erde offenbart. Jedoch war und ist dieses Phänomen eher auf die komplizierten und noch immer ungenügend verstandenen Reibungseffekte auf der Erdoberfläche zurückzuführen, die von den durch den Mond erzeugten Gezeiten verursacht werden, als auf eine Unzulänglichkeit der Newtonschen Theorie selbst. (Wir werden in Kap. 9 noch einmal der Säkularbeschleunigung des Mondes begegnen und dann fragen, ob sich die Schwerkraft mit der Zeit abschwächt.)

Somit war die Wissenschaft der Himmelsmechanik — die Erforschung der Bewegung von Himmelkörpern — um 1850 auf einem hohen Stand. Sie konnte jede Bewegung im Sonnensystem, deren Beschreibung man von ihr erwartete, erklären und zwar mit großer Präzision.

Aber schon bald zog am Horizont eine Wolke auf. Auf seinen Erfolg mit Neptun hin war Leverrier 1854 zum Direktor des Pariser Observatoriums ernannt worden. Er veröffentlichte 1859 eine ausgeklügelte Theorie der Merkurbewegung, die ein schwerwiegendes Problem enthüllte. Leverrier war eigentlich schon 1843 auf dieses Problem gestoßen, hatte aber den Fall nicht weiter vorangetrieben, teils, weil seine Berechnungen noch nicht ganz so genau waren, wie er es gerne gehabt hätte, teils aber auch, weil er noch keine sichere Stellung und keinen großen Namen unter den Astronomen erreicht hatte. Nun aber fühlte er sich sicherer, was seine Position und seine Forschungsergebnisse betraf.

Das Problem ist folgendes: In Abwesenheit von Störungen wäre die Umlaufbahn des Merkur eine Ellipse, deren Orientierung im Raum fest liegt. Anders ausgedrückt ist das Perihel — der Punkt der Umlaufbahn, der der Sonne am nächsten liegt — fixiert, so daß eine von der Sonne zum Perihel gezogene Linie eine feste Richtung hat. Einer der vielfältigen Störeffekte, die auf die Anziehungskraft der anderen Planeten zurückzuführen sind, zwingt die Ellipse, in ihrer Ebene zu rotieren, so daß die tatsächliche Umlaufbahn des Planeten eine Art Rosettenmuster beschreibt (siehe Abb. 5.1). Das bedeutet aber, daß die Perihelrichtung nicht mehr fixiert ist, sondern rotiert oder *präzediert*. Diese Präzession konnte in den Beobachtungen der Bewegung des Merkur gesehen werden, und belief sich auf 574 Bogensekunden pro Jahrhundert. In 2250 Jahrhunderten durchläuft Merkurs Umlaufbahn eine vollständige Rosette. Leverrier versuchte dieser Präzession Rechnung zu tra-

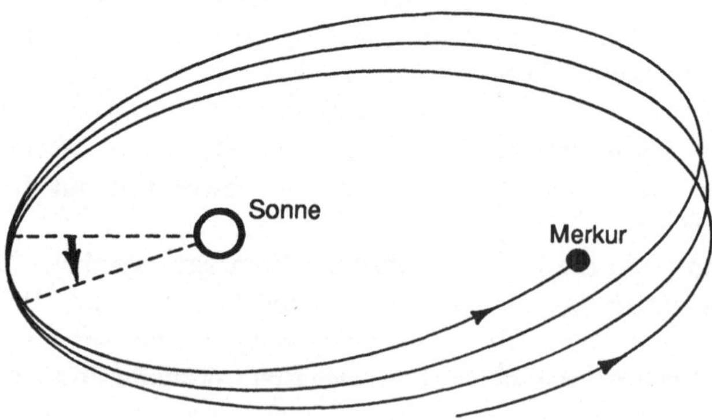

Abb. 5.1. Periheldrehung des Merkur. Die elliptische Umlaufbahn rotiert in der Ebene, so daß der Punkt der größten Annäherung, das Perihel, sich dreht.

gen, indem er die übliche Newtonsche Himmelsmechanik benutzte. Der größte Beitrag kommt von der Venus, denn sie besetzt die Umlaufbahn, die dem Merkur am nächsten ist: 277 Bogensekunden. Den nächstgrößten Effekt macht mit 153 Bogensekunden der Einfluß des Jupiter. Jupiter ist zwar zehnmal weiter von Merkur entfernt als Venus (und wir erinnern uns, daß die Kraft, die auf Merkur ausgeübt wird, umgekehrt proportional zum Quadrat der Entfernung abnimmt), hat aber die 400fache Masse. Der Effekt der Erde steht mit ungefähr 90 Bogensekunden an dritter Stelle und der Mars und alle übrigen Planeten zusammen liefern einen Beitrag von etwa 10 Bogensekunden. Leider beläuft sich die Summe aller dieser Beiträge auf nur 531 Bogensekunden pro Jahrhundert, ist also um 43 Bogensekunden zu klein. Tatsächlich betrug die von Leverrier ermittelte Diskrepanz 38 Bogensekunden, aber für die hier folgende Diskussion wollen wir den aktuellen Wert benutzen.

Dies löste in der Naturwissenschaft des 19. Jahrhunderts eine richtige Krise aus, eine von vielen, die während der zweiten Hälfte des Jahrhunderts noch auftreten sollten und die für die Notwendigkeit einer neuen Physik sprachen. Zahlreiche Vorschläge wurden ausgearbeitet, um die Diskrepanz zu erklären. Einer ging von der Existenz weiterer Materie in einer Umlaufbahn zwischen Merkur und Sonne aus, etwa in Form eines Planeten, dem man bereits den Namen Vulkan gab nach dem römischen Feuergott, denn so nahe der Sonne müßte er sehr heiß sein. Die Materie könnte auch in Form eines Staub- oder Asteroidenrings vorliegen, ähnlich den Ringen des Saturn. Bei genügend großer Masse könnte solche Materie die für die zusätzliche Perihel-Präzession des Merkur erforderlichen Störungen des Gravitationsfeldes erzeugen. Leider wurde bei den Beobachtungen nie ein haltbarer Beweis für Vulkan oder einen solchen Ring gefunden, trotz zahlreicher Suchaktionen mit Teleskopen und einiger unbestätigter Erfolgsmeldungen. Ein anderer Vorschlag lautete, das Newtonsche Gravitationsgesetz abzuändern. Ein Vertreter dieser Idee war der amerikanische Astronom Simon Newcomb (1835–1909), dessen sorgfältige Analyse der Bewegung des Merkur erstmalig den korrekten Wert für die anomale Perihel-Präzession festlegte, 43 Bogensekunden pro Jahrhundert. Newcomb wies darauf hin, daß man diesen überschüssigen Wert erklären kann, wenn man das

Gesetz der Gravitationskraft abändert. Anstatt umgekehrt proportional zum Quadrat des Abstandes abzunehmen, müßte die Gravitationskraft mit der 2,0000001574-ten Potenz des Abstands abfallen. Aber bis zur Jahrhundertwende war auch dieser Vorschlag verworfen worden aufgrund einer weit genaueren Berechnung der Mondumlaufbahn, deren Übereinstimmung mit der Beobachtung viel schlechter war, wenn man anstelle des quadratischen Abstandsgesetzes das von Newcomb abgeänderte Gesetz zugrunde legte. Von 1859 an bis weit ins 20. Jahrhundert hinein wurde eine Unmenge von Vorschlägen gemacht, um die Perihel-Präzession des Merkur zu erklären, einige ernstzunehmende, einige schockierende, einige einfache, einige sehr komplizierte, keiner aber sehr erfolgreich.

Im November 1915, während er sich mit den letzten Feinheiten der Allgemeinen Theorie beschäftigte, war sich Einstein des Merkurproblems sehr bewußt, und es war eine der ersten Berechnungen, die er mit Hilfe der neuen Theorie ausführte. Zu seiner Freude fand er eine Präzession von 43 Bogensekunden pro Jahrhundert! Später schrieb er: „Einige Tage lang war ich außer mir vor freudiger Erregung", und erzählte einem Kollegen, daß ihm die Entdeckung Herzklopfen verursacht hatte. Die Tatsache, daß die Theorie so gut mit der Beobachtung übereinstimmte, ohne jede spezielle Annahme oder komplizierte Anordnung, bereitete ihm besondere Freude.

Vom Standpunkt der gekrümmten Raum-Zeit aus gesehen, sind die Gravitationsfelder im Sonnensystem sehr schwach in dem Sinn, daß die Abweichungen von der flachen Raum-Zeit, die sie erzeugen, winzig sind. Das bedeutet, daß die Gleichungen der Allgemeinen Relativitätslehre auf das Sonnensystem angewendet werden können, indem man Näherungsmethoden benutzt. In der ersten Näherung sind die Gleichungen dieselben wie in der üblichen Newtonschen Theorie, darum wurden alle gewöhnlichen Ergebnisse für die Himmelmechanik reproduziert, einschließlich der Störungen, die von anderen Planeten herrühren. Aber in der nächsten Näherung gibt es kleine Korrekturen an den Newtonschen Formeln, die „Post-Newtonsche" Korrekturen genannt werden, was soviel wie nach Newton kommend oder darüber hinausgehend bedeutet. Grob gesagt bestehen diese Korrekturen, auf die Bewegung eines Planeten wie etwa Merkur angewandt, aus drei Typen. Da sind zunächst die Effekte der Krümmung: weil sich der Planet durch einen gekrümmten Raum bewegt, sind die Entfernungen und Winkel leicht verschieden von dem, was man im gewöhnlichen flachen Raum erwarten würde (das ähnelt dem Effekt, den die Krümmung auf die Bahn von Lichtstrahlen bei der Ablenkung des Lichts ausübt). An zweiter Stelle stehen Geschwindigkeitseffekte: die eindrucksvolle Zunahme der trägen Masse eines sich bewegenden Körpers, die von der Speziellen Relativitätslehre vorhergesagt wird (siehe Anhang), hat sein Gegenstück hier in einer geschwindigkeitsabhängigen Modifikation der Gravitationskraft. Drittens gibt es nichtlineare Effekte: in der Theorie Newtons wird die Gravitationskraft durch ein Potential bestimmt, während sie in der Allgemeinen Relativitätslehre bestimmt wird von diesem Potential vermindert um einen kleinen Term, der proportional zum Quadrat des Potentials ist. Daher ist die Gesamtkraft ein wenig schwächer als erwartet. Diese Beschreibung der verschiedenen Beiträge ist sehr ungenau und sie hängt davon ab, welche Darstellung der mathematischen Gleichungen man benutzt. Der Gesamteffekt dieser „Post-Newtonschen" Korrekturen auf die Umlaufbahn des Merkur ist eine eindeutige Präzession von 43 Bogensekunden pro Jahrhundert.

Die anderen Vorgeschläge zur Erklärung der Perihel-Präzession des Merkur blieben noch eine Zeit lang im Umlauf, wurden aber allmählich fallengelassen in Anbetracht der Schönheit und Einfachheit der Einsteinschen Vorhersagen. Die Perihel-Präzession erwies sich als eine der großen experimentellen Säulen der Allgemeinen Relativitätstheorie, und das sollte ein halbes Jahrhundert so bleiben.

Aber in den sechziger Jahren begannen sich zwei Entwicklungen anzubahnen, die die Perihel-Präzession zu einem noch größeren Erfolg für die Allgemeine Relativitätstheorie werden ließen, gleichzeitig aber auch Zweifel aufwarfen. Die erste dieser Entwicklungen war die qualitative Änderung in der Art der Beobachtung der Planetenbewegungen, die Radar und Raumforschung mit sich brachten. Radarsignale zum Merkur und zur Venus auszusenden und die Zeit zu messen, die verstrich, bis man das Echo erhielt (Radar-Entfernungsmessung), brachte eine bedeutende Verbesserung in der Genauigkeit der Bestimmung ihrer Umlaufbahnen und ergab genauere Werte für die gesamte Perihel-

Präzession des Merkur. Flüge zahlreicher Raumfahrzeuge zur Venus und zum Mars und die Auswertung ihrer Umlaufbahnen um diese Planeten herum und an ihnen vorbei, ergaben bessere Werte für die Planetenmassen. Diese Werte zusammen mit der verbesserten Bestimmung ihrer Umlaufbahnen ließen exaktere Berechnungen der Störungen zu, die diese Planeten in der Umlaufbahn des Merkur erzeugten. Das gleiche galt für Jupiter und Erde. Die Benutzung von Hochgeschwindigkeitscomputern bei diesen Auswertungen spielte ebenfalls eine Schlüsselrolle. Tatsächlich wundern sich die heutigen modernen Himmelsmechaniker noch immer darüber, wie Leverrier, Newcomb und ihre Zeitgenossen es fertig brachten, alle diese Berechnungen per Hand zu erledigen. Die Himmelsmechanik des Raumfahrtzeitalters wird an Orten wie dem Lincoln Laboratory des Massachusetts Institute of Technology (MIT), dem Zentrum für Astrophysik an der Universität Harvard, am Jet Propulsion Laboratory in Pasadena, Kalifornien, am Marine Observatorium in Washington D. C., und an ähnlichen Plätzen in Europa, Japan und der UdSSR weitergetrieben.

Eine Zusammenstellung aller Daten, die in einem Jahrzehnt von der Gruppe am MIT zusammengetragen wurden (1966–1976), gab den Wert für den anomalen Teil der Periheldrehung des Merkur mit 43,11 $\pm$ 0,21 Bogensekunden pro Jahrhundert an. Vergleichen wir diesen Wert mit der Vorhersage der Allgemeinen Relativitätstheorie von 42,98, dann ergibt sich eine völlige Übereinstimmung innerhalb der experimentellen Fehlergrenzen.

Die Erde beispielsweise erfährt auch eine Periheldrehung, die teilweise durch planetarische Störungen und zum Teil durch die Relativität verursacht wird. Der relativistische Effekt ist kleiner als der für Merkur, denn die Erde ist weiter von der Sonne entfernt, die Raumkrümmung geringer, die Geschwindigkeit der Erde niedriger und der in der Gravitationslehre begründete nichtlineare Effekt kleiner. Auf der anderen Seite sind die Auswirkungen von planetarischen Störungen größer, hauptsächlich deshalb, weil die Erde dem Jupiter mit seiner großen Masse näher ist. Trotzdem ist der Effekt meßbar, wenn auch mit größeren Fehlern, die auf die Beobachtung zurückzuführen sind, und der beste Wert beträgt 5,0 $\pm$ 1,2 Bogensekunden pro Jahrhundert im Vergleich zu der relativistischen Vorhersage von 3,8. Innerhalb des experimentellen Fehlers scheint die Allgemeine Relativitätslehre in Ordnung zu sein.

Aber im Jahre 1966 lösten Beobachtungen der Sonne durch Robert Dicke und H. Mark Goldenberg eine lebhafte Diskussion über die Gültigkeit der Einsteinschen Perihelvorhersage aus, die bis zum heutigen Tage andauert.

Ist die Sonne eine Kugel? Diese scheinbar harmlose Frage hat Relativisten und Sonnenphysiker über zwanzig Jahre lang beschäftigt, seit Dicke und Goldenberg meldeten, daß sie es nicht sei. Während der letzten Wochen des Frühjahrs und im Sommer 1966 untersuchten Dicke und Goldenberg die sichtbare Form der Sonne, indem sie sich geschickt eine neue Erfindung zunutze machten, eine Abdeckscheibe. Dabei handelt es sich um ein kreisförmiges Scheibchen, das in einem Teleskop vor das Bild der Sonne geschoben werden kann, um das ganze Sonnenbild oder Teile abdunkeln zu können je nachdem, wie groß der Durchmesser der Scheibe und die Vergrößerung des Teleskops sind. Auf diese Weise kann man eine künstliche Sonnenfinsternis erzeugen. Dicke und Goldenberg wählten eine Scheibe und eine Vergrößerung, die gerade den äußeren Bereich der Sonne, die sogenannte Sonnenkorona, sichtbar ließ. Wäre die Sonne nicht vollkommen rund, d. h. ein bißchen breiter an ihrem Äquator als an ihren Polen, dann würde der am Rande der Abdeckscheibe sichtbare dünne Lichtkreis in der Äquatorebene dicker und damit heller erscheinen als entlang der durch die Sonnenpole gehenden Achse. Die Differenz, falls eine solche existiert, würde höchstens einige Hunderttausendstel betragen, weshalb es nicht gelingt, sie mit dem bloßen Auge zu erkennen. Stattdessen könnte sie mit Hilfe empfindlicher Lichtmeßgeräte, sogenannter Photodetektoren, gemessen werden. In der Praxis ist das Bild der Sonne natürlich kein Kreis, sondern es ist stark verzerrt durch die Teleskopspiegel und durch die Brechung oder Ablenkung der Sonnenstrahlen in der Erdatmosphäre. Diesen Effekten muß in sehr sorgfältiger Weise Rechnung getragen werden.

Ein schwerwiegenderes und subtileres Problem hatte mit der Sonne selbst zu tun. Nehmen wir einmal an, es stellt sich heraus, daß der Lichtkreis am Rande der Abdeckscheibe am Sonnenäquator heller ist als an den Polen. Eine Interpretation besteht darin, daß die Sonne tatsächlich dicker am Äquator ist und daß wir dort mehr von ihr sehen. Aber eine andere Erklärung wäre, daß das Bild der Sonne ein perfekter Kreis ist, daß aber die

Sonne von innen heraus am Äquator heller leuchtet als an den Polen. Das ist in der Tat keine unvernünftige Idee, denn es ist bekannt, daß Sonnenflecken und mit ihnen einhergehende hellere Regionen, die man als Sonnenfackeln kennt, hauptsächlich in den äquatorialen Breitengraden der Sonne vorkommen. Wie kann man zwischen diesen beiden Möglichkeiten unterscheiden? Eine Methode, die von Dicke und Goldenberg angewandt wurde, besteht darin, die wirksame Größe der Abdeckscheibe zu verändern, in dem man die Vergrößerung des Teleskops variiert (siehe Abb. 5.2). Auf diese Weise konnten sie den Unterschied in der Helligkeit mit doppelter Dicke des sichtbaren Kreisringes messen und zusätzlich mit der dreifachen Dicke. Falls die Sonne tatsächlich kreisrund wäre, aber heller am Äquator, dann müßte, wenn ein größerer Ring der Sonne freigelegt wird, der neu zu betrachtende Anteil dieselbe Helligkeitsdifferenz aufweisen wie der erste Ring. Daher

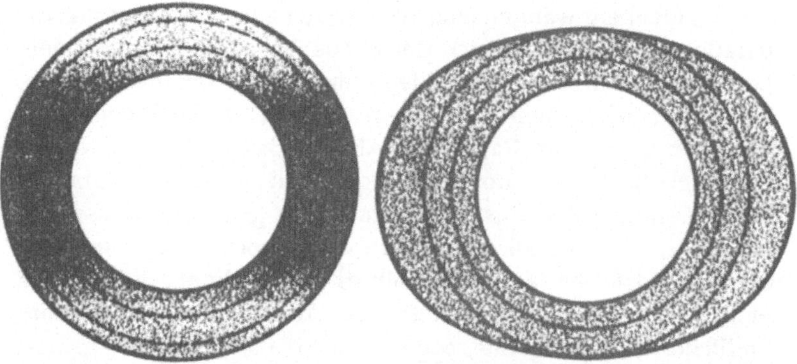

Abb. 5.2. Abdeckscheiben und die Sonnenabflachung. Eine kreisrunde Scheibe wird vor das grau gezeichnete Bild der Sonne gesetzt und der Unterschied in der Helligkeit an den Polen und am Äquator im sichtbaren Teil der Sonne wird gemessen. Die tatsächliche Größe der Scheibe relativ zur Sonne kann durch Abänderung der Teleskopvergrößerung variiert werden. In der Zeichnung links ist die Sonne rund, leuchtet aber intensiver im äquatorialen Bereich. Wenn die Scheibe in ihrer Größe verkleinert wird, werden nicht abgedeckte Flächen (innerhalb der gestrichelten Kreise) auch heller in den Äquatorialzonen, so daß die Helligkeitsdifferenz zunimmt. In der rechten Zeichnung ist die Sonne abgeflacht, doch gleichmäßig in der Helligkeit. Mit einer kleiner werdenden Scheibe haben nicht abgedeckte Flächen eine gleichmäßige Leuchtkraft, so daß sich der Unterschied in der Helligkeit nicht ändert.

müßte sich der gemessene Unterschied in der Helligkeit verdoppeln. Bei der dreifachen Dicke müßte sich die gemessene Helligkeitsdifferenz verdreifachen. Im anderen Fall, wenn die Sonne gleichmäßig hell, aber am Äquator ausgebuchtet ist, sollte die Helligkeitsdifferenz unverändert bleiben. Denn wenn in diesem Fall ein zusätzlicher Ring aufgedeckt wird, sollte das Licht, das von ihm herrührt, rund um den Kreis einheitlich hell sein. Wenn man die Dicke des Kreises verdreifacht, sollte die Helligkeitsdifferenz noch dieselbe sein. Tatsächlich gaben Dicke und Goldenberg eine sehr geringe Veränderung der Helligkeitsdifferenz in Abhängigkeit von der Größe der Scheibe an. Diese und andere Untersuchungen überzeugten sie davon, daß sie tatsächlich die Auswirkungen einer abgeflachten oder abgeplatteten Sonne sahen.

Da gibt es absolut nichts zu bemängeln an einer solchen Idee. Es ist bekannt, daß die Sonne mit einer Periode von ungefähr 27 Tagen rotiert, und die daraus resultierenden Zentrifugalkräfte zwingen sie naturgemäß, sich am Äquator auszudehnen und an den Polen zusammenzuziehen. Dasselbe Phänomen ist verantwortlich für die Abflachung der Erde, deren äquatorialer Durchmesser etwa 40 Kilometer größer ist als der Durchmesser entlang der Rotationsachse. Wenn man annimmt, daß die Sonne überall in ihrem Inneren mit derselben Periode rotiert wie an ihrer Oberfläche, können Theoretiker den zu erwartenden Grad der Abflachung abschätzen. Das Ergebnis ist ein Unterschied im Durchmesser von nur 200 Metern, was einem Zehnmillionstel entspricht.

Das Problem besteht darin, daß dieser Wert überhaupt nicht mit dem übereinstimmt, was Dicke und Goldenberg bei der Auswertung ihrer Helligkeitsdaten herausfanden. Sie erhielten eine Durchmesserdifferenz von 52 Kilometern oder von etwa vier Hunderttausendstel, 250 mal größer als erwartet. Für ihre Meßwerte gaben sie Fehler von nur ± 10 Prozent an. Dicke selbst schlug eine mögliche Erklärung für diesen großen Wert vor. Dazu forderte er, daß sich der innere Kern der Sonne bis ungefähr zur Hälfte des Radius 20 mal schneller dreht als die Oberfläche, sagen wir, eine volle Umdrehung in 1,3 Tagen. Die zusätzlichen Zentrifugalkräfte, die durch diese schnelle Rotation erzeugt würden, wären stark genug, um die Sonne um einen Wert abzuflachen, der in Einklang mit den Beobachtungen steht.

Das sorgte für großes Aufsehen im Kreis der Sonnenphysiker, und eine riesige Anzahl von Veröffentlichungen wurde geschrieben. Einige davon sprachen für, andere gegen die große Abflachung. Ein Argument gegen die große Abflachung, das wiederholt auftauchte, besagte, daß die Helligkeitsdifferenz von Dicke-Goldenberg trotzdem mit einer fast kugelförmigen Sonne, deren Äquator eine größere Leuchtkraft besitzt, vereinbar wäre, falls ihre Daten über den Gebrauch verschieden großer Abdeckscheiben richtig intepretiert würden. Andere Physiker sprachen sich gegen den Gedanken eines sich schnell drehenden Kerns aus. Eine etwas schnellere Rotation im Inneren der Sonne wäre in gewissem Umfang akzeptabel, versicherten sie, vor dem Hintergrund, daß die äußeren Schichten der Sonne wahrscheinlich etwas abgebremst würden, denn der Sonnenwind, der ständig von der Sonnenoberfläche ausgeht, nähme einen Teil des Drehimpulses mit weg. Die sich daraus ergebende Reibung zwischen den sich langsamer drehenden äußeren Schichten und den schneller rotierenden inneren Schichten würde allmählich den Kern abbremsen, bis die ganze Sonne einheitlich als ein starrer Körper rotierte. Jedoch braucht dieser Effekt Zeit (obwohl es schwierig ist, genau zu bestimmen, wie lange die Abbremsung dauert, weil das von vielen Annahmen über das Innere der Sonne abhängt). Es wäre daher möglich, daß der Kern noch nicht auf die Rotationsgeschwindigkeit der Oberfläche abgebremst wurde. Schwer zu akzeptieren war nach Ansicht dieser Sonnenphysiker aber der enorme Wert der Rotationsgeschwindigkeit des Kerns, der notwendig war, um die Abflachungsmessungen zu erklären.

Widerlegungen dieser Argumente von Dicke und den Kollegen, die ihn unterstützten, und Gegenbeweise der anderen Seite sind in der wissenschaftlichen Literatur reichlich vorhanden. Dicke hat geschrieben, es habe ihn so viel Zeit gekostet, diese kritischen Veröffentlichungen zu beantworten, daß sich die Publikation der detaillierten Beschreibung des Experiments und die Datenauswertung um fast acht Jahre bis 1974 verzögerte. Nichtsdestoweniger habe er aus dem Zwang, diese Kritiken sorgfältig prüfen zu müssen, großen Nutzen gezogen. Er machte aber auch die Bemerkung, daß es auf der anderen Seite amüsant war zu beobachten, daß seine Veröffentlichung der Princetonschen Variante des Eötvös-Experiments (siehe Kap. 2), dessen Ergebnis mehr konventioneller Art war und Einsteins Äquivalenzprinzips unterstützte, „nicht die geringste Aufregung verursachte".

Unter den Relativitätsforschern sorgten die Dicke-Goldenberg-Messungen für noch größeren Aufruhr, denn falls sie richtig wären, hätte das katastrophale Konsequenzen für Einsteins Theorie. Der Grund liegt weit zurück in der Newtonschen Gravitation. Es wird gewöhnlich behauptet, daß die Schwerkraft zwischen zwei Körpern umgekehrt proportional zum Quadrat des Abstands zwischen ihnen abnimmt, aber genau genommen ist das nur dann richtig, wenn es sich bei den Körpern um Kugeln handelt. Falls einer der Körper keine vollkommene Kugel, sondern beispielsweise leicht abgeflacht ist, wird die Schwerkraft auf zweierlei Weise verändert. Erstens gilt für einen Beobachter, der sich in einer vorgegebenen Entfernung vom Mittelpunkt des abgeflachten Körpers befindet, daß die Kraft geringfügig kleiner ist, wenn der Beobachter irgendwo an der Achse des abgeplatteten Körpers steht, als wenn er sich in der äquatorialen Ebene aufhält. Dagegen gilt für kugelförmige Körper, daß die Kraft bei einer vorgegebenen Entfernung immer gleich ist, unabhängig von der Beobachtungsrichtung. Zweitens gilt, daß entlang einer beliebig festgelegten Richtung die Kraft nicht mehr genau umgekehrt proportional zum Quadrat des Abstands abnimmt, sondern daß sie einen zusätzlichen, kleinen Beitrag erhält, der umgekehrt proportional zur vierten Potenz des Abstandes kleiner wird. Diese Veränderungen in der Kraft verursachen Störungen in der Umlaufbahn von Planeten wie Merkur vergleichbar den zusätzlichen Kräften, die von anderen Planeten herrühren und den Veränderungen durch die Allgemeinen Relativität. Je größer die Abflachung ist, umso größer sind die zusätzlichen Kräfte und umso stärker sind die darauf zurückzuführenden Störungen.

Die wichtigste Auswirkung der Störung, die durch die Abflachung der Sonne hervorgerufen wird, ist ein weiterer Beitrag zur Periheldrehung einer Planetenbahn. Wäre die Abplattung so groß wie die Dicke-Goldenberg-Messungen zeigten, dann würde sich der Beitrag zur Periheldrehung des Merkur auf ungefähr drei Bogensekunden pro Jahr belaufen. Das wäre sehr schlecht für die Allgemeine Relativitätstheorie, denn wenn man die beobachtete anomale Präzession von 43 Bogensekunden zugrunde legt und die drei von der angenommenen Abflachung stammenden Bogensekunden abzieht, dann bleiben uns nur noch 40 Bogensekunden, die wir der Relativitätstheorie zuschreiben können. Aber die Vorhersage der Allgemeinen Relativitätslehre liegt mit 43 Bogensekunden genau fest, daran gibt es nichts zu deuteln.

Auf der anderen Seite sagte die alternative Theorie der Schwerkraft, die Dicke und Brans 1960 ausgearbeitet hatten, eine Periheldrehung voraus, die automatisch etwas kleiner als die der Allgemeinen Relativitätstheorie sein sollte. Die Vorhersage konnte sogar soweit angepaßt werden, daß sie einem Wert von 40 Bogensekunden pro Jahrhundert entsprach. Daher sah es ganz danach aus, als ob die Periheldrehung des Merkur zusammen mit den Beobachtungen von Dicke und Goldenberg, die die Abflachung der Sonne betreffen, Zweifel an der Allgemeinen Relativitätslehre aufkommen lassen und der Brans-Dicke-Theorie den Vorzug geben könnten. Die Gärung, die durch diese verblüffende Frage entstand, spielte eine wichtige Rolle beim Wiedererwachen des Interesses am Stand und an den Anwendungen der Allgemeinen Relativitätstheorie, das in den Jahren zwischen 1967 und 1975 einen Höhepunkt erreichte. In der Tat sind Bedeutung und Einfluß der Brans-Dicke-Theorie für die Bestätigung der Allgemeinen Relativitätstheorie ein faszinierender Tatbestand, da sie auf eindrucksvolle Weise die wissenschaftliche Methodik zeigt: Das Zusammenspiel zwischen theoretischen Ideen und experimentellen Tests, das ein tieferes Verständnis der Natur zur Folge hat (siehe Kap. 8, das diesem Thema gewidmet ist).

Wie wir sehen werden, ist die Brans-Dicke-Theorie heute im Niedergang begriffen, da sich ihre Vorhersagen als unvereinbar mit anderen Experimenten erwiesen. Trotzdem bleibt das Perihelproblem des Merkur sowie das der Abflachung der Sonne ungelöst.

Die Messungen zur sichtbaren Abflachung der Sonne von Dicke und Goldenberg von 1966 wurden weder widerrufen noch widerlegt. Im Jahr 1974 veröffentlichten sie eine vollständige Neuauswertung ihrer Daten und kamen zum selben Ergebnis. Die Uneinigkeit in der Interpretation der Daten als einer wirklichen Abflachung gegenüber einer Differenz in der inneren Leuchtkraft zwischen Polen und Äquator hält weiterhin an. Ein einleuchtender Schritt zur Lösung dieser Probleme war die Wiederholung der Beobachtungen. Das geschah 1973. Interessanterweise war der Leiter der Gruppe, die diese Messungen durchführte, Henry Hill, der 1966 Assistenzprofessor in Princeton war und mit Dickes Gruppe eng zusammengearbeitet hatte. Bevor er Princeton verließ, hatte er wesentlichen Anteil an der Entwicklung des Teleskop-Systems, das von Dicke und Goldenberg benutzt wurde. Während der Messungen von 1973 arbeitete Hill an einem Observatorium, daß speziell für Sonnenbeobachtungen ausgerüstet war, nämlich am Santa Catalina Laboratory for Experimental Relativity by Astrometry (SCLERA), das sich in den Santa Catalina Bergen außerhalb Tucson, Arizona befindet. Astrometrie ist, wie schon gesagt, ein Zweig der Astronomie, der sich mit Präzisionsmessungen von Sternpositionen beschäftigt. Hills Methode brauchte keine Abdeckscheiben, er benutzte vielmehr Photodektoren, um den Rand der Sonne direkt zu messen und dabei ihre Form zu bestimmen. Die Ergebnisse zeigten einen Unterschied in den Pol- und Äquatordurchmessern von nur zwei Kilometern, was einem relativen Wert von etwa einem Millionstel entspricht. Die experimentellen Fehlerquellen betrugen plus oder minus fünfmal diesen Betrag, so daß die Resultate in Einklang mit der sehr geringen Abflachung in herkömmlichen Sonnenmodellen waren. Der maximale Wert, den die Ergebnisse Hills zuließen, war also um mindestens einen Faktor Fünf kleiner als die Dicke-Goldenberg-Resultate. Damit standen die Zeichen augenscheinlich wieder besser für die Allgemeine Relativitätslehre und die konventionelle Sonne.

Bald jedoch wendete sich das Blatt einmal mehr gegen die Allgemeine Relativitätstheorie. Der Anstifter war Hill selbst. Während ihrer Zeit am SCLERA-Laboratorium hatte Hills Gruppe die Schwingungen der Sonne aufgezeichnet, die 1976 erstmalig nachgewiesen worden waren. Ähnlich den Obertönen einer Gitarrensaite treten die schwingenden Verzerrungen der Sonne bei wohldefinierten Frequenzen auf, die von einem Dutzend Zyklen pro Stunde bis hin zu einem mehrere Stunden dauernden Zyklus reichen. Die Ursache dieser Vibrationen ist immer noch unklar, obwohl sie inzwischen von mehreren Gruppen ausführlich beobachtet und studiert werden. Es stellte sich heraus, daß viele Merkmale dieser Schwingungen wie etwa die Differenz zwischen den Frequenzen ähnlicher Schwingungstypen, empfindlich von der Rotation im Inneren der Sonne abhängen. Aufgrund ausführlicher Datenauswertungen stellten Hill und seine Mitarbeiter wie auch andere Forscher im Jahre 1982 fest, daß sich der Kern der Sonne sechsmal schneller drehte als ihre Oberfläche. Dabei handelte es sich nicht um eine derart schnelle innere Drehung, wie sie von Dicke angenommen wurde, aber sie reichte nach Ansicht dieser Wissenschaftler aus, um eine Abflachung der Sonne um sieben Millionstel zu erzeugen. Die experimentellen Unsicherheiten wurden dabei mit etwa 20 Prozent angegeben. Es stimmt, daß dieser Wert fünfmal kleiner war als der von Dicke und Goldenberg, aber er war noch immer 50 mal größer als der herkömmliche Wert. Der Beitrag einer solchen Abplattung zur Periheldrehung des Merkur würde ungefähr eine halbe Bogensekunde pro Jahrhundert betragen. Da die Radarmessungen der Drehung mit der Allgemeinen Relativtätstheorie bis auf eine Fünftel Bogensekunde übereinstimmten, war ein solcher Beitrag unangenehm groß, wenn auch nicht ganz so katastrophal wie bei der Benutzung der früheren Werte für die Abflachung. Um die Angelegenheit noch undurchschaubarer zu machen, ergaben spätere Beobachtungen und Auswertungen von Sonnenschwingungen durch andere Forscher Werte für die Abflachung der Sonne, die dem kleinen herkömmlichen Wert sehr nahe kamen. Dicke griff 1985 noch einmal ins Geschehen ein, und zwar in Form eines Berichts über neue Abflachungsmessungen im Sichtbaren, die während des Frühjahrs und im Sommer 1983 gemacht wurden und die einen Wert von zwölf Millionstel lieferten. Das entsprach einem Drittel seines Werts von 1966, war aber größer als Hills Wert für die Sonnenschwingungen. Mitte der achtziger Jahre jedenfalls gab es noch immer keine Übereinstimmung bezüglich des Abflachungsgrades der Sonne.

Es müßte einen anderen, unabhängigen Weg geben, die Abflachung der Sonne zu messen, ohne sich über so komplexe Dinge wie die Leuchtkraft der Sonnenoberfläche, ihre innere Rotation oder ihre Erschütterungen Gedanken machen zu müssen. Solch einen Weg gibt es tatsächlich, es stellte sich aber heraus, daß er schwer zu begehen ist. Die Methode besteht darin, zu versuchen, jene zusätzliche, von der Sonne ausgehende Komponente der Gravitationskraft direkt zu messen, die umgekehrt proportional zur vierten Potenz des Abstandes abfällt. Diese Komponente hängt direkt mit der Abflachung der Sonne zusammen und ist verantwortlich für die Störungen, die möglicherweise eine zusätzliche Periheldrehung des Merkur verursachen. Eine Möglichkeit wäre, auch die Periheldrehung anderer Planeten zu messen, und zwar deshalb, weil der Beitrag, den die Abflachung zur Gravitationskraft liefert, umgekehrt proportional zur vierten Potenz des Abstands abnimmt. Er wird daher schnell bedeutungslos und kann vernachlässigt werden, wenn wir Planeten betrachten, die weiter von der Sonne weg sind. Somit wäre die anomale Periheldrehung der Erde (nachdem die Störungen der anderen Planeten berücksichtigt wurden), nur noch auf die Relativität zurückzuführen, den Beitrag der Abflachung könnte man völlig vernachlässigen. Unglücklicherweise nimmt aber auch der Effekt der relativistischen Störungen mit der Entfernung ab, wenn auch nicht so schnell, so daß, wie bereits erwähnt, die vorhergesagte Drehung für die Erde nur 3,8 Bogensekunden pro Jahrhundert beträgt. Auch liegt die Genauigkeit, mit der dieser Wert gemessen wurde, bei nur ungefähr 20 Prozent und ist damit nicht hoch genug, um zwischen der Allgemeinen Relativitätstheorie und der Brans-Dicke-Theorie zu unterscheiden. Venus ist der Sonne näher und könnte deshalb einen meßbaren Beitrag der Abflachung zeigen sowie einen größeren relativistischen Beitrag, aber leider ist ihre Umlaufbahn einer vollkommenen Kreisbahn derart ähnlich, daß es extrem schwierig ist, mit Sicherheit das Perihel auszumachen. Als Folge davon beträgt der Fehler im Meßwert ihrer anomalen Präzession mehr als 50 Prozent.

Eine weitere Vorgehensweise wäre, nach anderen planetarischen Störungen als der Periheldrehung zu suchen, die ebenfalls vom Abflachungterm herrühren. Beispielsweise sind die Umlaufbahnen von Merkur und Mars ellipsenförmig, so daß ihr Abstand von der Sonne zwischen einem Minimum im Perihel und einem Maximum im Aphel variiert. Darum wird sich der relative Beitrag des Abflachungsterms zur Gravitationskraft von Punkt zu Punkt in der Umlaufbahn verändern, und diese Tatsache wird zu periodischen Änderungen in solchen Variablen wie der Richtung und der Geschwindigkeit des Planeten führen. Diese kleinen Änderungen in den Umlaufbahnen von Merkur und Mars können jetzt mit Hilfe von Radar-Entfernungsmessungen entdeckt werden. Die Auswertung solcher Radardaten dauert normalerweise Jahre, und sie ist noch immer nicht abgeschlossen. Vorläufige Ergebnisse lassen aber vermuten, daß die Abflachung dem herkömmlichen Wert näher kommt als den größeren Werten, auf die man aus früheren Sonnenbeobachtungen geschlossen hatte. Niemand ist bisher in der Lage, die Ungereimtheiten zwischen all diesen Werten für die Abflachung der Sonne zu deuten und zu verstehen, und niemand ist über die Aussage, daß die Beobachtungen schwierig und vielen Fehlern unterworfen sind, hinausgegangen.

Falls es wirklich sinnvoll ist, nach veränderlichen Störungen des Abflachungsterms auf einer ellipsenförmigen Umlaufbahn Ausschau zu halten, warum sollte man dann nicht der Sache ganz auf den Grund gehen? Warum schickt man nicht einfach einen Körper auf den Weg von den gerade noch sinnvollen Entfernungen, wie etwa von der Umlaufbahn des Jupiter bis hin zur kleinstmöglichen Entfernung, dem Mittelpunkt der Sonne? Der Beitrag, den der Abflachungsterm zu der Gravitationskraft auf diesen Körper leistet, würde siebenmilliardenfach wachsen von dem Wert in großer Entfernung, wo er völlig vernachlässigbar ist, bis hin zu meßbaren Werten in der Nähe der Sonne. Auch die relativistischen Effekte würden sich während eines solchen Fluges verändern, und zwar um so größer werden, je näher der Körper der Sonne kommt. Sie hängen aber in anderer Weise von der Entfernung zur Sonne ab als der Abflachungseffekt und würden lediglich um den Faktor 100 000 wachsen. Darum könnte man im Prinzip die Effekte dieser zwei Phänomene getrennt bestimmen, wenn man den ganzen Weg des Körpers verfolgte. So undurchführbar eine derartige Idee auch erscheinen mag, sie wurde tatsächlich ein Jahrzehnt lang von Wissenschaftlern ernsthaft in Erwägung gezogen. Unter dem ursprünglichen Namen „Ein Pfeil zur Sonne" und nun als „Starprobe" (Sternensonde) bekannt, sieht die Mission zunächst einen Flug zum Jupiter vor (siehe Abb. 5.3). Der Flug vorbei an diesem großen Planeten ist unerläßlich, um die Zentrifugalkräfte auszuschalten, die das Raumschiff von der Sonne fernhalten. Es sind jene Kräfte, die einfach deshalb existieren, weil das Raumschiff von der Erde, die sich ja auf einer Umlaufbahn befindet, startet. Wenn das Raumschiff die Sonne treffen soll, darf es nicht mit großer Geschwindigkeit um sie herumfliegen; es gibt keinen Raketenantrieb und es wird ihn wahrscheinlich auch nicht geben, der Kraft genug hätte, die dem Raumschiff mitgegebene Bahngeschwindigkeit der Erde so weit zu verringern,

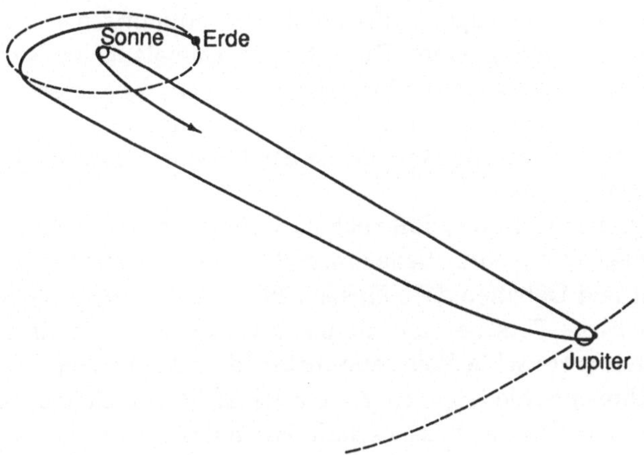

Abb. 5.3. Die Umlaufbahn der Mission „Starprobe". Das Raumschiff macht sich zunächst auf den Weg zum Jupiter, um das Gravitationsfeld dieses Planeten dazu auszunutzen, sich herumziehen zu lassen, damit es fast genau in Richtung Sonne fallen kann.

---

daß das Raumschiff einfach in die Sonne hineinfallen kann. Weitere Vorüberlegungen zeigten, daß es in der Tat besser wäre, dem Raumschiff einen kleinen Teil seiner Winkelgeschwindigkeit zu lassen, damit es nicht geradewegs in die Sonne fällt, sondern sie gerade um vier Sonnenradien oder ein Zwanzigstel des Radius der Merkurbahn verfehlt. Studien zur Durchführbarkeit einer solchen Mission deuteten an, daß die Abflachung ziemlich genau gemessen werden könnte. Selbst wenn sie nur so klein wäre wie der herkömmliche Wert von einem Zehnmillionstel, könnte sie mit einer Genauigkeit von etwa 10 Prozent gemessen werden. Im Erfolgsfall würde das die Streitfrage um die Abflachung der Sonne und das Perihel des Merkur entscheiden. Eine solche Mission wäre auch ein großer Gewinn für die Sonnenphysiker, da das Raumschiff Messungen der Magnetfelder und des Sonnenwinds in Sonnennähe machen könnte. Auch die Sonnenkorona und die Photosphäre könnten so detailliert untersucht werden wie mit keiner anderen Methode. Einige Relativisten behaupten, es handle sich um die wichtigste Raummission des Jahrzehnts.

Unglücklicherweise stand die NASA im Jahre 1978, als Relativisten und Sonnenphysiker hinsichtlich des wissenschaftlichen

Wertes einer derartigen Mission immer euphorischer wurden, gerade am Anfang einer Durststrecke. Damals nahm sich die NASA vor, keine weiteren interplanetarischen Flüge mehr durchzuführen, vielmehr schien sie ihr Hauptaugenmerk auf das Space Shuttle zu lenken. Im Moment ist die Mission Starprobe in Vergessenheit geraten.

Es grenzt an Ironie, daß auch nach siebzig Jahren Einsteins erster großer Erfolg eine offene Frage bleibt, eine Quelle für Unstimmigkeit und Debatten. Wie Einstein 1919, so sind viele allgemeinrelativistische Forscher und Sonnenphysiker zuversichtlich, daß die Streitfrage schließlich zugunsten der Allgemeinen Relativitätslehre entschieden wird. Aber Zuversicht ist nicht der oberste Schiedsrichter in der Wissenschaft. Wir müssen weitere Beobachtungen abwarten, möglicherweise von Starprobe, bis wir dieses Kapitel endgültig abschließen können.

Eine zweite ironische Tatsache besteht darin, daß ein Großteil unseres Vertrauens in die Allgemeine Relativitätslehre in einem Experiment begründet ist, an das Einstein nicht einmal im Traum dachte. Es ist ein Nachzügler im Pantheon der Tests zur Allgemeinen Relativitätslehre, und doch hat es von allen die genaueste Bestätigung der Theorie erbracht. Um zu sehen, wie es zu diesem neuartigen Test, der Zeitverzögerung des Lichts, kam, ist es notwendig, auf die Radarmessungen der Venus von 1959 zurückzukommen.

6. Die Zeitverzögerung des Lichts: Besser spät als nie

Falls Merkur bei der Geburt der Allgemeinen Relativitätstheorie zugegen war, dann halfen Venus und Mars ihr, erwachsen zu werden. Merkurs Periheldrehung lieferte zwar eine der frühesten Bestätigungen der Theorie, aber dieser Test ist bis heute überschattet von Widersprüchen. Es war Venus, die zu einem neuen Test der Allgemeinen Relativitätslehre führte, an den Einstein nicht gedacht hatte, und Mars, der für das Bestehen dieses Tests sorgte mit einer von keiner anderen experimentellen Überprüfung der Allgemeinen Relativitätstheorie übertroffenen Genauigkeit.

Der erstmalige Empfang eines Echos während eines Radar-Rückstreuexperiments an der Venus am 14. September 1959 eröffnete das neue Feld der planetarischen Radarastronomie. Radiokontakte mit Mars und Merkur folgten. Dieses neue Programm führte zu grundsätzlichen Verbesserungen in unserem Verständnis der inneren Planeten. Beispielsweise konnte die Verzerrung im Radarsignal, die bei der Reflektion an der Oberfläche des Planeten entsteht, Auskunft über die Rotation des Planeten und über seine Oberflächenbeschaffenheit oder Topographie geben. Die Tatsache, daß sich die Venus rückläufig dreht, d. h. gegensinnig zu ihrer Bewegung auf der Umlaufbahn, wurde mit Hilfe des Radars festgestellt. Vorher war eine solche Entdeckung mit optischen Mitteln aufgrund der dicken Wolkendecke der Venusatmosphäre unmöglich gewesen.

Das waren in der Tat bemerkenswerte Fortschritte. Eine typische Radaranlage wie etwa Haystack kann riesige Radarpulse mit einer Leistung bis zu 400 Kilowatt aussenden. Trotzdem ist das zurückkehrende Echo unglaublich schwach, nur etwa ein Trillionstel eines Watts. Das hat mehrere Ursachen. Einmal verbreitert sich der Radarstrahl im Raum entlang der Wegstrecke von Hunderten Millionen von Kilometern, die die Planeten voneinander trennen, zum anderen ist die Planetenoberfläche kein guter Reflektor, und ihre konvexe Gestalt zwingt den reflektierten Strahl, sich noch weiter auszudehnen. Das führt zu dem schwachen Echo, das, wie einer der Pioniere dieser Methode damals schrieb, „weniger Leistung bringt, als eine Stubenfliege aufwenden würde, um an einer Wand mit einer Geschwindigkeit von einem Millionstel Meter pro Jahr hochzuklettern". Trotzdem können die Echos sehr aufschlußreich sein.

Neben neuen Erkenntnissen über die physikalischen Eigenschaften der Planeten versprachen die Echos wesentliche Fortschritte in unserem Wissen über ihre Bewegungen. Durch die Messung der Zeit, die ein Radarsignal für seinen Weg hin und zurück benötigte, konnten die Beobachter die Entfernung der Erde vom Planeten bis auf etwa einen Kilometer genau bestimmen, entsprechend einem Teil in hundert Millionen. (Die Zeit, die der Radarstrahl für den Weg zur Venus und zurück brauchte, konnte umgeformt werden in eine effektive Entfernung, indem die Zeit durch Zwei dividiert und mit der Lichtgeschwindigkeit multipliziert wurde.) Dadurch, daß sie in systematischer Weise solche Entfernungsmessungen während der Umläufe sowohl der Erde als auch des Planeten durchführten, konnten die Beobachter bessere Werte für beide Umlaufbahnen erhalten.

Wie wir in Kap. 1 gesehen haben, hatten die früheren Radarbeobachtungen eine Korrektur des Wertes der astronomischen Einheit zur Folge, und zwar um 93 000 Kilometer nach oben. Warum waren solche Messungen wichtig? Da ist zunächst einmal die Raumfahrt. Bis in die frühen sechziger Jahre waren das amerikanische und das sowjetische Raumprogramm in vollem Gange, und es wurden Pläne für mögliche Umkreisungen und Landungen auf Planeten wie Mars und Venus geschmiedet, abgesehen von der Landung von Menschen auf dem viel näheren Mond. Vor den Radarmessungen konnten typische interplanetarische Entfernungen nur wenig besser als auf 1:1000 abgeschätzt werden. Da kein Planet je näher als auf vierzig Millionen Kilometer an die Erde herankommt, kann der Fehler von 40 000 Kilometer gerade den Unterschied zwischen einer sanften Landung auf einer schönen Ebene, einem zerschmetternden Aufprall auf einer Bergspitze oder sogar einem peinlichen Verfehlen des Planeten überhaupt ausmachen. Die verbesserte Beobachtung der Planeten spielte auch eine wesentliche Rolle in der Erforschung des interplanetarischen Raumes. Dieser zweite Grund war fundamentaler. Drastisch verbesserte Kenntnisse der planetarischen Bewegungsabläufe machten verbesserte Tests der grundlegenden physikalischen Gesetze, die das Sonnensystem beherrschen, möglich.

Es war wohl diese zuletzt genannte Möglichkeit, die Irwin Shapiro Anfang der sechziger Jahre im Sinn hatte. Nachdem ihm im Jahre 1955 von der Universität Harvard der Doktortitel in Physik verliehen worden war, arbeitete er am Lincoln Laboratory des Massachusetts Institute of Technology, gerade in jenen Tagen der ersten Radarexperimente mit der Venus. Er setzte sich mit dem Problem der genaueren Bestimmung der astronomischen Einheit mit Hilfe der Radarentfernungsmessungen von Planeten auseinander. Er beschäftigte sich auch mit Fragen zur Wirkung von Sonnenstrahlung und vom Magnetfeld der Erde auf erdumkreisende Satelliten, die seit dem Start von Sputnik im Jahre 1957 mit zunehmender Regelmäßigkeit hochgeschossen wurden. Er hatte schon gefolgert, daß Radarbeobachtungen genutzt werden könnten, um verbesserte Messungen der Periheldrehung des Merkur zu liefern. Grundsätzlich alles, was die beobachtete Bewegung eines Planeten oder Satelliten beeinträchtigen konnte, war von Interesse, sogar, wenn es sich um etwas handelte, was das Radarsignal, mit dem die Bewegungabläufe bestimmt wurden, beeinflußte.

Nichtsdestoweniger hatte Shapiro nur flüchtige Bekanntschaft mit der Allgemeinen Relativitätstheorie gemacht und hätte es vielleicht niemals als wichtig angesehen, Entfernungsmessungen mit Hilfe von Radar durchzuführen, hätte er nicht zufällig 1961 einen Vortrag über Messungen der Lichtgeschwindigkeit besucht. Ganz am Rande hatte der Vortragende erwähnt, daß entsprechend der Allgemeinen Relativitätstheorie die Geschwindigkeit des Lichts nicht konstant sei. Diese Aussage verblüffte Shapiro, da er immer angenommen hatte, daß die Lichtgeschwindigkeit in jedem Inertialsystem gleich sein müßte. Er wußte natürlich, daß die Allgemeine Relativitätslehre vorhersagte, daß das Licht durch einen Körper, der eine Gravitationskraft ausübt, abgelenkt wird. Die Frage war nur: Würde auch die Geschwindigkeit davon beeinträchtigt werden? Es war vernünftig anzunehmen, daß es so sein würde, denn im Fall eines Glasprismas zum Beispiel ist die Ablenkung des Lichts, das durch das Prisma fällt, eine Folge der Geschwindigkeitsänderung des Lichts beim Übergang von der Luft zum Glas und vom Glas zur Luft. Die zwei Phänomene, die Änderung der Geschwindigkeit und die Ablenkung, scheinen in engem Zusammenhang zu stehen.

Einstein selbst hatte diese Möglichkeit schon in Betracht gezogen. Als er einmal vom Äquivalenzprinzip her verstanden hatte, daß Schwerkraft einen Effekt auf Licht haben könnte (die Gravitations-Rotverschiebung), versuchte er eine Theorie der Schwerkraft zu entwerfen, in der sich die Lichtgeschwindigkeit in der Nähe von Körpern, die eine Gravitationskraft ausüben, verändern würde. Es waren die Gleichungen gerade dieser Theorie, die er 1911 benutzte, um die falsche (halbe) Ablenkung von Licht auszurechnen. Den nächsten Schritt machte Einstein jedoch nicht, der blieb Shapiro vorbehalten. Shapiro zog das Lehrbuch von Eddington zur klassischen Allgemeinen Relativität zu Rate und fand heraus, daß sich in Einklang mit den Gleichungen der vollständigen Allgemeinen Theorie die tatsächliche Lichtgeschwindigkeit wirklich ändern sollte, genauso wie sie es in Einsteins früherem Modell getan hatte. Shapiro wandte diese Gleichungen dann auf das Problem einer Radarmessung an einem entfernten Objekt an. Das Ergebnis war bemerkenswert: Laut Allgemeiner Relativitätstheorie müßte das Radarsignal geringfügig länger für seine Reise hin und zurück benötigen, als man auf der Grundlage der Newtonschen Theorie und einer konstanten Lichtgeschwindigkeit erwartet hätte. Die zusätzliche Verzögerung hing davon ab, wie nah das Signal an der Sonne vorbeikam. Genau wie bei der Ablenkung des Lichts gilt: Je kleiner der Abstand zwischen der Sonne und dem Strahl zum Zeitpunkt der größten Annäherung ist, desto größer ist der Effekt. Somit wäre der Effekt am ehesten wahrnehmbar, wenn sich das Ziel von der Erde aus gesehen an der entferntesten gegenüberliegenden Seite des Sonnensystem befände, so daß das Signal auf seinem Weg sehr nahe an der Sonne vorbeikommen muß. Eine solche Anordnung wird obere Konjunktion genannt. Beispielsweise unterliegt ein Radarsignal, das von der Erde zum Zeitpunkt der oberen Konjunktion zum Mars geschickt wird und die Oberfläche der Sonne gerade streift, einer Verzögerung von 250 Millionstel einer Sekunde (250 Mikrosekunden). Vergessen wir nicht, daß die Laufzeit eines solchen Signals hin und zurück ungefähr 42 Minuten beträgt! Die Idee bestand also darin, eine zusätzliche Verzögerung von 250 Millionstel einer Sekunde (250 Mikrosekunden) bei einer gesamten Flugzeit von 3/4 Stunden nachzuweisen. Man könnte annehmen, daß es sich um ein hoffnungsloses Unterfangen handelt, bis man sich klar macht, daß Licht in 250 Mikrosekunden eine Entfernung von 75 Kilometer zurücklegt. Darum entspricht diese Verzögerung einer Unsicherheit in der Entfernungsmessung zum Ziel von 38 Kilometer. Falls die Entfernungsmessungen mit Radar tatsächlich eine Genauigkeit von nur wenigen Kilometern erreichen könnten, dann wäre dieser Effekt eventuell beobachtbar.

Aber Moment mal, das kann doch nicht stimmen! Gemäß dem Äquivalenzprinzip ist die Lichtgeschwindigkeit, wie sie in jedem beliebigen, lokal frei fallenden System gemessen wird, immer dieselbe. Wie können wir dann behaupten, daß Licht nahe der Sonne langsamer wird und so eine Verzögerung zustande kommt?

Eine ähnliche Frage hätten wir uns vielleicht stellen können, als wir die Ablenkung des Lichts diskutierten. Licht breitet sich in einem lokal frei fallenden Bezugssystem geradlinig aus; wie kann es also abgelenkt werden? In diesem Fall kam die Ablenkung daher, daß wir mehr als ein frei fallendes Bezugssystem betrachten mußten. Tatsächlich mußten wir uns eine ganze Reihe davon ansehen entlang des Weges, den der Lichtstrahl zurücklegte. Es gibt kein einziges Bezugssystem, das den ganzen Lichtweg umfassen könnte. Es verhält sich ähnlich wie bei den Maßstäben, die wir über das Sonnensystem legten. Obwohl die einzelnen Maßstäbe gerade und jeweils parallel zum Nachbarn waren, war die aus den Maßstäben gebildete Linie gebogen im Vergleich zu einer ähnlichen Anordnung von Maßstäben fern der Sonne.

Das Problem besteht darin, daß man zwischen lokalen Effekten, die man in sehr kleinen, frei fallenden Bezugssystemen beobachten kann, und weiträumigen oder globalen Effekten unterscheiden muß. Die letzteren umfassen einen Teil des Raumes oder ein Zeitintervall von einer Größe, die ausreicht, daß die Effekte der Raum-Zeit-Krümmung eine Rolle spielen. Sie können nicht von einem einzelnen frei fallenden Bezugssystem beschrieben werden. Ein Anzeichen für die globale Natur eines Effekts wie der Ablenkung des Lichts war die Tatsache, daß wir sie durch die Betrachtung eines Einzelsterns oder Quasars nicht feststellen können. Wir mußten das Licht von einem Stern oder Quasar immer mit dem eines anderen, der weiter von der Sonne entfernt war, vergleichen.

Die gleichen Bemerkungen gelten für die Zeitverzögerung. Die Lichtgeschwindigkeit ist wirklich in jedem frei fallenden Bezugssystem gleich, aber wir sind gezwungen, eine Reihe solcher Bezugssysteme entlang des Weges, den das Licht zurücklegt, zu betrachten. Wenn wir so vorgehen, finden wir heraus, daß der Beobachter am Ende des Weges feststellt, daß das Licht länger braucht, um eine vorgegebene Flugbahn zu beschreiben, wenn es nahe an der Sonne vorbeikommt, als es benötigt hätte, wenn es weiter weg von der Sonne geblieben wäre. Ob der Beobachter die Worte „Licht breitet sich nahe der Sonne langsamer aus" gebraucht oder nicht, ist eine reine Frage der Semantik. Da er nie in die Nähe der Sonne geht, um die Messung durchzuführen, kann er sich eigentlich ein solches Urteil nicht erlauben. Hätte er eine Messung in einem frei fallenden Labor nahe der Sonne durchgeführt, dann hätte er den selben Wert für die Geschwindigkeit des Lichts erhalten, wie in einem von der Sonne weit entfernten frei fallenden Labor, und das hätte ihn vielleicht völlig durcheinander gebracht. Die einzige Aussage, die der Beobachter ohne Angst vor Widerspruch machen kann, ist die, daß er eine Zeitverzögerung festgestellt hat, die davon abhängig war, wie nahe der Lichtstrahl der Sonne kam. Lediglich im mathematischen Sinn kann gesagt werden, daß das Licht langsamer wird. In einer besonderen mathematischen Darstellung der Gleichungen, die die Bewegung des Lichtstrahls beschreiben, von den Vertretern der Allgemeinen Relativitätstheorie als spezielles Koordinatensystem bezeichnet, hat das Licht scheinbar eine veränderliche Geschwindigkeit. Aber in einer anderen mathematischen Darstellung (ein anderes Koordinatensystem) ist diese Aussage unter Umständen falsch. Trotzdem gilt, daß die beobachtbaren Größen wie etwa die tatsächliche Zeitverzögerung gleich sind, unabhängig davon, welche Darstellung benutzt wird. Das ist einer jener Fälle in der Relativitätslehre, wo der leichtsinnige Gebrauch von Worten und Sätzen, die nicht von beobachtbaren Größen abgeleitet wurden, zu Verwirrung und Unstimmigkeit führen können. Wir sind einem derartigen Beispiel bereits in unseren Erläuterungen in Kap. 3 begegnet, wo es darum ging, welche Frequenz, die der Uhr oder die des Signals, sich bei der Gravitations-Rotverschiebung „wirklich veränderte".

Um jegliche Verwirrung zu vermeiden, wollen wir die Zeitverzögerung zumindest qualitativ herleiten, indem wir ausschließlich durch reine Beobachtung gewonnene Größen verwenden. Dabei werden wir ganz ähnlich vorgehen wie bei der Herleitung der Ablenkung des Lichts. Genau wie in jenem Fall werden wir sehen, daß sich die Zeitverzögerung teils mit dem Äquivalenzprinzip und teils mit der Krümmung des Raumes erklären läßt.

Stellen wir uns einen Lichtstrahl vor, der in einem bestimmten Augenblick von einem Himmelskörper zu einem weit entfernten Ziel auf der anderen Seite des Sonnensystems geschickt wird. Darüber hinaus betrachten wir eine Anzahl von frei fallenden Laboratorien, die, wie von ihren Bewohnern ausgemessen wurde, alle dieselbe Breite besitzen und die geschickterweise der Reihe nach vom Zentrum der Sonne aus auf die Reise geschickt werden, so daß jedes davon genau in dem Moment den höchsten Punkt seiner Flugbahn erreicht, wenn es vom Lichtstrahl getroffen wird. Jeder Beobachter hat zwei Blitzlichtwürfel und eine Atomuhr. Die Blitzlichtwürfel sind so geschaltet, daß der eine genau in dem Augenblick losgeht, wenn der Strahl in das Labor einfällt und der andere in dem Moment, wenn der Strahl das Labor wieder verläßt. Beide sind stark genug, daß ein ferner Beobachter, weit weg vom Sonnensystem, beide Blitze wahrnehmen kann. Jeder Beobachter benutzt eine Atomuhr, um festzustellen, wie lange der Lichtstrahl braucht, um sein Labor zu durchqueren. Mit Hilfe seines Meßwertes für die Breite des Labors rechnet er die Lichtgeschwindigkeit aus. Auf diese Weise erhält jeder Beobachter genau denselben Wert für die Lichtgeschwindigkeit. Das ist das Äquivalenzprinzip in voller Aktion. Auf der anderen Seite erhält der entfernte Beobachter ein Paar von Blitzen aus jedem Labor. Er verwendet zur Bestimmung des Zeitintervalls zwischen jedem Blitzpaar eine Atomuhr, die mit den in den Labors benutzten identisch ist. Für die Beobachter in den Labors, die dem Lichtstrahl in einiger Entfernung zur Sonne begegnen, stimmt das von ihnen gemessene Intervall zwischen den Blitzen überein mit dem, das der weit entfernte Beobachter mißt. (Wir wollen die Tatsache ignorieren, daß die Labors eine kleine Strecke fallen, während der Lichtstrahl sie durchläuft; obwohl dieser Effekt für die Ablenkung des Lichts eine wichtige Rolle spielte, können wir ihn hier vernachlässigen). Wenn der entfernte Beobachter jedoch Blitze auffängt, die von Labors nahe der Sonne kommen, stellt er fest, daß das von ihm gemessene Intervall zwischen den Blitzen geringfügig länger als jenes ist, das in den Labors beobachtet wurde. Wir wissen bereits warum. Es handelt sich einfach um die Auswirkung der Gravitations-Rotverschiebung. Das Intervall zwischen Blitzen in den Labors nahe der Sonne erscheint von riesiger Entfernung aus betrachtet länger zu sein, als vor Ort gemessen wird. Da der entfernte Beobachter ein richtiger Relativist ist, vermeidet er es, daraus zu folgern, daß das Licht „sich verlangsamt", es also mehr Zeit braucht, um die Labors zu durchqueren. Er hält sich an die Beobachtungen: Die Zeitintervalle, die er gemessen hat, waren umso länger, je näher die Aufzüge der Sonne waren. Indem er einfach alle die zwischen den Blitzen gemessenen Zeitintervalle, die er von sämtlichen Beobachtern entlang des Lichtweges vom Sender zum Ziel und zurück zum Empfänger erhalten hat, aufaddiert, kann der Beobachter die Gesamtreisezeit des Lichts bestimmen. Das Ergebnis beinhaltet eine Zeitverzögerung von 125 Mikrosekunden im Falle des Mars zur Zeit der oberen Konjunktion. Diese Verzögerung ist eine Folge des Äquivalenzprinzips und daher der Gravitations-Rotverschiebung. Das Problem ist, daß wir hiermit erst die eine Hälfte des Gesamteffekts gefunden haben. Was ist schiefgelaufen?

Wie im Fall der Ablenkung des Lichts ist nichts schiefgelaufen. Wir sind nur noch nicht fertig. Wir müssen die Krümmung des Raumes noch berücksichtigen. Um das zu erreichen, stellen wir uns das folgende Gedankenexperiment vor (siehe Abb. 6.1). Ein Beobachter, der mit einer riesigen Anzahl von Maßstäben ausgestattet ist, die alle dieselbe Länge besitzen und in den Ecken vollkommen rechtwinklig zugeschnitten wurden, macht sich daran, auf die folgende Weise ein Rechteck von der Größe des Sonnensystems zu bauen. Ausgehend von einem Radarsignalsender (nehmen wir die Erde), legt er die Maßstäbe aneinander, eine Reihe entlang des Weges des Radarsignals in Richtung auf das Ziel (Seite *ET*) und eine Reihe senkrecht zum Weg des Radarstrahls (*EA*). Der erste Satz Maßstäbe wird solange erweitert, bis er das Ziel erreicht hat. Die zweite, senkrecht verlaufende Reihe wird über eine große, aber grundsätzlich willkürliche Strecke ausgedehnt, bis das Ende *A* weit von der Sonne entfernt ist. Eine dritte Reihe

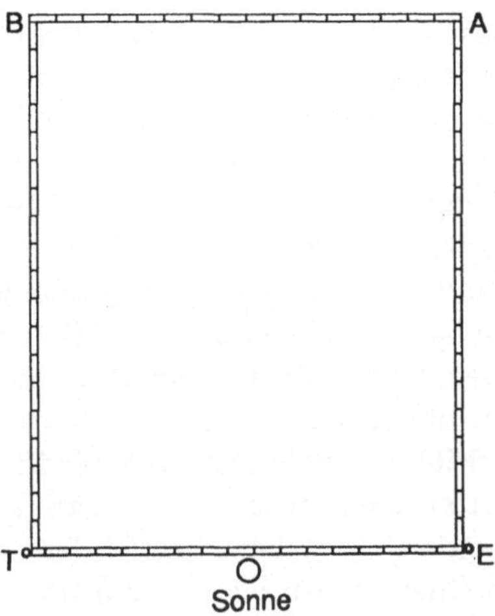

Abb. 6.1. Sonnensystem-Rechteck. Die aus Maßstäben konstruierte Strecke *ET* folgt dem Weg des Radar von der Erde zum Ziel, wobei die Sonne gestreift wird. Die Maßstabsstrecke *EA* verläuft senkrecht zu *ET*, die Strecke *AB* senkrecht zu *EA* und *BT* steht senkrecht auf *AB*. Die Strecken *EA*, *AB* und *BT* verlaufen alle entfernt von der Sonne. Die Ablenkung der Strecke *ET* kann vernachlässigt werden. Die Anzahl der Maßstäbe der Strecke *ET* stellt sich als größer heraus als die in *AB*.

AB von Maßstäben wird senkrecht dazu so verlegt, daß sie parallel zu den Maßstäben verläuft, die entlang des Lichtweges verlegt wurden. Letztendlich wird vom Ende der dritten Reihe ausgehend im rechten Winkel eine vierte Reihe von Maßstäben ausgebreitet, die parallel zur zweiten Maßstabreihe verläuft. Die vierte Maßstabreihe wird bis zum Ziel verlängert, wodurch ein riesiges Rechteck *EABT* gebildet wird. (In der Praxis benötigte man dafür unter Umständen natürlich einige Versuche, denn die dritte Seite könnte anfangs zu lang oder zu kurz sein, um der vierten Reihe zu erlauben, das Ziel zu treffen. Der Vorteil eines Gedankenexperiments ist es, daß solche praktischen Probleme nie unüberwindbar sind!).

Der Beobachter bemerkt zweierlei. Erstens wurden die Seiten *EA*, *AB* und *BT* des Rechtecks weitweg von der Sonne konstruiert, wo die Raum-Zeit im wesentlichen flach oder zumindest flach genug ist für den benötigten Genauigkeitsgrad. Alle Vorstellungen des Beobachters von parallel, senkrecht und gerade sind im herkömmlichen euklidischen Sinn gültig. Zweitens ist er sich voll bewußt, daß der Weg des Radarsignals *ET* in dem Moment, wenn es an der Sonne vorbeikommt, etwas abgelenkt wird, so daß die Entfernung von der Erde zum Ziel etwas verschieden sein könnte, je nachdem, ob sie entlang eines abgelenkten oder entlang eines geraden Weges gemessen wurde. Jedoch überzeugt ihn eine einfache Berechnung, daß dieser Effekt vollkommen vernachlässigt werden kann. Sein Anliegen ist es nun, die Anzahl der Maßstäbe, die für die Seite *ET* aufgewendet wurden, mit der Anzahl der in der Seite *AB* verbrauchten Maßstäbe zu vergleichen. Mit anderen Worten ausgedrückt, die tatsächlichen Längen der beiden Seiten werden verglichen. Gemäß der euklidischen Geometrie sollten in einer ebenen Figur wie *EABT*, mit rechten Winkeln an jeder Ecke, die jeweils gegenüberliegenden Seiten gleich lang sein. Aber zu seiner Überraschung (oder zu seiner Genugtuung, falls er schon vom gekrümmten Raum weiß), findet der Beobachter heraus, daß die an der Sonne vorbeigehende Seite etwas länger ist (es wurden mehr Maßstäbe benutzt) als die weit von der Sonne entfernt liegende Seite. Für ein Rechteck, dessen Seite *ET* sich von der Erde zum Mars erstreckt und gerade die Sonne berührt, stellt er fest, daß die zusätzliche Länge dieser Seite 19 km beträgt. Für ein Radarsignal, das diese zusätzliche Entfernung zweimal zurücklegen muß (einmal auf dem Hin- und einmal auf dem Rückweg) würde die zusätzliche Verzögerung in der Reisezeit 125 Mikrosekunden betragen. Das ist die andere Hälfte der vorhergesagten Verzögerung! Sie ist das direkte Ergebnis der Krümmung des Raumes nahe der Sonne. Sie ist nicht zurückzuführen auf die Ablenkung des Lichtweges, der nur eine unbedeutende Verzögerung von weniger als einem Hundertstel einer Mikrosekunde verursacht.

Eine Möglichkeit, sich die durch die Krümmung des Raumes verursachte Verzögerung zu veranschaulichen, besteht darin, daß man die zweidimensionale Ebene hernimmt, die durch den Weg des Lichts und die Sonne aufgespannt wird und sie in einen fiktiven, dreidimensionalen Raum einbettet, und zwar derart, daß die zusätzliche, mit den Maßstäben in Sonnennähe gemessene Entfernung mit Hilfe euklidischer Intuition gesehen werden kann (siehe Abb. 6.2). Dazu dehnt man die Ebene in der Nähe der Sonne in

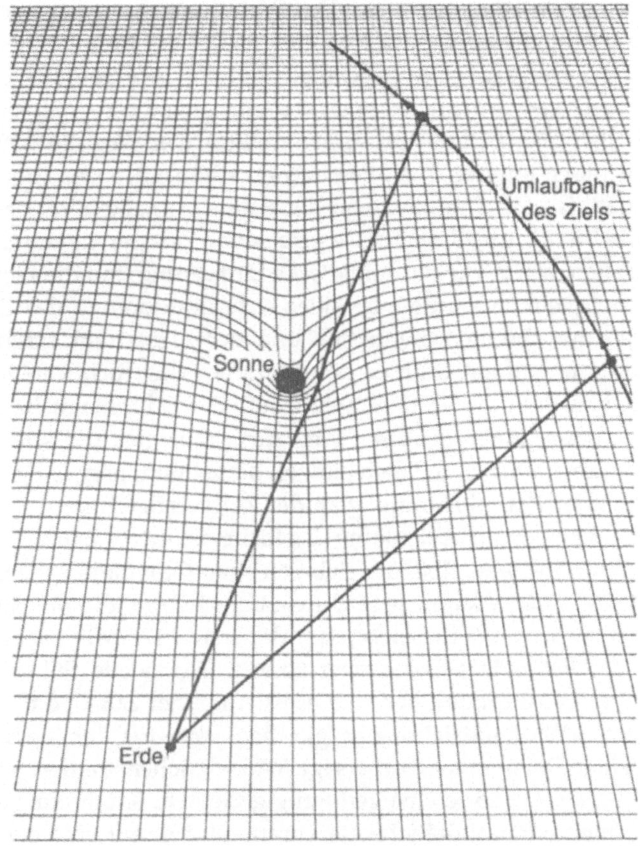

Abb. 6.2. „Gummituch"-Bild der Raumkrümmung. Die Tuchoberfläche ist die zweidimensionale Ebene, die von dem Lichtstrahl und der Sonne gebildet wird. Die zusätzliche Entfernung in Sonnennähe, die durch die Krümmung verursacht wird, kann nachvollzogen werden, indem man das Tuch in eine fiktive dritte Dimension ausdehnt. Der Lichtstrahl weit weg von der Sonne, der von der Erde zu einem Ziel geschickt wird, überquert „flache" Teile des Tuches, wo die euklidische Vorstellung gilt. Wenn das Licht in der Nähe der Sonne vorbeikommt, muß es in die Vertiefung „eintauchen" und hat dadurch eine größere Entfernung zu überwinden.

die fiktive dritte Dimension aus. Das Bild, das sich ergibt, ist das eines Gummituchs mit einem schweren Ball in der Mitte, der eine Vertiefung verursacht. Die Erde und das Ziel befinden sich auf diesem Tuch (sie verursachen auch Vertiefungen, die aber zu klein sind, als daß man sich darum sorgen müßte). Der Weg des Lichtstrahls ist auch auf das Tuch beschränkt. Wenn Erde und Ziel so liegen, daß das Licht nie nahe an der Sonne vorbeikommt, dann entspricht die für die Gesamtreise gemessene Zeit gerade unseren Erwartungen, wenn wir die euklidische Entfernung und die Lichtgeschwindigkeit verwenden. Befinden sich die Erde und das Ziel jedoch an der oberen Konjunktion und der Lichtstrahl verläuft nahe der Sonne, dann muß er den Konturen des Tuches folgen, und weil er sich in die Vertiefung hinein und wieder herausbewegen muß, hat er einen größeren Weg zurückzulegen und kommt daher mit Verspätung an. Noch einmal, dieses Bild zeigt lediglich den Anteil der Raumkrümmung an der Zeitverzögerung.

Genau wie bei der Ablenkung des Lichts ist dieser Beitrag der Raumkrümmung jener Teil, der sich von einer Gravitationstheorie zur anderen ändern kann. Jede Gravitationstheorie, die mit dem Äquivalenzprinzip vereinbar ist, sagt die ersten 125 Mikrosekunden für das Erde-Mars-Experiment voraus. Der zweite Teil rührt von der Raumkrümmung her, und es ist ein reiner Zufall, daß die Allgemeine Relativitätslehre den gleichen Wert für den Beitrag dieser beiden Phänomene vorhersagt. Wie wir sehen werden, sagt die Brans-Dicke-Theorie eine geringfügig kleinere Krümmung als die Allgemeine Relativitätstheorie voraus und damit eine etwas kleinere Zeitverzögerung.

Nirgends in der vorhergegangenen Diskussion haben wir den Satz "Licht verlangsamt sich" verwendet. Unsere Auswertung hielt sich an beobachtbare Tatsachen wie Zeit- und Entfernungsmessungen. Shapiros Berechnung der Zeitverzögerung basierte auf einer besonderen mathematischen Darstellung der Gleichungen, so daß es für ihn natürlich schien, von einem Langsamerwerden des Lichts zu sprechen. Solange man nicht mehr in solche Aussagen hineininterpretiert, als sie erlauben, kann das nicht schaden. Falls jemand hartnäckig bleibt und weiterfragt, was wirklich bei der Zeitverzögerung passiert, geben die vorangegangenen Erläuterungen eine eindeutige Antwort.

Shapiro machte seine erste Zeitverzögerungsberechnung im Jahre 1961, kurz nachdem sein Interesse durch die besagte Vorlesung über die Lichtgeschwindikeit geweckt worden war. Er wandte das Resultat auf den Fall an, bei dem der Planet, etwa die Venus, der Erde am nächsten ist, also jene Konstellation, die untere Konjunktion genannt wird. Die sich ergebende Verzögerung von einigen zehn Mikrosekunden war interessant, aber sie konnte nicht von den 1961 noch bestehenden Ungenauigkeiten im Radius des Planeten unterschieden werden. Im folgenden Jahr wandte er die Berechnung auf den Fall der oberen Konjunktion an, warf diese Ausführungen aber in die Schublade. Das geschah nicht deshalb, weil das Ergebnis von einigen 100 Mikrosekunden uninteressant gewesen wäre. Das Problem ergab sich daraus, daß es 1962 unmöglich war, Radarsignale zu Planeten zu senden und ihre Echos aufzunehmen, wenn sich die Planeten in der größtmöglichen Entfernung von der Erde befanden. Sie waren dann zu weit entfernt für die Möglichkeiten der besten damaligen Radareinrichtungen. Noch im Sommer 1964 reichte das riesige Arecibo-Radioteleskop in Puerto Rico ohne Schwierigkeiten bis zur Venus in der unteren Konjunktion, aber es konnte den Merkur kaum ausmachen, selbst zum Zeitpunkt seiner unteren Konjunktion. Da sich Merkur näher an der Sonne befindet als die Venus, ist er bei der unteren Konjunktion weiter von uns entfernt. Es war unmöglich, Radarmessungen zu einem beliebigen Planeten in der oberen Konjunktion in Erwägung zu ziehen, da er noch weiter entfernt wäre. Darum lag Shapiros Berechnung zwei Jahre lang in seinem Schreibtisch.

Im Herbst 1964 veranlaßten zwei Ereignisse Shapiro, seine Berechnungen für die obere Konjunktion wieder hervorzuholen und sie ernster zu nehmen. Das erste war die Fertigstellung der Haystack-Radarantenne in Westford, Massachusetts. Das zweite war die Geburt seines Sohnes am 30. Oktober. Wie so oft bei kreativer Arbeit, muß auch hier das Ereignis in seinem persönlichen Leben seine Aufmerksamkeit oder geistige Aktivität erhöht haben, denn kurz danach, während er auf einer Party einem Kollegen gerade die Idee der Zeitverzögerung beschrieb, kam ihm plötzlich der Gedanke, daß Haystack möglicherweise bis zum Merkur in der oberen Konjunktion reichen und damit die Mittel bereitstehen könnten, die Vorhersage der Zeitverzögerung zu testen. Shapiro beschloß dann, seine oberen Konjunktionsberechnungen für die Zeitschrift *Physical Review Letters* zusammenzuschreiben. Der Artikel wurde Mitte November eingereicht und unter dem Titel „Vierter Test der Allgemeinen Relativitätstheorie" Ende Dezember 1964 veröffentlicht. (Die ersten drei Test waren die Gravitations-Rotverschiebung, die Lichtablenkung und die Periheldrehung des Merkur, jene drei, die Einstein vorgeschlagen hatte.)

Tatsächlich war Shapiro nicht der einzige, der sich 1964 mit der Frage der Zeitverzögerung beschäftigte. Auf der anderen Seite des Kontinents, am Jet Propulsion Laboratory (JPL) in Pasadena, Kalifornien, wo die Beobachtung von Raumfähren und Planeten ebenfalls jedermann beschäftigte, arbeiteten Duane Muhleman und Paul Reichley mit der Berechnung des Effekts der Allgemeinen Relativität auf die Ausbreitung von Radarsignalen. Ihre Aktivitäten ließen die interessante (und manchmal kontroverse) Frage aufkommen, wem die Auszeichnung für grundlegende Entdeckungen in der Wissenschaft gebührt. Muhleman und Reichley berechneten die zusätzliche Verzögerung, die von der Allgemeinen Relativitätslehre vorhergesagt wird, für ein Radarsignal von der Erde zur Venus nahe der unteren Konjunktion und erhielten Verzögerungen in der Größenordnung von 10 Mikrosekunden zusätzlich zu der Gesamtlaufzeit von mehreren hundert Sekunden. Diese Ergebnisse wurden in den internen JPL-Mitteilungen „Space Programs Summary" veröffentlicht, zwei Wochen bevor Shapiro seinen Artikel bei *Physical Review Letters* einreichte. Shapiro hatte keine Ahnung von ihrer Arbeit. Sofort als seine Veröffentlichung erschien, bestätigten Muhleman und Reichley im nachhinein seine oberen Konjunktionsergebnisse in einem zweiten Artikel, der Ende Februar 1965 in Space Programms Summary herauskam.

Die Frage ist: Wem soll man das Verdienst für die theoretische Entdeckung dieses wichtigen neuen Tests für die Allgemeine Relativitätstheorie zuschreiben? Obwohl es in diesen Fällen keine strenge und feste Regel gibt, geht die allgemeine Meinung dahin, daß trotz der ersten Veröffentlichung durch Muhleman und Reichley die Anerkenung Shapiro gebühren sollte, und das aus zwei Gründen. Erstens untersuchte Shapiro den weitaus wichtigeren Fall der oberen Konjunktion, während Muhleman und Reichley anfänglich ihre Aufmerksamkeit der weniger interessanten unteren Konjunktion schenkten. Zweitens wurden Shapiros Ergebnisse in einer vielgelesenen und leicht zugänglichen physikalischen Zeitschrift veröffentlicht, die sich einem Begutachtungsverfahren unterwirft, wobei ein für die Veröffentlichung eingereichter Artikel von einem unabhängigen, anonym bleibenden Physiker, der sich in dem Fachgebiet der Veröffentlichung auskennt, geprüft und gebilligt werden muß. In Fragen der Priorität wird dieser Form der Publikation normalerweise der Vorzug vor internen Berichterstattungen gegeben, die sich gewöhnlich nicht der Überprüfung durch Gutachter unterziehen und der breiten physikalischen Öffentlichkeit weniger zugänglich sind. Aus diesem Grund wird der Effekt als Shapiro-Zeitverzögerung bezeichnet, während man Muhleman und Reichley Anerkennung für eine unabhängige Berechnung dieses Effekts zollt.

Jedoch ist das Auffinden eines Effekts in der Theorie eine Sache und die experimentelle Beobachtung eine andere. Im Jahre 1964 war eine Verzögerung von 250 Mikrosekunden im Prinzip beobachtbar, wenn die Radarentfernungsmessung zu Planeten tatsächlich bis auf wenige Kilometer oder einige zehn Mikrosekunden genau gelang. Konnten aber so kleine Verzögerungen in der Praxis auch tatsächlich gemessen werden und welcher Genauigkeitsgrad würde sich daraus für den neuen Test zur Allgemeinen Relativitätstheorie ergeben?

Das Prinzip hinter der Zeitverzögerungsmessung ist dem Prinzip, das hinter der Messung der Lichtablenkung steht, sehr ähnlich. Genauso, wie wir nicht die Ablenkung eines einzelnen Sterns messen können, können wir die Zeitverzögerung nicht in einem einzigen Radarstrahl entdecken. Der Grund dafür ist natürlich, daß wir das Gravitationsfeld der Sonne nicht „abschalten" können, um zu sehen, wo die „richtige" Position des Sterns liegt, oder um festzustellen, wie lang die „flache Raum-Zeit"-Umlaufzeit gewesen wäre. Um zur Ablenkung zu kommen, müssen wir die Lage eines Sterns oder Quasars relativ zu anderen Sternen oder Quasaren sehen, und zwar in beiden Fällen, wenn sein Licht weit entfernt und wenn es ganz nahe an der Sonne vorbeikommt. In ähnlicher Weise müssen wir zur Beobachtung der Zeitverzögerung die Umlaufzeiten von Radarsignalen zu einem Planeten vergleichen, also das weit von der Sonne verlaufende Signal mit dem, das nahe an der Sonne vorbeikommt. Wenn das

Signal zum Planeten weit an der Sonne vorbeiläuft, dann ist Shapiros Zeitverzögerung relativ klein und die Gesamtlaufzeit ist eher ein Maß für die „richtige" Distanz. Das entspricht der Situation in Abb. 6.2, bei der das Signal einen Teil des Raumes durchquert, der praktisch flach ist. Sowie sich der Planet jedoch zur oberen Konjunktion hin bewegt und der Signalstrahl der Sonne immer näher kommt, liefert Shapiros Zeitverzögerung einen zunehmend größeren Beitrag zur Gesamtlaufzeit.

Aber da tritt ein Problem auf. Im Fall der Ablenkung von Licht wußten wir, daß die tatsächliche Lage des Sterns oder Quasars im All aufgrund seiner riesigen Entfernung zu uns mit genügend großer Genauigkeit festgelegt war. Die Quelle selbst bewegte sich nicht von dem Zeitpunkt an, als wir seine Position in Sonnenferne bestimmten, bis zur Messung seiner Lage, wenn sein Licht gerade die Sonne berührt. (Es war die Bewegung der Erde, die die augenscheinliche Position der Sterne veränderte). Leider liegt der jetzige Fall anders. Bei der Quelle handelt es sich diesmal um einen Planeten, der die Sonne umkreist und seinen Abstand zu uns ständig ändert. Falls wir mit Hilfe von Radar die Entfernung zum Planeten, wenn er sich in Sonnenferne befindet, bestimmt haben, wie können wir dann eine Radarmessung zum Zeitpunkt der oberen Konjunktion durchführen und mit Bestimmtheit sagen, welcher Teil davon die Shapirosche Zeitverzögerung darstellt und welcher Teil ganz einfach auf die Entfernungsänderung zwischen den Planeten und der Erde zurückzuführen ist?

Die Antwort ist im Prinzip einfach, jedoch kompliziert in der Praxis. Obwohl das Radarsignal der Sonne vielleicht sehr nahe kommt, der Planet selber tut das nie. Seine Umlaufbahn hat einen deutlichen Abstand von der Sonne, der im Falle des Mars beispielsweise bei etwa 300 Millionen Kilometern liegt. Aus diesem Grund bewegt sich der Planet ausschließlich in einer Region mit geringer Raum-Zeit-Krümmung und behält eine relativ kleine Geschwindigkeit bei. Darum sind die relativistischen Effekte auf seine Umlaufbahn klein. Bis hin zu dem Genauigkeitsgrad, wie er für Zeitverzögerungsmessungen erwünscht ist, kann seine Umlaufbahn mit Hilfe der herkömmlichen Newtonschen Gravitationstheorie in angemessener Form beschrieben werden. Darum kann, obwohl sich der Planet während des Experiments bewegt, seine Bewegung genau vorhergesagt werden. Dank dieses Umstands kann die Zeitverzögerung in vier Schritten gemessen werden: (1) Mit Hilfe von Radarmessungen zum Planeten während einer Zeitspanne, in der das Signal weit weg von der Sonne bleibt, werden die Parameter bestimmt, die die Umlaufbahn zu diesem Zeitpunkt beschreiben. (2) Die Newtonschen Gleichungen für die Umlaufbahn werden dazu benutzt, eine Vorhersage über die zukünftige Umlaufbahn des Planeten und die der Erde einschließlich der Phase der oberen Konjunktion zu machen, wobei die Störungen von allen anderen Planeten berücksichtigt werden. (3) Man benutzt die vorhergesagte Umlaufbahn, um die Gesamtlaufzeit von Signalen zum Planeten zu berechnen, ohne Berücksichtigung der Shapiroschen Zeitverzögerung. (4) Man vergleicht diese vorhergesagten Gesamtlaufzeiten mit denen, die tatsächlich während der oberen Konjunktion beobachtet werden, schreibt die Differenz der Shapiroschen Zeitverzögerung zu und schaut nach, wie gut sie mit der Vorhersage der Allgemeinen Relativität übereinstimmt.

Das ist natürlich eine grobe, fast lächerlich wirkende Vereinfachung dessen, was in der Praxis getan wird. In der Praxis werden alle diese Bestandteile, die ich oben beschrieben habe — die Bahngleichungen eines Planeten, die Störungen durch die anderen Planeten, die Ausbreitung des Radarsignals, einschließlich der Shapiroschen Zeitverzögerung, egal, wo das Signal gerade verläuft — in ein gewaltiges Computerprogramm eingebracht, das mehr als 100 000 Befehle enthält und dessen Resultate unter anderem ein Urteil darüber abgeben, wie gut die Allgemeine Relativitätstheorie mit den beobachteten Laufzeiten übereinstimmt.

Ungefähr innerhalb eines Monats, nachdem Shapiro seinen Artikel über den Zeitverzögerungseffekt bei den *Physical Review Letters* eingereicht hatte, begannen seine Kollegen, sich um die Haystack-Radaranlage zu kümmern. Sie verfünffachten ihr Leistungsvermögen und machten andere elektronische Verbesserungen. Das sollte es ihnen ermöglichen, ein passables Echo im Falle der oberen Konjunktion zu erhalten und die Gesamtlaufzeit bis auf 10 Mikrosekunden genau zu messen. (Erinnern wir uns, daß die maximale vorhergesagte Zeitverzögerung rund 250 Mikrosekunden beträgt). Ende 1966 war das verbesserte System fertig, gerade rechtzeitig zur oberen Konjunktion der Venus am 9. November. Unglücklicherweise durchläuft die Venus nur etwa einmal in 1,5 Jahren eine obere Konjunktion. Darum richteten die Wissenschaftler, nachdem sie die Venus beobachtet hatten, die Radaranlage auf Merkur. Weil der Merkur die Sonne fast dreimal schneller als die Venus umkreist, hat er viel öfter eine obere Konjunktion, etwa dreimal im Jahr, wodurch mehrere Gelegenheiten zur Messung der Zeitverzögerung gegeben sind. Messungen wurden während der Konjunktion des Merkur am 18. Januar, 11. Mai und 24. August 1967 durchgeführt, alles in allem über 400 Radar-„Beobachtungen". Die meisten dieser Messungen (diejenigen, die nicht in der Nähe der oberen Konjunktion irgendeines Planeten durchgeführt wurden) wurden mit bereits vorhandenen optischen Beobachtungen von Merkur und Venus kombiniert. Mit Hilfe der Daten, die das U. S. Marine Observatorium zugänglich machte, wurde der erste Schritt unserer vereinfachten Beschreibung der Methode bewältigt, im wesentlichen, um die genauen Umlaufbahnen für die zwei Planeten festzulegen. Die restlichen Radarmessungen konzentrierten sich um die oberen Konjunktionen herum und wurden dann dazu benutzt, die vorhergesagten Zeitverzögerungen mit den beobachteten Zeitverzögerungen zu vergleichen. (Wegen starken Rauschens erwiesen sich die Daten von der Venus als fast unbrauchbar). Die Ergebnisse stimmten innerhalb einer 20-prozentigen Unsicherheit mit der Allgemeinen Relativitätstheorie überein. Damit war der erste neue Test der Einsteinschen Theorie seit 1915 Wirklichkeit geworden.

Aber die Geschichte endet nicht an dieser Stelle. Im Verlauf des Sommers 1965 flog, während Shapiro und seine Kollegen fleißig am Haystack-Radar arbeiteten, ein amerikanisches Raumschiff am Mars vorbei. Es war das erste von menschlicher Hand erzeugte Objekt, daß dem „Roten Planeten" begegnete. Das Raumschiff war Mariner 4, und auf seinem Weg zum Planeten machte es 21 Aufnahmen und untersuchte die Atmosphäre des Mars mit Hilfe von Radarwellen. Die Ergebnisse schockierten und quälten die Astronomen, denn sie deuteten auf ein mondähnliches Objekt hin mit ziemlich vielen Kratern und einer kalten, dünnen Atmosphäre, deren Hauptbestandteil Kohlenstoffdioxid ausmacht. Damit bot sich ein Bild, das überhaupt nicht dem erdähnlichen Planeten entsprach, auf den einige aufgrund von Teleskopbeobachtungen gehofft hatten. Angespornt durch den Erfolg von Mariner 4 befürwortete die NASA im Dezember 1965 zwei weitere

Missionen zum Mars, Mariner 6 und 7 für das Jahr 1969 (Mariner 5 war eine Venus-Mission) und Mariner 8 und 9 für 1971. Die verantwortlichen Planer begannen, ernsthaft Landungen auf dem Mars in Erwägung zu ziehen. Diese Missionen sollten nicht nur einen Höhepunkt für die Erforschung des Weltalls bedeuten, zumindest vorübergehend, sondern auch entscheidende Konsequenzen für die Allgemeine Relativitätstheorie mit sich bringen.

Wie wir bereits wissen, ging auch den Leuten am JPL die relativistische Zeitverzögerung durch den Kopf, und sie begannen darüber nachzudenken, ob nicht eine Möglichkeit bestehe, Mariner 6 und 7 für die Messung der Zeitverzögerung zu nutzen. Im Prinzip sprach nichts gegen diese Möglichkeit. Von der Größe abgesehen gibt es zwischen einem Planeten und einem Raumschiff keinen fundamentalen Unterschied. Die Umlaufbahn eines Raumschiffs kann bestimmt werden, indem man seine Spur verfolgt, und seine Flugbahn während der oberen Konjunktion kann genauso vorhergesagt werden, wie das im Falle eines Planeten durch Entfernungsmessungen geschieht. Die Zeitverzögerung eines Radarsignals während der oberen Konjunktion kann gemessen und mit der Vorhersage der Allgemeinen Relativitätslehre verglichen werden.

Es ergab sich nur ein einziges Problem: Solche Messungen waren von der NASA nicht vorgesehen. Die Raumschiffe der Mariner-Serie sollten lediglich den Mars fotografieren und darüberhinaus auf ihrem Weg an dem Planeten vorbei seine Oberfläche und Atmosphäre untersuchen. Wenn das einmal erledigt war, würden sie in Vergessenheit geraten. Leider sollten die Mariner Mars gerade dann begegnen, wenn sich die Erde zwischen Mars und Sonne befand, also zu einem Zeitpunkt, der gerade dem Gegenteil der oberen Konjunktion entsprach. Da sich die Umlaufbahn des Mars außerhalb der Erdbahn befindet, nennt man diese Anordnung Opposition. Sie war die bevorzugte Anordnung für die Begegnung mit dem Mars, da die relative Nähe des Planeten zu diesem Zeitpunkt die Probleme der Datenübertragung zur Erde erleichtern würde. Es gab keinerlei Anzeichen dafür, daß man auf die Verwendung dieser Raumschiffe zum Test von Einsteins Theorie hoffen durfte.

Die Begegnung mit Mars sollte im Sommer 1969 stattfinden. Danach würden sich die zwei Raumschiffe vom Mars entfernen und fortfahren, die Sonne zu umkreisen. Das würde auf Umlaufbahnen geschehen, die der des Mars ähneln, mit Perioden von etwa 600 Tagen. Da die Erde die Sonne etwa doppelt so schnell umkreist, legt die Erde in der Zeit, die die Raumschiffe für ein Drittel ihrer Umlaufbahnen brauchen, zwei Drittel ihres Weges um die Sonne zurück. Daher würden sich nach ungefähr acht Monaten die Erde und das Raumschiff in einer oberen Konjunktion befinden. Was dazu ganz klar gebraucht wurde, war eine Verlängerung der Mission. Für eine erweiterte Mission war nur erforderlich, die Stromversorgung an Bord des Raumschiffs (durch Solarzellenfächer gewährleistet) aufrecht zu erhalten, um die Radarantennen und Sender, die die Nachweissignale auffangen und zurücksenden, zu versorgen. Außerdem mußte die Kontrolle der Ausrichtung beibehalten werden, damit die Antennen zur Erde zeigen, und die Zeit mußte vom NASA/JPL Weltraumnetz der Radar-Nachweisstationen festgehalten werden, um periodische Beobachtungen der Marinerbahnen vielleicht bis Ende des Jahres 1970 machen zu können. Hinsichtlich ihrer Bitte um eine solche Ausweitung der Mission hatten die Wissenschaftler schon einen Fuß in der Tür, da die NASA bereits ein Experiment zur Himmelsmechanik für die ursprünglichen Mariner-Missionen gebilligt hatte. Dessen Ziel war es, die genauen Bahndaten des Raumschiffs während des Vorbeiflugs am Mars zu benutzen, um neue Informationen über die Parameter zu erhalten, die die Umlaufbahnen von Erde und Mars bestimmen. Als Folge dieses Plans waren sowohl Personal als auch die Ausstattung am JPL bereits vorhanden, um die Daten, die im Falle einer Ausdehnung der Mission hereinkommen würden, zu verarbeiten und auszuwerten.

Trotzdem beschlossen die Leute am JPL zu warten, bis sich die Mariner-Raumschiffe als zuverlässig erwiesen hätten, bevor sie auf eine weitere Mission drängten. Mariner 6 und 7 wurden am 24. Februar und 27. März 1969 gestartet und erreichten den Mars Ende Juli (siehe Abb. 6.3). Beide Raumschiffe bewährten sich hervorragend, abgesehen von einer einzigen Panne. Fünf Tage vor der Begegnung mit Mars explodierte an Bord von Mariner 7 eine Batterie und hinterließ einen zehn Millionen Kilometer langen Schweif aus ausgelaufenem Elektrolyt. Glücklicherweise wurde keine seiner anderen Funktionen beeinträchtigt, und beide Raumschiffe führten ihre Marsuntersuchungen ohne weitere Hin-

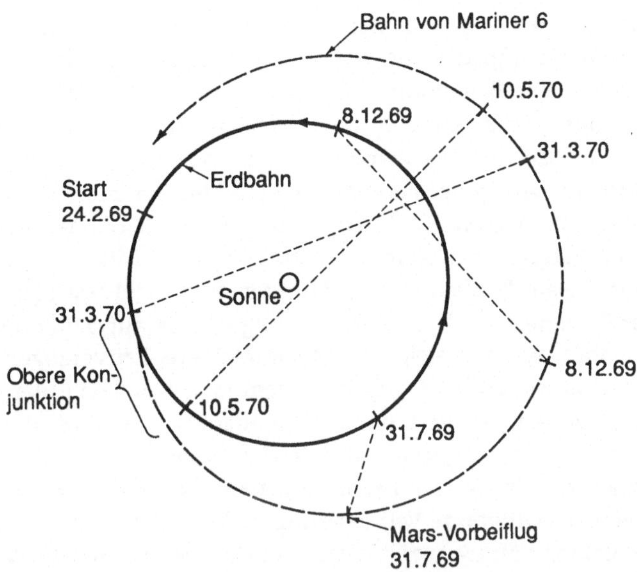

Abb. 6.3. Die Umlaufbahn von Mariner 6. Start am 24. Februar 1969, Vorbeiflug am Mars am 31. Juli 1969; Erde und Mars sind nahe beieinander; Zustimmung der NASA zum Relativitätsexperiment am 8. Dezember 1969; zwischen dem 31. März und dem 10. Mai 1970 wichtige Zeitverzögerungsmessungen um die obere Konjunktion herum.

---

dernisse aus. Nach diesem Erfolg begannen die Wissenschaftler am JPL und die Leute, die sie in ihrer Arbeit unterstützten, ernsthaft eine erweiterte Mission zu erörtern angesichts ihrer Bedeutung für den Test von Einsteins Theorie und der relativ vertretbaren Kosten. Noch immer war nicht klar, ob die NASA zustimmen würde, und im November, als das ursprüngliche Experiment zur Himmelsmechanik endgültig abgeschlossen werden sollte, begann sich Panik innerhalb der interessierten Kreise am JPL auszubreiten. Schließlich kam am 8. Dezember vom Hauptquartier der NASA das Einverständnis für die Erweiterung der Mission.

Das Relativitätsexperiment wurde Wirklichkeit. Zwischen Dezember 1969 und Ende 1970 wurden zu jedem Raumschiff mehrere hundert Entfernungsmessungen durchgeführt, die sich um den Zeitpunkt der oberen Konjunktion herum mit fast täglichen Messungen konzentrierten (29. April 1970 bei Mariner 6 und 10. Mai im

Fall von Mariner 7). Keines der Raumschiffe ging tatsächlich hinter die Sonne. Aufgrund der Neigung ihrer Umlaufbahnen in dem Teil, der vor der Begegnung mit dem Mars durchlaufen wurde, kamen beide etwas nördlich an der Sonne vorbei, Mariner 6 in ungefähr 1 Grad und Mariner 7 in ungefähr 1,5 Grad Entfernung. Für Mariner 6 betrug der geringste Abstand des Radarsignals zum Zeitpunkt der oberen Konjunktion ungefähr 3,5 Sonnenradien, was einer Shapiroschen Zeitverzögerung von 200 Mikrosekunden bei einer Gesamtlaufzeit von 45 Minuten entspricht. Im Fall von Mariner 7 kamen die Radarsignale lediglich bis auf 5,9 Sonnenradien heran, woraus sich eine etwas kleinere Zeitverzögerung von 180 Mikrosekunden ergab. Nachdem man den Computer mit allen Meßwerten gefüttert hatte, fand man heraus, daß die gemessenen Verzögerungen mit den Vorhersagen der Allgemeinen Relativitätslehre bis auf drei Prozent genau übereinstimmten. Das war eine überwältigende Verbesserung im Vergleich zu dem Unsicherheitsfaktor von zwanzig Prozent in den Venus- und Merkurmessungen.

Natürlich waren die Leute von der planetarischen Abstandsmessung am Lincoln-Laboratorium seit 1967 auch nicht untätig gewesen. Sie hatten weiterhin Radarbeobachtungen von Merkur und Venus durchgeführt, wobei sie sowohl die Haystack- als auch die Arecibo-Antenne benutzten. Tatsächlich wurde die Venus zum Zeitpunkt ihrer eigenen oberen Konjunktion von Ende Januar bis Anfang Februar 1970 zweimal wöchentlich mit Radarsignalen von Haystack und Arecibo bombardiert, während gleichzeitig die JPL-Leute vollauf damit beschäftigt waren, Entfernungen zum Raumschiff Mariner bei seiner Annäherung an die obere Konjunktion zu erhalten. Die Daten von dieser Venuskonjunktion und von den zahlreichen Merkurkonjunktionen zwischen 1967 und Ende 1970 lieferten einmal mehr relativistische Zeitverzögerungen in Übereinstimmung mit der Allgemeinen Relativitätstheorie, dieses Mal mit einer Genauigkeit von fünf Prozent.

Man könnte denken, daß jetzt ein Wettrennen entbrannte — Ostküste gegen Westküste, Lincoln-Laboratorium gegen JPL, planetarische Radarmessungen gegen Bahnverfolgung eines Raumschiffs — um zu sehen, wer den genauesten Test der allgemeinrelativistischen Zeitverzögerung am schnellsten durchführen könnte. Wie sich jedoch herausstellte, wurde das Wettrennen gestrichen, da beide Seiten einsahen, daß jede der Methoden einen entscheidenden Fehler hatte, der bedeutende Verbesserungen in der Genauigkeit verhinderte. Der einzige Weg besser voranzukommen, bestand augenscheinlich darin, die beiden Methoden miteinander zu koppeln.

Die Fehlerquelle bei der planetarischen Radarmessung war die Oberfläche der Planeten. Die Planetenoberflächen sind keine perfekten Reflektoren für Radiowellen, und darum sind die zurückkehrrenden Echos immer sehr schwach. Das macht es schwierig ihre Ankunftszeiten mit der größtmöglichen Genauigkeit zu bestimmen. Darüberhinaus sind die Planeten auch nicht perfekt kugelförmig. Sie haben Berge und Täler, und die Laufzeit eines Signals hängt möglicherweise davon ab, ob der Hauptanteil des Radarstrahls gerade auf einen Berggipfel oder ein Tal trifft. Nehmen wir an, daß wir in einem Experiment, bei dem wir eine Zeitverzögerung von 200 Mikrosekunden nachweisen wollen, eine Genauigkeit von einem Prozent anstreben. Das entspricht 2 Mikrosekunden oder 300 Meter Länge. Die Höhe der Berge auf dem Merkur und der Venus liegt im Bereich von Kilometern, und diese topografischen Unterschiede müssen sehr sorgfältig mit berücksichtigt werden, wenn man eine Genauigkeit von 300 Meter in der Gesamtdistanzmessung zum Planeten erzielen will. Trotz ausgeklügelter Versuche, das Problem mit der Topografie zu lösen, schienen 300 Meter die Grenze zu sein. Messungen mit Hilfe von Raumschiffen sind nicht diesen Problemen unterworfen. Da das Raumschiff im Vergleich zum Planeten winzig ist, erübrigt sich das Problem der Topografie, und da es das Radarsignal von der Erde mit großer Verstärkung zurückwirft, die durch einen Transponder an Bord erzeugt wird, ist das zurückkommende Signal groß und relativ frei von Rauschen. Infolgedessen liegt die Genauigkeit von einzelnen Entfernungsmessungen zu Raumschiffen bei einer Distanz von einigen hundert Millionen Kilometern unter 15 Metern (oder bei einem Zehntel einer Mikrosekunde bezogen auf die Laufzeit)!

Aber Raumschiffe haben ihre eigenen Schwachstellen. Da sie so leicht sind, besteht die Gefahr, daß sie auf ihrem Weg durch die rauhen Gefilde des interplanetarischen Raumes herumgeschüttelt werden. Das Licht, das die Sonne aussendet, erzeugt Druck. Dieser sogenannte Strahlungsdruck verschiebt das Raumschiff erheblich.

(Für einige zukünftige Raumschiffe wurden sogar große reflektierende Solarflächen vorgeschlagen, um diesen Strahlungsdruck als Antrieb nutzen zu können.) Der als Sonnenwind bekannte Fluß von Ionen und Elektronen, der aus der Sonne strömt, rüttelt das Schiff ständig. Die beständigen, unveränderlichen Teile des Strahlungsdrucks der Sonne und der Sonnenwind sind in der Tat gut erforscht. Was man nicht so genau weiß, ist, wie sich das Raumschiff gegenüber diesen Kräften verhält. Wenn die großen Solarzellenflächen, die dazu benutzt werden, Energie für das Raumschiff zu liefern, zur Sonne hin orientiert sind, wird der Rückstoß durch den Strahlungsdruck und den Sonnenwind groß sein, während diese Kräfte geringer sind, wenn die Solarzellenfächer eine seitliche Position zur Sonne haben. Alles verhält sich so wie bei einem gewöhnlichen Segelboot. Da das Raumschiff während eines Fluges seine Orientierung unzählige Male in einer komplizierten Weise ändert, um mit der Erde in Verbindung zu bleiben, Sonnenenergie aufzunehmen, Sterne zu beobachten oder seine Zielrichtung zu überprüfen, ist es fast unmöglich, die Reaktion des Raumschiffs auf diesen Druck mit einiger Sicherheit zu bestimmen. Das Ergebnis ist eine Reihe ungewisser, völlig zufälliger Störungen in der Umlaufbahn des Raumschiffs, die im Laufe der Zeit eine wahrnehmbare Diskrepanz zwischen der vorhergesagten Umlaufbahn und der gemessenen aufbauen kann. Einflüsse durch Meteoriten und andere Trümmer sind weniger wichtig, weil sie so selten vorkommen. Wie auch immer, in dieser Hinsicht hilft das Raumschiff selbst auch nicht weiter, da es ständig Gas in verschiedene Richtungen ausstößt. Entweder stammen diese von den Richtungkontrolldüsen, die es dem Raumschiff erlauben, zur Erde oder zur Sonne hin ausgerichtet zu sein, oder vom Verkochen des flüssigen Stickstoffs oder Heliums, die dazu benutzt werden, die verschiedenen Geräte im Raumschiff zu kühlen. Das Newtonsche Gesetz von Wirkung und Gegenwirkung verlangt, daß, wenn Gas in die eine Richtung ausgestoßen wird, das Raumschiff einen Schub in die andere Richtung bekommt. Ein dramatisches Beispiel für diesen Effekt war die Explosion der Batterie an Bord von Mariner 7 kurz vor seiner Begegnung mit dem Mars. Die Auswirkung des ausgestoßenen Elektrolyts auf die Umlaufbahn war groß genug, um jede Chance zu verderben, durch den Mars-nahen Flug von Mariner 7 mehr über die Masse und das Gravitationsfeld des Planeten zu erfahren. Obwohl solche Effekte unter normalen Umständen klein sind und rein zufällig vorkommen, können sie zu einer Zunahme der Diskrepanzen führen, ähnlich jenen, die vom Strahlungsdruck und Sonnenwind herrühren. Da es notwendig ist, die Umlaufbahn eines Raumschiffs in der Nähe der oberen Konjunktion exakt vorherzusagen, beeinträchtigen diese Effekte ernsthaft die eigentlich mögliche Genauigkeit, die für die Entfernungsmessung zum Raumschiff mit 15 Metern angegeben wird. Planeten dagegen sind aufgrund ihrer enormen Massen natürlich total immun gegenüber solchen Effekten.

Was ohne Frage nun gebraucht wurde, war ein Weg, die Transponderfähigkeiten der Raumschiffe mit den ungestörten Bewegungsabläufen der Planeten zu verbinden. Eine Lösung liegt in der Kopplung eines Raumschiffs an einen Planeten. Ein Weg, das zu erreichen, bot sich mit Hilfe einer Raumsonde, die den Planeten umkreisen würde. Ein noch besserer Weg wäre die Landung auf einem Planeten.

Mariner 9 (Mariner 8 war beim Start zerstört worden) war das erste gekoppelte Raumschiff. Es erreichte den Mars im November 1971 noch rechtzeitig, um als Marssatellit den dort gerade tobenden Staubsturm fotografieren zu können, der für mehrere Wochen die Oberflächenstruktur des Planeten unkenntlich machte. Die nächste obere Konjunktion des Mars am 8. September 1972 ergab eine auf zwei Prozent genaue Bestätigung der Einsteinschen Zeitverzögerung. Das war zwar nur eine bescheidene Verbesserung gegenüber den früheren Ergebnissen, sie reichte aber aus, um die Stärke der Verankerungs-Idee zu beweisen.

Und dann kam Viking. Die Marslandungen von Viking waren ein spektakulärer Fortschritt in der Erforschung der Planeten. Sie lieferten Nahaufnahmen von der Marsoberfläche, analysierten seine Atmosphäre und suchten nach Anzeichen für Leben im Boden des Mars. Aber für die Allgemeinen Relativisten waren sie noch großartiger, denn sie stellten die perfekt gekoppelten Raumfähren für die Experimente zur Zeitverzögerung dar. Nach einem fünf Monate langen Flug erreichte die erste Viking-Raumfähre Mitte Juni 1976 den Mars. Nach einer mehrere Wochen andauernden Suche nach möglichen Landeplätzen wurde Lander 1 von der Raumfähre entkoppelt und schwebte am 20. Juli auf eine Ebene nieder, die Chryse genannt wird. Achtzehn Tage später erreichte Viking 2 den Mars, und am 3. September senkte sich Lander 2 auf die Marsoberfläche in einem Gebiet mit dem Namen Utopia Planitia. Während die Welt ihre Aufmerksamkeit gebannt den bemerkenswerten Fotos und wissenschaftlichen Daten schenkte, die von den Raumfahrzeugen zurück zur Erde gefunkt wurden, waren die nun zusammenarbeitenden Gruppen vom MIT und JPL damit beschäftigt, in einem letzten Versuch allen Einfluß geltend zu machen, um die NASA dazu zu bewegen, die Durchführung des Relativitätsexperiments zu genehmigen. Sie hatten unnachgiebig für diesen Test gekämpft seit dem Moment, in dem sich Mariner 6 und 7 als Erfolge erwiesen. Aber wie schon bei früheren Missionen hielt die NASA die Erlaubnis für den Test zurück, bis es elf geschlagen hatte. Die Zeit lief davon, denn die nächste obere Konjunktion des Mars am 26. November stand kurz bevor (siehe Abb. 6.4). Anfang September schließlich gelang Shapiro während einer Tagung zum Vikingprojekt am JPL der Durchbruch. Er sprach von Cambridge aus über eine transkontinentale Telefonleitung, während jemand am JPL dem versammelten Gremium seine Transparentfolien zeigte. Der Relativitätstest wurde bewilligt.

Die beiden Gruppen hegten große Hoffnung auf einen genauen Test der Zeitverzögerung. Mit insgesamt vier Sonden, die aus Umlaufbahnen und von der Marsoberfläche Entfernungsdaten lieferten, hatten sie eine hervorragende Anordnung von gekoppelten Raumsonden, so daß die Fehler von zufälligen Bahnstörungen vermieden wurden. Fünfzehn Jahre Fortschritt in der Technologie

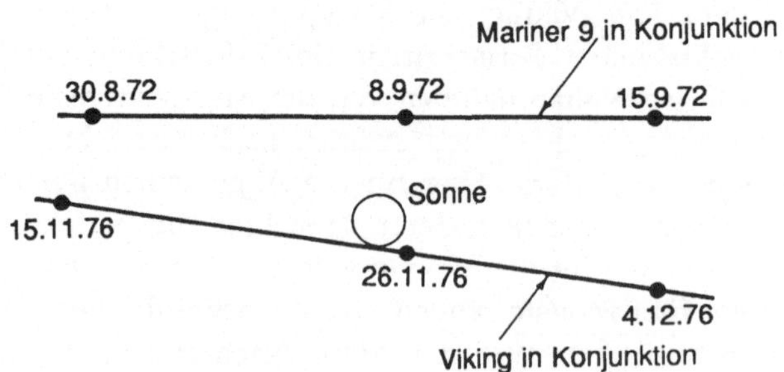

Abb. 6.4. Der Weg des Mars an der Sonne vorbei während der Mariner 9- und Viking-Experimente. Der Wegunterschied ist eine Folge der Neigung der Marsumlaufbahn relativ zu der der Erde.

der Entfernungsmessung hatten sie mit Sendern, Transpondern und Empfängern ausgestattet (ganz abgesehen von den verbesserten Computern, die zur Auswertung der Daten zur Verfügung standen), die Entfernungen bis auf 7,5 Meter genau angeben konnten.

Aber noch etwas arbeitete für sie: die S-Band- und X-Band Entfernungsmessung. Es gibt in den Zeitverzögerungsmessungen noch eine weitere Fehlerquelle, die ich bisher verschwiegen habe, die Sonnenkorona. Wie wir im 4. Kapitel sahen, werden Radiowellen, die in Sonnennähe durch das ionisierte Gas der Sonnenkorona dringen, abgelenkt. Die Unsicherheiten, die durch diese zusätzliche Richtungsänderung eingeführt werden, begrenzen zu guter Letzt die Genauigkeit, die in Experimenten zur Lichtablenkung mit Hilfe von Radiowellen erreicht werden kann. Die Sonnenkorona bricht nicht nur den Radiowellenstrahl, sondern sie bremst die Welle auch ab, was eine zusätzliche Zeitverzögerung für das Signal bedeutet, das nahe der Sonne verläuft. Von der Zeitverzögerung von 250 Mikrosekunden, die Shapiro für die obere Konjunktion errechnete, können bis zu 30 Mikrosekunden auf die Auswirkung der Sonnenkorona zurückzuführen sein. In früheren Experimenten zur Zeitverzögerung konnte dieser Tatsache in bestimmtem Umfang Rechnung getragen werden, indem man den Effekt der Sonnenkorona in einem Modell simulierte, so wie es bei vielen Radioablenkungsexperimenten geschah. Jedoch handelt es sich bei der Sonnenkorona um ein sehr turbulentes Phänomen mit vielen großen, zufälligen Schwankungen in der Gasdichte, und einfache Modelle sind ungeeignet, um diese Effekte mit der erforderlichen Genauigkeit zu beschreiben. An dieser Stelle kommen S-Band und X-Band ins Spiel. Diese Ausdrücke beziehen sich auf zwei der Standardradiofrequenzen, die in der Raumsondenortung benutzt werden. S-Band entspricht einer Frequenz von ungefähr 2,3 Milliarden Perioden in einer Sekunde (2,3 Gigahertz), und das X-Band liegt um 8,4 Gigahertz. Nun, das Abbremsen der Radiowellen durch die Sonnenkorona hängt von der Frequenz des Signals ab — je höher die Frequenz, desto kleiner der Effekt — tatsächlich nimmt der Effekt umgekehrt proportional zum Quadrat der Frequenz ab. Auf der anderen Seite ist die Shapirosche Zeitverzögerung dieselbe, gleichgültig wie die Frequenz des Signals aussieht. Darum gelingt es, den Effekt der Sonnenkorona ganz genau zu berücksichtigen, wenn man die Zeitverzögerung nahe der oberen Konjunktion mit zwei verschiedenen Frequenzen mißt. Zweifrequenz-Entfernungsmessung ist in dieser Hinsicht so wichtig, daß Verfechter des Zeitverzögerungsexperiments versuchten, die NASA zu überreden, dem Standard S-Band-System an Bord der früheren Mariner-Sonden ein X-Band hinzuzufügen. Das war aber in erster Linie aufgrund der zusätzlichen Kosten erfolglos geblieben. Sie hatten energisch versucht, X-Band-Verbindung für alle Viking-Sonden zu erhalten, aber ohne Erfolg. Alles was sie erreichten, war ein X-Band-Umsetzer auf den Sonden, die den Mars umkreisten. Das bedeutet, daß ein S-Band-Signal zur Sonde geschickt wird, deren Transponder daraus mit Hilfe eines Frequenzvervielfachungsprozesses dann ein X-Band-Signal erzeugt und beide Signale zurück zur Erde schickt. Die Sonden, die auf der Marsoberfläche landen, würden noch immer nur mit S-Band ausgestattet sein. Trotzdem, ein Teilerfolg war besser als gar keiner: Die Differenz in den Laufzeiten der S- und X-Bandwellen, die für jeden von den Marssatelliten zur Erde zurückgesandten Signalpuls ermittelt wurde, konnte dazu benutzt werden, den Effekt der Sonnenkorona auf die Gesamtlaufzeit eines jeden Radarsignals auszurechnen. Dieser Effekt konnte dann von den S-Band-Laufzeiten zu den gelandeten Sonden abgezogen werden. Das waren die wichtigeren Daten, denn die Sonden auf der Marsoberfläche waren stärker mit den Planeten verkoppelt.

Abstandsmessungen wurden von dem Augenblick an durchgeführt, als die Sonden die Marsoberflächen berührten, bis zur oberen Konjunktion im November 1976 und darüber hinaus bis zum September 1977. Dann glaubten die beiden Gruppen genug Daten gesammelt zu haben, um die Shapirosche Verzögerung bestimmen zu können. Eineinhalb Jahre ausgefüllt mit Datenverarbeitung folgten. Das abschließende Ergebnis war eine gemessene Zeitverzögerung, die in vollkommener Übereinstimmung mit den Vorhersagen der Allgemeinen Relativitätstheorie war. Die Ungenauigkeit betrug nur 0,1 Prozent oder 1:1000!

Die Geschichte der Vikingsonden, die einen solch schönen Test erlaubten, endet hier noch nicht. Die Sonden waren ursprünglich für eine Dauer von 90 Tagen auf der Marsoberfläche oder in der Marsumlaufbahn gebaut worden, stattdessen funktionierten sie mehrere Jahre lang. Lander 1 hielt am längsten, er versagte schließlich am 20. November 1982. Auch die Sonden in den Umlaufbahnen waren über Jahre hinweg funktionsfähig bis zum Juli 1978 bzw. August 1980. Bis zum Schluß wurden Abstandsmessungen aufrecht erhalten, woraus sich eine Fülle von Meßwerten ergab, die zu guter Letzt dazu benutzt werden wird, das Zeitverzögerungsergebnis noch weiter zu verbessern, da auch die nächste obere Konjunktion des Mars vom Januar 1979 in den Daten mit eingeschlossen ist. Aber wie wir im 9. Kap. sehen werden, enthielten die Daten auch eine Antwort auf die Frage, ob die Schwerkraft schwächer wird oder nicht.

Obwohl der Shapirosche Zeitverzögerungstest der Einsteinschen Theorie spät kam, ist er noch immer der genaueste Test der Theorie, der je durchgeführt wurde! Aber er ist nicht der einzige Nachzügler in der Ruhmeshalle der Tests der Allgemeinen Relativitätstheorie. Ein anderer, neuer Test kam auf, der genau wie die Zeitverzögerung gleichzeitig das Ergebnis einer theoretischen Entdeckung, des technischen Fortschritts und des Raumforschungsprogramms war. Wenn wir die Ursprünge dieses Test auffinden wollen, müssen wir vom Lincoln-Laboratory aus in Richtung Westen, vom JPL aus nach Osten aufbrechen, hinein ins Herz des nordamerikanischen Kontinents.

7. Fällt der Mond so wie die Erde?

Bozeman, Montana, 1967. Vom Dach des dreistöckigen Physikgebäudes der Montana State University (MSU) aus kann man fast alles sehen, was es dort zu sehen gibt. Um einen herum erstreckt sich eine kleine Stadt mit landwirtschaftlichem Charakter, die 1864 von John Bozeman gegründet wurde und jetzt auf 15 000 Einwohner angewachsen ist. Davon sind 5 000 Studenten an der MSU. Wenn man nach Osten schaut, sieht man die alte US-Autobahn Nr. 10, wie sie zum 1 800 Meter hohen Bozeman-Paß ansteigt. Berge umgeben einen an drei Seiten: zum Norden hin die Bridger-Gebirgskette, in Richtung Südost die Gallatin-Kette und nach Südwesten zu die Madison-Kette mit ihren höchsten Erhebungen Lone Mountain und Gallatin Peak. Weiter im Süden, 190 Autobahnkilometer entfernt, befindet sich der Old Faithful Geysir des Yellowstone Nationalparks. Wenn man sich nach Westen dreht, blickt man in das lange Gallatin-Tal mit dem Quellgebiet des Missouri und den Lewis- und Clark-Höhlen, die nach ihren Erforschern benannt sind, die dieses Tal im Jahre 1806 entdeckt haben. Der Leser weiß es noch nicht, aber an den Fuß des Lone Mountain wird sich in Zukunft das *Big Sky*-Areal anschmiegen, das riesige Ski-, Erholungs- und Wohngebiet, das vom Fernseh-Nachrichtensprecher Chet Huntley und anderen ersonnen wurde und erschlossen wird. Die Einheimischen stehen diesem Zustrom von „Menschen aus dem Osten" (Leuten von Minnesota und von noch weiter her) und diesem Eingriff in die Wildnis mißtrauisch gegenüber. Aber bisher ist man hier noch in herrlicher Abgeschiedenheit, Millionen Kilometer entfernt vom Rest der Welt. Aber, was die Welt der Allgemeinen Relativitätslehre angeht, steht man hier genau im Mittelpunkt.

Kenneth Nordtvedt hätte eigentlich an große Städte gewöhnt sein müssen: geboren in Chicago, ging er als Student ans MIT in der Nähe von Boston, erhielt die Doktorwürde von der Stanford Universität bei San Francisco und schließlich hatte er Stellen wiederum in der Bostoner Gegend, als angesehener *Junior Fellow* an der Universität Harvard und als Forscher im Entwicklungslabor des MIT. Aber bis 1965 hatte er einen Widerwillen gegen die Lebensweise und die Politik in großen Städten entwickelt. Besonders die Städte der beiden Küsten lehnte er ab und beschloß, ins Kerngebiet Amerikas umzusiedeln. Als man ihm eine Assistenzprofessur an der kleinen Montana State Universität in Bozeman anbot, sagte er bereitwillig zu und ging nach Westen, um hier seine akademische Laufbahn erst richtig zu beginnen.

In seiner Doktorarbeit hatte sich Nordtvedt mit gewissen Fragen in der Theorie der festen Körper auseinandergesetzt, aber der Festkörperphysik galt nicht sein wirkliches Interesse. Seine wahre Liebe war die Gravitationstheorie, und nach seiner Ankunft in Bozeman fing er an, über die Bewegung von Körpern nachzudenken. Er stellte folgende Frage: Fallen schwere Körper wie die Sonne, Planeten, der Mond usw. in einem vorgegebenen Gravitationsfeld alle mit derselben Beschleunigung wie die Aluminium- und Platinkugeln, die im Eötvös-Experiment benutzt wurden? Augenscheinlich gibt es keinen experimentellen Beweis, weder für die eine noch für die andere Seite, da noch niemand versucht hat, einen Planeten fallen zu lassen oder den Mond ins Labor zu holen. Trotzdem handelte es sich hierbei um eine interessante Frage, schon wegen eines entscheidenden Unterschieds zwischen Körpern mit großer Masse und Körpern von Laborgröße. Körper von Laborgröße werden von nuklearen und elektromagnetischen Kräften zusammengehalten, während im Fall der Planeten ihre eigene Schwerkraft dafür sorgt, dieselbe Kraft, mit der die Körper gegenseitig angezogen werden. In einem faustgroßen Aluminiumball beispielweise entspricht die Energiemenge, die durch die Gravitations-Anziehung zwischen den einzelnen Aluminiumatomen gebunden ist, weniger als einem Million-Trillardstel der Ruhemasse der Kugel. Auf der anderen Seite ist für die Erde, da sie sehr viel mehr Masse besitzt, die Gravitations-Anziehungs- oder Bindungsenergie ein viel größerer Bruchteil. Sie beträgt etwas weniger als ein Milliardstel der ihrer Ruhemasse entsprechenden Energie.

Nun, die im Labor durchgeführten Eötvös-Experimente, die in Kap. 2 besprochen wurden, deuten darauf hin, daß die Beiträge der Kernkraft und des Elektromagnetismus zur Energie eines Körpers alle in derselben Weise auf ein äußeres Gravitationsfeld reagieren, da Körper verschiedener Struktur und Zusammensetzung immer mit derselben Beschleunigung fallen, ohne Rücksicht darauf, ob ein Körper vielleicht relativ mehr elektromagnetische Energie pro Masseneinheit aufweist als ein anderer Körper. Tatsächlich war es diese Universalität oder Unabhängigkeit der Gravitationsbeschleunigung von der Natur der Körper, die es uns erlaubt, die Schwerkraft eher als eine Bestätigung der gekrümmten Raum-Zeit zu interpretieren, als darin ein Phänomen zu sehen, das von Besonderheiten der Objekte abhängt. Aber wie steht es mit der Schwerkraft selbst? Könnte es nicht sein, daß es vielleicht aufgrund irgendwelcher nicht-linearer Gravitationswechselwirkungen zwischen dem inneren Gravitationsfeld eines Körpers mit einem hohen Anteil an Gravitationsbindungsenergie und dem äußeren Gravitationsfeld dazu kommt, daß der Körper in einem vorgegebenen äußeren Gravitationsfeld anders fällt als ein Körper mit geringerer Gravitations-Bindungenergie? Zum Beispiel hat ein weißer Zwerg mit der gleichen Masse wie die Sonne nur einen Durchmesser von einigen Tausend Kilometern im Gegensatz zu den 1 400 000 Kilometern der Sonne. Da der weiße Zwerg durch die Schwerkraft so stark verdichtet ist, ist seine Gravitations-Bindungsenergie ungefähr 1 000 mal größer als die der Sonne. Falls jemand einen weißen Zwerg und die Sonne Seite an Seite in ein äußeres Gravitationsfeld fallen ließe, würden sie dann mit derselben Beschleunigung fallen?

Um die Beantwortung dieser Frage zu versuchen, erfand Nordtvedt eine Möglichkeit, mit den Bewegungsabläufen von Körpern in Planetengröße umzugehen, die in jeder oder zumindest in der Mehrzahl der die gekrümmte Raum-Zeit berücksichtigenden Gravitationstheorien Gültigkeit besitzen würde. Die Gleichungen, die er aufstellte, umfaßten die Allgemeine Relativitätstheorie, die Brans-Dicke-Theorie und viele andere in einem Aufwasch. Alles was man tun mußte, um die tatsächliche Vorhersage einer ausgewählten Theorie wie etwa der Allgemeinen Relativitätslehre zu finden, bestand darin, in den Gleichungen die numerische Größe gewisser dort vorkommender Koeffizienten festzulegen. Die Berechnungen waren kompliziert, mit unzähligen Termen in der Endgleichung, die die Beschleunigung eines Körpers mit großer Masse beschrieb. Aber als alles gesagt und getan war, ergaben sich zwei bemerkenswerte Resultate.

Erstens konnte, als die Gleichungen auf die Allgemeine Relativitätstheorie angewandt wurden, eine enorme Anzahl von Termen eliminiert werden, und das Ergebnis lautete, daß verschieden massive Körper genau dieselbe Beschleunigung erfahren, ganz unabhängig davon, wie stark sie gebunden sind. Von der Allgemeinen Relativitätslehre wurde also vorhergesagt, daß die Beschleunigung der über die Schwerkraft gebundenen Körper gleich der von Körpern mit Laborgröße ist. Mit anderen Worten, wenn es uns möglich wäre, die Erde und eine Aluminiumkugel in dem Gravitationsfeld irgendeines entfernten Körpers fallen zu lassen (wobei wir auf einen ausreichend großen Abstand zwischen der Kugel und der Erde achten, damit wir uns nicht um die gegenseitige Gravitationsanziehung kümmern müssen), dann würden die beiden genau gleich fallen. Das ist eine wahrhaft astronomische Version von Galileis Demonstration am Schiefen Turm von Pisa. Diese schöne Vorhersage der Allgemeinen Relativitätstheorie, die Äquivalenz der Beschleunigung von Körpern ganz gleich welcher Größe, wird manchmal als das starke Äquivalenzprinzip bezeichnet. (siehe Abb. 7.1).

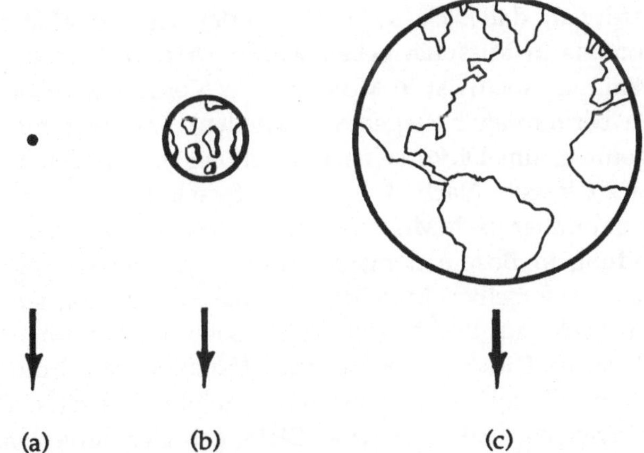

Abb. 7.1. Das starke Äquivalenzprinzip. In der Allgemeinen Relativitätstheorie fallen ein Aluminiumball (a), der Mond (b) und die Erde (c) alle mit derselben Beschleunigung auf ein entferntes Objekt zu, obwohl Mond und Erde durch ihre eigene innere Schwerkraft zusammengehalten werden.

Nordtvedts Berechnungen führten zu einem weiteren bemerkenswerten Ergebnis: In den meisten anderen Gravitationtheorien, einschließlich der von Brans und Dicke, kam es nicht zur vollständigen Aufhebung der Terme, und eine kleine Differenz in der Beschleunigung blieb erhalten. Dabei kam es darauf an, wie stark die Körper durch die innere Gravitation gebunden waren. Obwohl diese Theorien also garantierten, daß Körper von Laborgröße mit derselben Beschleunigung fallen, sah es ganz anders aus, sobald man Körper mit einem beachtlichen Anteil an Gravitationsbindungsenergie betrachtete. Diese Körper würden verschieden fallen. Anders ausgedrückt: In solchen Theorien fällt die Gravitationsenergie mit einer etwas anderen Rate als andere Formen von Energie wie etwa die Ruheenergie, die elektromagnetische Energie und andere mehr. Also waren Theorien wie die Brans-Dicke-Theorie zwar mit dem normalen Äquivalenzprinzip verträglich, aber nicht mit dem starken Äquivalenzprinzip.

Die Tatsache, daß die Allgemeine Relativitätstheorie die Gleichheit der Beschleunigung auch bei Körpern mit großer Masse vorhersagte, war erfreulich, aber der Umstand, daß andere Theorien das nicht taten, trat so unerwartet ein, daß Nordtvedt befürchtete, irgendwo einen entscheidenden Schritt ausgelassen zu haben. Gerade in dieser Zeit, im Winter 1967–1968 erfuhr Nordtvedt, daß Dicke selbst eine Vorlesung an der Universität von Montana in Missoula geben würde. (Als einziger zu dieser Zeit bekannter Relativist in Montana war Nordtvedt gebeten worden, den berühmten Kollegen vorzustellen). Das war die ideale Gelegenheit, um Dicke seine Entdeckung mitzuteilen und ihn um Rat zu fragen. Nach einigen Nachforschungen kannte er Dickes Flugnummer nach Missoula und da das Flugzeug eine Zwischenlandung in Bozeman machte, buchte er seinen Flug nach Missoula in derselben Maschine. Einmal in der Luft, suchte Nordtvedt Dicke auf und beschrieb ihm seine Entdeckung. Für den so belagerten Dicke gab es in dieser Situation kein Entrinnen. Hier war ein völlig Fremder, der ihm erzählte, daß seine Theorie das Äquivalenzprinzip verletzte! Dicke gab sich unverbindlich. Obwohl er tatsächlich mehrere Jahre zuvor einmal die Möglichkeit eines solchen Unterschieds in der Beschleunigung vage in Betracht gezogen hatte, drückte er Erstaunen darüber aus, daß die Brans-Dicke-Theorie sie wirklich vorhersagte. Er sagte, daß er nach seinem Vortrag nach Princeton zurückgehen und darüber nachdenken müßte. Unbeeindruckt von der nicht gerade begeisterten Aufnahme, die seine Entdeckung gefunden hatte, kehrte Nordtvedt nach Bozeman zurück. Er war selbstsicher genug, um an seine Arbeit zu glauben und sie voranzutreiben.

Die Ironie dieser Anekdote liegt darin, daß der anfangs skeptische Dicke schließlich überzeugt davon war, daß Nordtvedt Recht hatte, und daß dieser Unterschied in der Beschleunigung, mittlerweile als Nordtvedt-Effekt bezeichnet, tatsächlich als eine Vorhersage in seiner und anderen Theorien enthalten war. Es spricht für seine Größe als Wissenschaftler, daß Dicke daraufhin die Pläne, ein Experiment aufzubauen, um nach dem Nordtvedt-Effekt zu suchen, tatkräftig unterstützte. Die Ergebnisse dieses Experiments sprachen am Ende gegen die Brans-Dicke-Theorie.

Falls es den Nordtvedt-Effekt gab, wie konnte er getestet werden? Nachdem er einer Reihe von Ideen nachgegangen war, die sich alle als experimentell unausführbar erwiesen, griff Nordtvedt nach dem Mond. Zu diesem Zeitpunkt war das Surveyor-Programm der unbemannten Landungen auf dem Mond in vollem Gang als Vorbereitung für die bemannten Apollo-Missionen. Eines der Ziele des Surveyor-Mondlandungsprogramms bestand darin, Rückstrahler auf dem Mond aufzustellen. Diese Rückstrahler sind speziell entwickelte Spiegel, die einen von der Erde ausgesandten Laserstrahl in dieselbe Richtung zurückschicken können, aus der er gekommen ist. Durch die Messung der Gesamtlaufzeit eines Lasersignals hofften die Astronomen, weitreichende Verbesserungen in ihrer Kenntnis der Mondumlaufbahn zu erlangen. Einige Relativisten hatten bereits zu erwägen begonnen, mit Hilfe der erweiterten Kenntnisse nach relativistischen Effekten in der Mondumlaufbahn zu suchen. Die vorläufigen Berechnungen waren aber nicht sehr ermutigend.

Nordtvedt fragte: Falls es diesen Unterschied in der Beschleunigung von Körpern mit großer Masse wie in der Brans-Dicke-Theorie gibt, wie wird er die Bewegung des Mondes beeinflussen? Schauen wir uns die Beschleunigung der Erde und des Mondes im Schwerefeld der Sonne an (siehe Abb. 7.2). Die Gravitationsbindungsenergie pro Masseneinheit beträgt beim Mond ungefähr ein Fünfundzwanzigstel des Wertes für die Erde, so könnten die beiden Himmelskörper im Prinzip mit verschiedenen

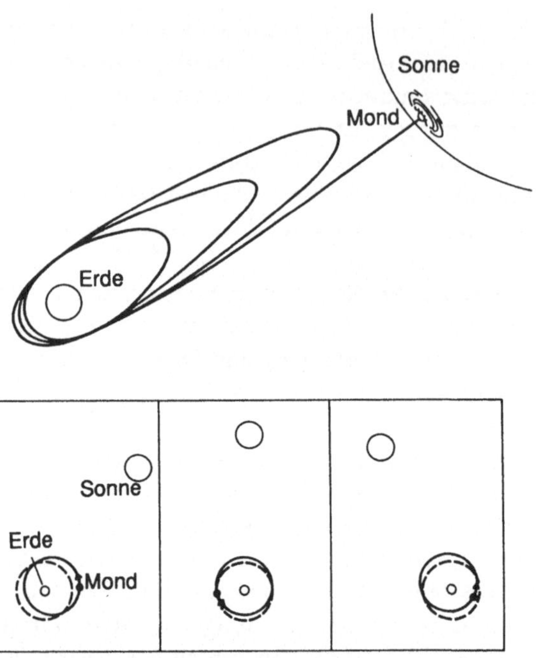

Abb. 7.2. Der Nordtvedt-Effekt: Mond-Katastrophe oder Störung der Umlaufbahn? Falls der Mond mit einer größeren Beschleunigung als die Erde hin zur Sonne fiele, würde seine Umlaufbahn zunehmend mehr gedehnt, bis er in die Sonne hineingezogen würde. Aber da sich die Erde-Mond-Orientierung aufgrund der Umlaufbewegung der Erde ändert, kann sich die Dehnung nie aufbauen und erzeugt stattdessen eine verschobene Umlaufbahn, die ständig zur Sonne hin zeigt (durchgezogene Linien). In der Allgemeinen Relativitätstheorie kommt diese Dehnung überhaupt nicht vor (gestrichelte Linien).

Beschleunigungen fallen, da die Erde stärker gebunden ist als der Mond. Nehmen wir einmal an, daß der Mond mit etwas größerer Beschleunigung fällt als die Erde (ob sie größer oder kleiner ist, hängt von der jeweiligen Gravitationstheorie ab). Überlegen wir, was vom Standpunkt der Erde aus gesehen geschieht. Der Mond umkreist die Erde, wird aber geringfügig schneller zur Sonne beschleunigt als die Erde, darum wird der Mond bei jeder vollendeten Umdrehung ein wenig näher zur Sonne gezogen. Was als eine fast kreisförmige Umlaufbahn begann, erhält die Form einer Ellipse, und bei jeder Umdrehung wird die Ellipse mehr und mehr zur Sonne hin verlängert, bis der Mond katastrophenartig aus seiner Bindung zur Erde herausgezogen wird, und spektulär in die Sonne stürzt. Bedeutet der Nordtvedt-Effekt eine Mondkatastrophe? In Wirklichkeit nicht, denn wir haben eine wichtige Tatsache außer Acht gelassen: Die Sonne umkreist die Erde (nur von einem gewissen Koordinatensystem aus betrachtet natürlich), somit wird die Umlaufbahn des Mondes bei einer seiner Umdrehungen zwar in Richtung Sonne verlängert, bei der nächstfolgenden aber, 27 Tage später, tritt diese Verlängerung in einer anderen Richtung auf. Die Sonne hat sich nämlich in dieser Zeit um etwa 27 Grad auf ihrer eigenen Umlaufbahn weiterbewegt (die Drehgeschwindigkeit der Sonne um die Erde beträgt 360 Grad in 365 Tagen oder ein Grad pro Tag), so daß bei der nächsten Monddrehung eine Verlängerung in Richtung zur neuen Position der Sonne erfolgt. Bei der folgenden Umdrehung des Mondes muß die Verlängerung auf eine noch neuere Position hin ausgerichtet sein, und so weiter. Darum kann die Verlängerung der Mondumlaufbahn, die vom Nordtvedt-Effekt herrührt, keine zerstörerischen Ausmaße annehmen, sondern sie bleibt immer gleich. Aber sie ist mit ihrer langen Achse stets in Richtung Sonne orientiert. Falls angenommen wird, daß der Mond eine etwas kleinere Beschleunigung als die Erde erfährt, dann ergibt sich eine Verlängerung in der entgegengesetzten Richtung, und die Längsachse zeigt von der Sonne weg. Falls aber, wie in der Allgemeinen Relativitätstheorie, beide Himmelskörper mit derselben Beschleunigung fallen, dann wird keine Verlängerung dieser Art vorhergesagt.

Die entscheidende Frage ist die nach der Größe dieses Effekts. Nach dem Einsetzen aller Zahlen fand Nordvedt heraus, daß die Größe der Verlängerung in der Brans-Dicke-Theorie beispielsweise bis zu 1,3 m betragen kann. In der Allgemeinen Relativitätstheorie ist dieser Effekt natürlich Null.

Das war sehr aufregend, so seltsam es auf den ersten Blick auch erscheinen mag. Obwohl ein 1,3 m Effekt im Abstand des Mondes von der Erde unglaublich klein klingt, war er tatsächlich mit Hilfe der beabsichtigten Lasermessungen zu den Rückstrahlern auf dem Mond leicht meßbar. Es wurde erwartet, daß es mit dieser Methode am Ende möglich sein würde, die Entfernung zum Mond bis auf rund 30 cm genau zu bestimmen. Damit war ein Test zur Existenz des Nordtvedt-Effekts gut durchführbar. Bald nach der Veröffentlichung von Nordtvedts Berechnungen wurde das Anliegen, die Allgemeine Relativitätstheorie zu testen, indem man nach dem Nordtvedt-Effekt suchte, als eines der Hauptziele des Lasermeßprogramms zum Mond anerkannt.

Das Lasermeßprogramm zum Mond hatte seine Wurzeln eigentlich in den späten fünfziger Jahren. Wie viele andere bahnbrechende Ideen auf diesem Gebiet ging es auf Robert Dicke zurück. Damals interessierte sich Dicke für die Frage, ob die Gravitationskonstante wirklich eine Naturkonstante ist, oder ob sie ihren Wert mit der Zeit verändert, zum Beispiel im Laufe der Entwicklung des Universums (siehe Kap. 8 und 9). Eine der Konsequenzen einer sich allmählich verändernden Gravitationskonstanten wäre die systematische Zu- oder Abnahme des Durchmessers einer Satelliten- oder Planetenumlaufbahn, je nachdem ob die Gravitationskonstante kleiner oder größer wird. Eine von Dickes Ideen sah vor, Scheinwerferpulse zu den Rückstrahlern auf einem künstlichen Erdsatelliten zu senden, um nach dem Effekt solcher Veränderungen in der Position des Satelliten am Himmel zu suchen. Die Entwicklung von gepulsten Rubinlasern und die raschen Fortschritte des Raumprogramms Anfang der sechziger Jahre erlaubten, ernsthaft an die Durchführung direkter und genauer Abstandsmessungen zu denken. Dabei war der Mond einem Satelliten vorzuziehen. Die Anwendung von Lasern im sichtbaren Teil des Spektrums ist wichtig, weil die kürzere Wellenlänge des Lichts es erlaubt, einen kürzeren Lichtimpuls auszusenden, als es im Falle der Radarwellen im Bereich längerer Wellenlängen möglich war. Die Pulslänge ist ein grobes Maß für den maximalen Fehler, der in der Bestimmung der Gesamtumlaufzeit des Pulses gemacht werden kann. Bestenfalls konnte der Rubinlaser Pulse einer Dauer von zehn Milliardstel Sekunden aussenden. Das entspricht einem maximalen Fehler in der Entfernung von ungefähr 150 cm, aber in der Praxis kann dieser Fehler zehnmal kleiner gehalten werden.

Neben der Möglichkeit, nach dem Effekt einer veränderlichen Gravitationskonstante in der Mondumlaufbahn zu schauen, bot die in höchstem Maße exakte Entfernungsmessung eines derartigen Programms noch viele andere wertvolle Ergebnisse. Unter anderem würde sie zu einem besseren Verständnis der Mondumlaufbahn führen und detaillierte Studien der Mondlibrationen erlauben, jenen Winkelschwankungen um den Schwerpunkt des Mondes herum, die dafür sorgen, daß das Gesicht, das der Mond uns zeigt, nicht immer genau dasselbe ist. Sie würden die exakten Lagen der Erdstationen, von denen aus die Entfernungsmessungen durchgeführt werden, ergeben und könnten hierbei Licht auf solche Fragen wie die nach der Schwankung der Rotationsachse der Erde und die nach der Kontinentalverschiebung werfen.

Aber die ganze Idee wäre im Herbst 1968 fast zunichte gemacht worden, als das Surveyor-Programm der unbemannten Mondlandungen plötzlich zugunsten der Vorbereitung der bemannten Apollolandungen auf dem Mond fallengelassen wurde, noch bevor ein einziger Rückstrahler auf der Mondoberfläche aufgebaut werden konnte. Noch schlimmer, es bestand kaum Hoffnung, daß ein Rückstrahler bei einer der frühen Apollomissionen aufgestellt würde, denn es gab keinen Platz mehr in der bereits entworfenen *Apollomeßstation für Experimente auf der Mondoberfläche* (Apollo Lunar Surface Experiments Package, ALSEP). Aber dann ergab sich ein glücklicher Zufall. Die Astronauten wurden zu sehr beansprucht! Die NASA beschloß, daß die Arbeitsbelastung für die Astronauten bei der ersten bemannten Landung von Apollo 11 zu groß wäre, falls man weiterhin auf dem Komplex ALSEP bestehen würde. Im Vergleich dazu war das Aufstellen der Rückstrahler eine Leichtigkeit. Der Astronaut mußte nur eine kurze Strecke zurücklegen, gerade so lang, um sicher zu gehen, daß der Rückstrahler beim Start der Fähre zum Rückflug nicht mit Staub zugedeckt oder auf die Mondoberfläche geworfen würde, und er mußte den Rückstrahler in Richtung Erde drehen. Das Gerät war vollkommen passiv, ohne Batterien oder bewegliche Teile und daher sehr zuverlässig. Darüber hinaus waren seine wissenschaftlichen Ziele wichtig. Die NASA wechselte für Apollo 11 ALSEP gegen einen Rückstrahler aus, zur Freude der Mondentfernungsmessungs-Arbeitsgruppe und vermutlich zum Ärger des ALSEP-Teams. Der „kleine Schritt", den Neil Armstrong am 21. Juli 1969 auf die Mondoberfläche machte, war aufgrund der Aufstellung des Rückstrahlers ein riesiger Schritt für die experimentelle Gravitation. Hinterher wurden noch vier weitere Rückstrahler auf dem Mond angebracht, zwei US-amerikanische

Geräte, die während Apollo 14 und 15 aufgebaut wurden und zwei in Frankreich hergestellte Reflektoren, die während der unbemannten sowjetischen Missionen Luna 17 und 21 aufgestellt wurden.

Innerhalb von anderthalb Wochen nach dem Aufstellen des Apollo 11 Reflektors gelang es Astronomen am Lick Observatorium in Kalifornien, Laserpulse von dort zurückstrahlen zu lassen und ihre gesamte Laufzeit bis zu einer Genauigkeit von wenigen Metern zu messen. Im Oktober 1969 hatte sich die Hauptaktivität in der Laserentfernungsmessung auf das McDonald Observatorium in Texas verlagert, und das ist bis heute so geblieben. Entfernungsmessungen mit Lasern werden auch von Observatorien in Frankreich, der UdSSR, Japan, Australien und neuerdings vom amerikanischen Observatorium in Haleakala auf Hawaii durchgeführt. (Die deutsche Lasermeßstation für die Erde-Mond-Entfernung ist in Wettzell im Bayerischen Wald, Anm. der Übers.)

Ein typischer Laser-Meßdurchlauf umfaßt zwischen 50 und 300 Laserpulse, die über eine Zeitspanne von 5 bis 20 Minuten abgeschossen werden. Die ungefähre Gesamtlaufzeit eines Pulses beträgt 2,3 Sekunden, und bis Dezember 1971 war es möglich, diese Zeiten mit einer Genauigkeit von einer Milliardstel Sekunde zuverlässig zu messen. Das entspricht einem maximal möglichen Fehler im Abstand zwischen dem Observatorium und dem Rückstrahler von ungefähr 15 cm. Bis zum Mai 1975 waren mehr als 1500 erfolgreiche Durchläufe aufgezeichnet worden, die meisten davon mit einer Genauigkeit in der Größenordnung von 15 cm. Es wurde Zeit nachzuschauen, ob der Nordtvedt-Effekt wirklich existierte. Die Mondumlaufbahn ist, wie ich bereits erwähnt habe, sehr kompliziert und wird, wie es aussieht, durch die Sonne und andere Planeten stark gestört. Aber die riesigen Fortschritte im Wissen von der Mondumlaufbahn, die durch die Lasermeßmethode erzielt wurden, zusammen mit verbesserten Bestimmungen der Planetenumlaufbahnen mit Hilfe von Radarabstandsmessungen und Daten von Raumfähren, machten es möglich, jede Abweichung in der Mondumlaufbahn, die vielleicht nach dem Nordtvedt-Effekt aussah, aber von normalen, bekannten Störungen herrührte, zu bestimmen. Nachdem diese Effekte berücksichtigt worden waren, konnten jegliche

Reststörungen dem Nordtvedt-Effekt zugeordnet werden. Es wurden zwei voneinander unabhängige Auswertungen der Meßdaten vorgenommen, eine davon unter Mitarbeit von 17 Wissenschaftlern von neun Institutionen einschließlich Dicke und drei Pionieren des Lasermeßprogramms, J. Derral Mulholland, Carroll O. Alley und Peter L. Bender. Die andere Gruppe wurde von Irwin Shapiro am MIT geleitet. Ihre Ergebnisse zeigen keinerlei Anhaltspunkt für den Nordtvedt-Effekt bei einer Genauigkeit von 30 cm. Wenn wir uns erinnern, daß die Vorhersage der Brans-Dicke-Theorie ganze 130 cm betrug, erkennen wir, daß das Beweismaterial sehr stark gegen diese Theorie spricht. Auf der anderen Seite sagt die Allgemeine Relativitätslehre keinen Effekt voraus und stimmt darin mit den experimentellen Ergebnissen überein.

Eine andere interessante Art, die Ergebnisse der Abstandsmessung zum Mond mit Hilfe von Lasern auszudrücken, besteht darin zu sagen, daß sie bewiesen haben, daß der Mond und die Erde mit derselben Beschleunigung zur Sonne hin fallen. Die Genauigkeit beträgt einen Teil in Hundert Milliarden. Das ist vergleichbar mit der Genauigkeit, die bei Eötvös-Experimenten mit Körpern von Laborgröße in Princeton und Moskau erreicht wurde.

Irgendwie schließt sich mit dem Laserexperiment zur Bestimmung des Mondabstands unser Kreis. Die Gleichheit der Beschleunigung der Körper von Laborgröße war einer der Stützpfeiler im Konzept der gekrümmten Raum-Zeit, und die Allgemeine Relativitätstheorie baute auf diesem Fundament auf. Jedoch war damit noch keineswegs klar, daß die Allgemeine Relativitätstheorie dieselbe Gleichheit auch vorhersagen würde für Körper mit großer Masse, die durch die Gravitation zusammengehalten werden. In den Jahren nach Nordtvedts Entdeckung der Gleichheit der Beschleunigung auch für Körper von Planetengröße, bei denen die innere Gravitations- Bindungsenergie zwar beachtenswert, aber immer noch klein im Vergleich zur gesamten Ruheenergie ist, wurden mehrere, weitergehende theoretische Berechnungen durchgeführt. Es zeigte sich, daß die Allgemeine Relativitätstheorie die Gleichheit der Beschleunigung auch im Fall von stark gebundenen Körpern wie Neutronensternen und sogar für die am stärksten gebundenen aller Körper, die Schwarzen Löcher, vorhersagte. Mit anderen Worten, entsprechend der Allgemeinen Relativitätstheorie fallen ein Schwarzes

Loch und ein Aluminiumball mit der gleichen Beschleunigung. Das starke Äquivalenzprinzip ist augenscheinlich ein Merkmal der Allgemeinen Relativitätstheorie, gilt aber nicht für andere Theorien wie die Brans-Dicke-Theorie. Sie ist ein weiteres Produkt der Eleganz und Schlichtheit der Einsteinschen Theorie. Einstein würde wahrscheinlich sagen „natürlich", und wenn man diese Mondversion des Eötvös-Experiments betrachtet, scheint ihm die Natur Recht zu geben.

8. Aufstieg und Fall der Brans-Dicke-Theorie

Wenn jemand hervorgehoben werden kann als die treibende Kraft, die in den vergangenen 25 Jahren hinter dem Aufstieg der experimentellen Relativitätsforschung stand, dann ist es Robert H. Dicke. Er hat nicht nur eine Schlüsselrolle im Ersinnen und in der Ausführung einiger der wichtigsten experimentellen Tests zur Natur der Gravitationswechselwirkung gespielt, sondern zeichnet darüber hinaus verantwortlich für viele der theoretischen Erkenntnisse, die die Art, wie sowohl Theoretiker als auch Experimentalphysiker dieses Forschungsgebiet angegangen sind, gründlich beeinflußt haben.

Aber wie das Schicksal es wollte, stand er oft im Abseits mit theoretischen Ideen und experimentellen Ergebnissen, die der herkömmlichen Weisheit widersprachen. Wie wir im 5. Kapitel sahen, brachten ihn seine Messungen der sichtbaren Abplattung der Sonne, die hundertmal größer ausfielen als von der herkömmlichen Sonnentheorie vorhergesagt, in Gegensatz zur Mehrzahl der Sonnenphysiker und Allgemeinen Relativisten. Die so ausgelöste Streitfrage blieb weitgehend ungeklärt; seine Entwicklung der Skalar-Tensor-Theorie der Gravitation zusammen mit Carl Brans sorgte für die erste ernstzunehmende Herausforderung der bis dahin unangefochtenen Allgemeinen Relativitätslehre und rief viele Skeptiker und eine nicht unbedeutende Anzahl von Anhängern auf den Plan. Aber es ist charakteristisch für Dicke, daß er gleichzeitig mit seiner Befürwortung der Brans-Dicke-Theorie als möglicher Alternative zur Allgemeinen Relativitätslehre die Durchführung einiger Experimente fördern half, deren Verwirklichung den Niedergang seiner eigenen Theorie bedeuteten. Denn gleichgültig wie elegant oder intellektuell befriedigend eine Theorie auch sein mag, sie muß letztlich der experimentellen Überprüfung standhalten. Dicke scheute sich nie vor dieser

Konfrontation von Theorie und Beobachtung. Tatsächlich fand er Gefallen daran, denn im Herzen ist er einer der ganz großen Experimentalphysiker unserer Zeit. Es gibt in der Geschichte der Physik zahlreiche Beispiele für das Zusammenspiel von Theorie und Beobachtung, aber eines der interessantesten ist der Aufstieg und Fall der Brans-Dicke-Theorie der Gravitation.

Dicke wurde 1916 in St. Louis geboren, studierte an den Universitäten Princeton und Rochester und erlangte 1941 den Doktortitel. Nach dem Wehrdienst, den er während des zweiten Weltkrieges am MIT Radiation Laboratory leistete, kehrte er 1946 auf eine permanente Stelle nach Princeton zurück. Seine Methode, an die Physik heranzugehen, sowohl experimentell als auch theoretisch, bestand darin, allgemeine Prinzipien zu benutzen wie etwa Symmetrien oder Erhaltungssätze, um dem Problem, mit dem er sich beschäftigte, auf den Grund zu gehen oder eine bessere oder elegantere experimentelle Technik zu finden. Dicke machte experimentelle Entdeckungen oder erläuterte theoretische Prinzipien, die unter anderem zum phasenempfindlichen Verstärker, der Gaszellen-Atomuhr, dem Mikrowellen-Radiometer, dem Laser und dem Maser führten. Er mischte direkt oder indirekt bei so vielen Entdeckungen mit, die mit dem Nobelpreis ausgezeichnet wurden, daß viele Physiker es als ein Rätsel (und manche als einen Skandal) betrachten, daß ihm bislang diese Ehre noch nicht zuteil wurde. Im Jahr 1964 fragte sich Dicke, ob es möglicherweise einen Hintergrund in der kosmischen Strahlung gibt, der vom Urknall übriggeblieben ist. Er ließ seine Forschungsgruppe in Princeton an theoretischen Berechnungen zum Verständnis der kosmischen Strahlung und an einem Experiment zu ihrer Entdeckung arbeiten, wobei eine Mikrowellenantenne benutzt wurde. Im Frühjahr 1965, noch bevor sie ihre Messungen abschließen konnten, erfuhren sie, daß Arno Penzias und Robert Wilson von den Bell Telephone Laboratorien zufällig die Hintergrund-Strahlung entdeckt hatten während ihrer Bemühungen, ihre eigene Mikrowellenantenne zu verbessern. Penzias und Wilson teilten sich den Nobelpreis für die Entdeckung.

Nirgends war Dickes „elegante" Haltung zur Physik wertvoller als bei seiner experimentellen Arbeit zur Gravitation, der er sich etwa 1960 zuwandte. Wie wir an mehreren Stellen in diesem Buch gesehen haben, führten seine eleganten Lösungen von schwierigen experimentellen Problemen zu wichtigen neuen Ergebnissen, wie etwa im Eötvös-Experiment und dem Experiment zur Sonnenabplattung.

Aber etwa zur gleichen Zeit begann Dicke, sich in Gedanken mit der Möglichkeit eines neuen Zugangs zur Gravitationstheorie auseinanderzusetzen. In den Jahren vor und nach der Veröffentlichung der Allgemeinen Relativitätstheorie wurden zahlreiche alternative Theorien der Gravitation hervorgebracht. In der Regel waren diese Theorien aus dem Wunsch heraus entstanden, die Aspekte der gekrümmten Raum-Zeit und der Allgemeinen Relativitätslehre zu vermeiden. Stattdessen behielten sie die flache Raum-Zeit der Speziellen Relativitätstheorie bei, deren experimentelle Grundlage sehr viel solider war. Die Gravitation wurde als ein Feld in der flachen Raum-Zeit behandelt, genau wie man den Elektromagnetismus mit Hilfe von Feldern erklärt. Aber entweder verstießen diese Theorien gegen bereits existierende experimentelle Ergebnisse wie die Perihelverschiebung des Merkur (vor der Abflachung der Sonne) und die Ablenkung des Lichts, oder aber sie waren derart häßlich, umständlich oder kompliziert, daß niemand sie ernstnehmen konnte. Bis in die späten fünfziger Jahre hinein gab es keine einzige Theorie, die eine echte Konkurrenz zur Allgemeinen Relativitätstheorie hätte sein können.

Dicke jedoch war vollkommen zufrieden mit der Vorstellung von der gekrümmten Raum-Zeit. Er stimmte zu, daß es sich dabei um eine natürliche Folge des Äquivalenzprinzips handelte und fühlte, daß sie als Grundlage der Gravitationstheorie erhalten bleiben sollte. Er hatte etwas anderes im Sinn.

Dieses andere war das *Machsche Prinzip*, eigentlich nicht mehr als eine lose Sammlung von Gedanken zur Natur von Trägheit und Schwerkraft, die dem Philosophen Ernst Mach (1838–1916) zugeschrieben werden. In Wirklichkeit hat Mach niemals etwas zu Papier gebracht, das im entferntesten einem erhabenen Prinzip ähnelt, und würde wahrscheinlich einige der Formulierungen des *Machschen Prinzips*, die von Physikern und Philosophen des 20. Jahrhunderts benutzt werden, nicht wiedererkennnen. Einstein selbst war ein Verehrer und Förderer des *Machschen Prinzips*, aber in späteren Jahren ließ sein Enthusiasmus dafür nach. Nichtsdestoweniger hatte Mach eine Grundvorstellung oder Ansicht geäußert, die sich mehr oder weniger als roter Faden durch die meisten

Versionen des Prinzips zieht. Die Vorstellung ist diese: Trägheit und Schwere der Materie sind irgendwie verkettet mit dem Vorkommen der übrigen Materie im All. Ein einfaches, als Newtonscher Eimer bekanntes Beispiel illustriert diesen Gedanken (siehe Abb. 8.1).

Man füllt einen Eimer mit Wasser, stellt ihn auf einen drehbaren Tisch und läßt den Tisch rotieren. Wenn der Eimer anfängt sich zu drehen, reagiert das Wasser zunächst überhaupt nicht, aber allmählich zwingt die Reibung zwischen dem Wasser und den Wänden des Eimers das Wasser, sich zusammen mit dem Eimer zu drehen. Als Folge davon wird die Wasseroberfläche konkav, und das Wasser beginnt an den Seiten des Eimers hochzuklettern, während sich in der Mitte eine Senke bildet. Natürlich schreiben wir dieses Verhalten den Zentrifugalkräften zu, die das Wasser von der Rotationsachse wegziehen. Wenn man den Drehtisch anhält, wird auch das Wasser allmählich langsamer und kehrt schließlich zum Ausgangszustand mit einer ebenen Oberfläche zurück. So alltäglich und gewöhnlich diese einfache Beobachtung auch ist, hat sie doch zu einigen der kniffligsten und interessantesten philosophischen Fragen geführt. Eine der Fragen lautet: Woher weiß das Wasser, daß es sich dreht und eine konkave Oberfläche anstelle einer flachen haben sollte? Wenn wir das Konzept des absoluten Raumes ernsthaft scheuen, wie es uns die Relativitätslehre sowohl in ihrer Newtonschen als auch in ihrer Einsteinschen Form lehrt, dann können wir nicht antworten, daß das

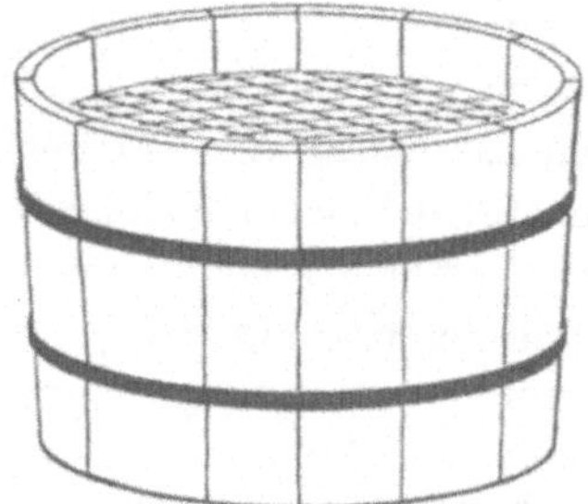
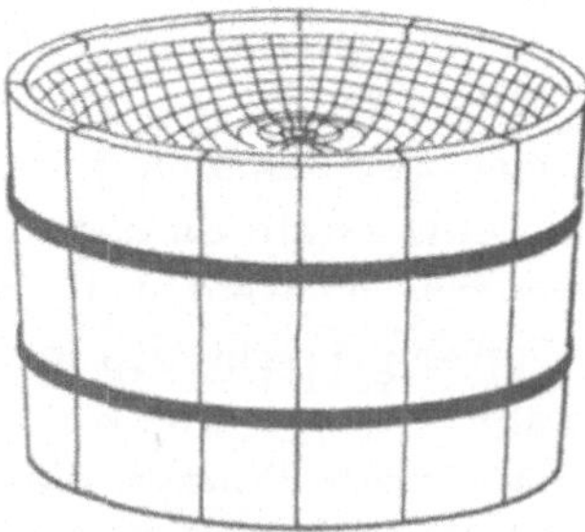

Abb. 8.1. Newtons Eimer. In der Zeichnung links rotiert der Eimer nicht, und die Wasseroberfläche ist glatt. In der Zeichnung rechts dreht sich der Eimer, und das Wasser hat eine konkave Oberfläche. Wäre die Wasseroberfläche konkav, wenn der Eimer sich in Ruhe befände und sich das Weltall um ihn herumdrehen würde?

Wasser weiß, daß es sich relativ zum absoluten, nicht rotierenden Raum dreht. Aber in Bezug worauf dreht es sich dann? Am besten fahren wir, wenn wir antworten, daß das Wasser irgendwie weiß, daß es relativ zu den entfernten Sternen und Galaxien rotiert. So verständlich das klingt, wirft es doch zwei Fragen auf. Stellen wir uns vor, daß wir das Eimer-Experiment in einem ansonsten vollständig leeren All durchgeführt hätten. Würde das Wasser auch dann wissen, wie es sich zu verhalten hat, wenn sich der Tisch dreht, auch wenn es nichts gibt, auf das sich sein Bewegungszustand beziehen könnte? Würde seine Oberfläche konkav werden oder flach bleiben? Das ist die erste Frage, auf die es keine wirklich zufriedenstellende, physikalisch begründete Antwort gibt. In gewisser Weise ist die Frage irrelevant, da wir ohnehin nicht in einem leeren Universum leben. Die zweite Frage ist etwas bedeutungsvoller. Wir stellen uns vor, daß wir den Eimer im Ruhezustand verharren lassen und wir statt dessen das ganze Universum sich um ihn herum drehen lassen. Diese Rotation soll mit derselben Drehzahl geschehen, die der Eimer im vorhergehenden Experiment hatte, aber in entgegengesetzter Richtung. Würde die Wasseroberfläche konkav werden wie vorher? Falls es tatsächlich nur auf die Drehung des Eimers relativ zu einer entfernten Materie im All ankommt, dann sollte es in beiden Experimenten zu derselben konkaven Krümmung der Wasseroberfläche kommen. Mit anderen Worten, es sollte keine Rolle spielen, ob wir behaupten, daß das Weltall nicht rotiert und sich der Eimer dreht, oder daß der Eimer bewegungslos ist und sich das Universum dreht. Wichtig ist nur die Rotation des einen relativ zum anderen. Ein solches Ergebnis wäre in Einklang mit dem *Machschen Prinzip*. Prinzipiell war die Allgemeine Relativitätslehre in der Lage, diese zweite Frage zu beantworten, aber bis 1960 war kein wirklicher Fortschritt in diesem Bemühen ersichtlich. (In mathematischer Hinsicht handelt es sich um ein höchst schwieriges Problem). Es dauerte noch bis 1966, bevor theoretische Relativisten eine teilweise theoretische Antwort auf diese Frage geben konnten, die darauf hinauslief, daß die beiden Formulierungen des Newtonschen Eimer-Experiments tatsächlich übereinstimmten. Ehrgeizige Experimentalphysiker planen sogar ein Experiment, bei dem Kreisel im All benutzt werden sollen, um die Idee, daß rotierende, weit entfernte Materie die lokalen Eigenschaften der Raum-

Zeit beeinflussen kann, zu untersuchen. Das wird unter anderem Gegenstand der Betrachtung in Kap. 11 sein.

Im Jahre 1960 war es also ganz und gar nicht klar, ob die Allgemeine Relativitätslehre auch das *Machsche Prinzip* in der beschriebenen Weise beinhaltete. Das beunruhigte Dicke ebenso wie ein weiterer Umstand. Während die Experimente mit dem rotierenden Eimer, über die wir gesprochen haben, mit den Trägheitseigenschaften der Materie zu tun hatten, beschäftigte sich Dicke auch mit den Gravitationseigenschaften der Materie. Wenn man den Machschen Standpunkt ernstnehmen will, dann muß man argumentieren, daß eine Gravitationseigenschaft wie die Größe der Anziehungskraft zwischen zwei Körpern mit bekannten Massen und vorgegebenem Abstand in irgendeiner Weise durch die Verteilung von entfernter Materie im Weltall bestimmt werden oder mit ihr in Zusammenhang stehen sollte. Nun, die Größe der Kraft wird festgesetzt durch eine Naturkonstante, G, die unter dem Namen Newtonsche Gravitationskonstante bekannt ist. Sie hat den Wert 0,0000000667 und die Einheit $cm^3g^{-1}s^{-2}$. Kann dieser Wert in einer Beziehung zu entfernter Materie stehen? Dicke machte folgende Feststellung: Wenn man den Radius des sichtbaren Universums nimmt, der ungefähr zehn Milliarden Lichtjahre beträgt, ihn mit dem Quadrat der Lichtgeschwindigkeit (300 000 km pro Sekunde) multipliziert und durch die Masse des sichtbaren Alls dividiert, dann erhält man eine Zahl, die in ihren Maßeinheiten genau und in ihrem tatsächlichen numerischen Wert bis auf einen Faktor 100 mit G übereinstimmt. Dabei wurde der Radius des sichtbaren Universums grob durch die Strecke festgelegt, die das Licht seit dem Urknall auf seiner Reise zu uns zurückgelegt haben könnte. Die Masse des Universums wurde abgeschätzt als die durchschnittliche Dichte der beobachteten Materie (ungefähr 200 Gramm in jedem Würfel mit einer Million Kilometer Seitenlänge) multipliziert mit dem Volumen einer Kugel mit dem Radius von zehn Milliarden Lichtjahren. Die Tatsache, daß man bei diesem Vergleich bis auf einen Faktor 100 richtig liegt, mag auf den ersten Blick nicht so beeindrucken, aber es ist in Wirklichkeit eine sehr gute Übereinstimmung, wenn man bedenkt, daß alle die einzelnen Zahlen, die in diese Berechnung eingehen, extrem groß sind, so daß es keinen offensichtlichen Grund dafür gibt, daß alle diese riesigen Zahlen in ihrer Kombination so nah an den wirklichen Wert von *G* herankommen. War das eine weitere Offenbarung des *Machschen-Prinzips*? Konnte es sein, daß diese augenscheinlich numerische Beziehung zwischen *G* und der Masse und dem Radius des Universums mehr als ein bloßer Zufall war? Konnte es sich möglicherweise sogar um ein Naturgesetz handeln? Konnte der Wert für *G* selbst durch die Verteilung von Materie im All bestimmt werden? Falls das stimmte, würde als unmittelbare Konsequenz der Wert von *G* mit der Zeit variieren in dem Maße, wie sich das Universum weiter entwickelt und sich seine Dichte und sein Radius ändern. Zunächst war es diese Idee, die Dicke motivierte, Experimente zu erwägen, die eine solche Veränderung von *G* aufdecken könnten, und die ihn dazu veranlaßte, auf das Programm hinzuarbeiten, in dem schließlich die Entfernung zum Mond mit einem Laser gemessen wurde. Über die numerische Übereinstimmung und ein variables *G* habe ich in Kap. 9 noch mehr zu sagen.

Die Allgemeine Relativitätslehre jedoch war in diesem Punkt eindeutig: *G* mußte eine feste, unveränderliche Naturkonstante darstellen. Es gab keinen Mechanismus innerhalb der Allgemeinen Relativitätslehre, der es zugelassen hätte, daß *G* von der Verteilung der Materie im Universum abhängt. Darum war eine alternative Theorie vonnöten, falls Dicke beabsichtigte, eine derartige Idee in die Gravitation einzubringen.

Wenn sich die Gravitationskonstante ändern soll, muß sie eine Funktion von Raum und Zeit sein. Mit anderen Worten ausgedrückt muß jedem Punkt der Raum-Zeit eine einzige Zahl zugeschrieben werden, und diese Zahl geht in den Wert von *G* ein. Eine Funktion, die diese Bedingung erfüllt, heißt skalares Feld. Ausgehend von der üblichen Mathematik der gekrümmten Raum-Zeit der Allgemeinen Relativitästheorie fügten Dicke und sein Student Carl H. Brans aus Princeton ihr ein skalares Feld hinzu. Das Ergebnis war die von ihnen so bezeichnete Skalar-Tensor-Theorie der Gravitation. Hierbei bezieht sich Tensor auf die mathematische Variable, die mit der gekrümmten Raum-Zeit in Zusammenhang steht und metrischer Tensor genannt wird. Mathematisch gesehen glich die Theorie sehr stark der Allgemeinen Relativitätslehre, nur waren einige der Gleichungen durch das Vorhandensein des skalaren Feldes abgeändert worden. Der Wert des skalaren Feldes an einem vorgegebenen Punkt in Raum und Zeit wurde bestimmt durch die Verteilung der gesamten Materie, sowohl in der Nähe des in Frage kommenden Punktes als auch im entfernten All. Dieser Wert des Skalars bestimmte dann den effektiv meßbaren Wert von G, wobei Dickes Wunsch, eine Form des *Machschen Prinzips* in die Schwerkraft einzubringen, in Erfüllung ging. Bei der mit der Zeit ablaufenden Entwicklung des Universums sollte das skalare Feld an jedem festen Punkt im Raum seinen Wert mit der Zeit verändern, und infolge dessen sollte sich auch der Wert von G mit der Zeit ändern. Dieser Aspekt der Theorie war sehr zufriedenstellend.

Mit einem anderen Aspekt der Theorie war man weniger zufrieden. Um das skalare Feld in die Mathematik der gekrümmten Raum-Zeit einzuführen, hatten Brans und Dicke ein gewisses Maß an Unbestimmtheit in Kauf nehmen müssen. Diese Unbestimmtheit trat in Form einer anpaßbaren numerischen Konstante auf, die mit dem griechischen Buchstaben ω bezeichnet wurde und deren Wert aussagte, wie dominant die Rolle war, die die Raum-Zeit-Krümmung im Vergleich zu der des skalaren Feldes spielte. Je größer der Wert von ω, um so beherrschender die Krümmung und um so kleiner der Effekt des skalaren Feldes. Je kleiner der Wert von ω, um so größer der Effekt des skalaren Feldes. Für den Fall, daß man immer größere und größere Werte für ω wählte, wurde die Theorie ununterscheidbar von der Allgemeinen Relativitätslehre. Unglücklicherweise gab es keine Möglichkeit, mit einem spezifischen Wert für ω aufzuwarten, obwohl wir in Kürze sehen werden, daß Brans und Dicke besonders von einem Wert um 7 angetan waren.

Abgesehen von dieser Willkür in ω war die Skalar-Tensor-Theorie ganz und gar eine mathematisch ebenso gültige Theorie wie die Allgemeine Relativitätslehre, und sie war in der Lage, detaillierte Vorhersagen für die Ergebnisse von Experimenten zu machen. Die Vorhersagen würden von dem für ω gewählten Wert abhängig sein, aber davon einmal abgesehen, könnte die Theorie all das leisten, was auch die Allgemeine Relativitätslehre zu leisten vermag. Aber nun mußte die Theorie einen Preis zahlen für die Fähigkeit, das *Machsche Prinzip* in dem Wert für G zu berücksichtigen. Da ihre Gleichungen geringfügig verschieden von denen der Allgemeinen Relativitätslehre waren, lauteten ihre Vorhersagen etwas anders. Beispielsweise sagte sie

Ablenkung von Licht durch die Sonne vorher, die etwas kleiner war als jene, die von der Allgemeinen Relativitätslehre prophezeit wurde. Der Unterschied betrug für den Wert $\omega = 5$ sieben Prozent, für $\omega = 10$ vier Prozent, für $\omega = 100$ 0,5 Prozent und so weiter. Wenn man ω immer größer wählt, stimmen die Vorhersagen der beiden Theorien immer besser überein. Prozentmäßig gleiche Unterschiede werden für die Shapirosche Zeitverzögerung vorhergesagt. Die vorhergesagte Perihelverschiebung war auch kleiner als die der Allgemeinen Relativitätslehre: 10 Prozent kleiner im Fall $\omega = 5$, sechs Prozent kleiner für $\omega = 10$, 0,7 Prozent kleiner für $\omega = 100$ und so weiter. Auf der anderen Seite befand sich die Brans-Dicke-Theorie automatisch im Einklang mit dem Äquivalenzprinzip für Körper von Laborgröße (Eötvös-Experiment) und mit der Gravitations-Rotverschiebung, da sie die gekrümmte Raum-Zeit in derselben Weise berücksichtigte wie die Allgemeine Relativitätstheorie.

Im Jahre 1960 widersprach die neue Theorie keinem der bekannten Experimente. Wie wir sahen, hatten optische Messungen der Ablenkung von Licht genügend große experimentelle Ungenauigkeiten im zehn Prozent-Bereich, so daß sie mit der Theorie vereinbar waren. Die Zeitverzögerung existierte noch nicht als möglicher Test, geschweige denn als ein Test mit experimentellen Ergebnissen. Und obwohl die Theorie eine Perihelverschiebung des Merkur vorhersagte, die verglichen mit der beobachteten Verschiebung ziemlich klein war, war diese Unstimmigkeit nicht folgenschwer. Die vorhergesagte Änderung in der Gravitationskonstante vertrug sich ebenso mit den existierenden Beobachtungen. Das Universum entwickelt sich auf einer Zeitskala von 10 bis 20 Milliarden Jahren. Wenn G über das skalare Feld durch die Verteilung von Materie im Weltall bestimmt wird, würde man erwarten, daß es sich ungefähr mit derselben Rate ändert, also um 1/20 Milliardstel pro Jahr. Der vorhergesagte Effekt einer solchen Änderung auf die Beschaffenheit von Sonne, Erde und Sternen oder auf die Umlaufbahn von Planeten oder die des Mondes war klein genug, um kein Problem darzustellen, wenn man von den großen Beobachtungsfehlern ausgeht, die normalerweise beim Versuch, solche langfristigen, sich langsam ändernden Phänomene zu messen, auftreten.

Anfänglich wurde die Theorie nur kühl aufgenommen. Obwohl einige Theoretiker begeistert waren von der Art, wie sie das Machsche Prinzip einbezog, sah man keinen zwingenden Grund, die Allgemeine Relativitätslehre zu verwerfen. Der richtige Aufschwung kam für die Skalar-Tensor-Theorie im Jahre 1966 mit den Ergebnissen der Sonnenabflachung von Dicke und Goldenberg. Der aus den Messungen gefolgerte Wert für die Abflachung der Sonne und der sich daraus ergebende Beitrag zur Periheldrehung des Merkur von etwa drei Bogensekunden pro Jahrhundert paßten ganz problemlos zur Vorhersage der Skalar-Tensor-Theorie von 40 Bogensekunden, wenn man für ω den Wert sieben annahm. Die gesamte Drehung von 43 Bogensekunden stimmte dann mit dem beobachteten Wert überein. Hier gab es erstmalig einen augenscheinlichen Beweis gegen die Allgemeine Relativitätslehre und für eine ernsthafte Alternative. Trotz des Streits um die richtige Interpretation der Abflachungsdaten, begann das Interesse an der Skalar-Tensor-Theorie oder Brans-Dicke-Theorie, wie sie mittlerweile genannt wurde, zu wachsen.

Einige Theoretiker fingen an, die Theorie ernstzunehmen und sie auf astrophysikalische Probleme anzuwenden wie den Aufbau von Neutronensternen und Schwarzen Löchern, die Natur von Gravitationsstrahlung und kosmologischen Modellen, genauso wie man mit der Allgemeinen Relativitätslehre verfahren war. Die Produktion von Veröffentlichungen, die der Brans-Dicke-Theorie gewidmet waren, wuchs. Die Gesamtzahl der Veröffentlichungen zu diesem Thema betrug im Zeitraum von 1962 (dem Jahr der ersten drei Artikel von Brans und Dicke) bis 1967 etwa fünf. Sie wurde in jedem der Jahre 1968 bis 1971 erreicht und zwischen 1972 und 1975 wurden jährlich zweieinhalbmal so viele herausgegeben. Andere Theoretiker begannen in neuem Licht über die Frage der Überprüfung der Allgemeinen Relativitätslehre nachzudenken. Bis dahin hatten sie diese als selbstverständlich angenommen, aber nun begriffen sie, daß sie einen allgemeineren, vorurteilsfreieren Standpunkt einnehmen mußten, der möglicherweise sowohl zu neuen experimentellen Ideen als auch zu neuen Einsichten in die Allgemeine Relativitätslehre selbst führen konnte. Ein Anzeichen für diesen neuen Standpunkt war der Witz, der innerhalb von Kip Thornes Relativitätsforschungsgruppe am Caltech die Runde zu machen pflegte: Am Montag, Mittwoch und Freitag sind wir von der Allgemeinen Relativitätslehre überzeugt, und am Dienstag, Donnerstag und Samstag glauben wir an die Brans-Dicke-Theorie (am Sonntag gehen wir an den Strand). Die späten sechziger und frühen siebziger Jahre brachten für die Skalar-Tensor-Theorie den Höhepunkt an Interesse und Aktivität. Aber während dieser Periode wurden auch schon die Weichen für ihren Untergang gestellt.

Beispielsweise war es dieser unbefangene Theorie-unabhängige Standpunkt, der es einem Theoretiker wie Kenneth Nordtvedt möglich machte zu entdecken, daß eine umfangreiche Klasse von Theorien einschließlich der Brans-Dicke-Theorie eine Verletzung des Äquivalenzprinzips für Körper großer Masse vorhersagt, die durch ihre eigene Schwerkraft zusammengehalten werden. Die Überprüfung dieses Effekts verlief schließlich zugunsten der Allgemeinen Relativitätslehre. Zusätzlich spornte die Tatsache, daß sich die Vorhersagen der Theorie nur um wenige Prozente von jener der Allgemeinen Relativitätslehre unterschied, zu genaueren Experimenten an, die sonst vielleicht nicht stattgefunden hätten. Es war nicht mehr genug, einen von der Allgemeinen Relativitätslehre vorhersagten Effekt lediglich nachzuweisen, sondern man mußte ihn mit hoher Genauigkeit messen. Beispielweise spielte die Existenz der Theorie eine wichtige Rolle für das Meßprogramm von Mariner 6 und 7. Die wissenschaftlichen Ziele wurden anspruchsvoller. Die Planung solcher Aspekte der Mission wie der Anzahl der Radarbeobachtungen nahe der oberen Konjunktion, der optimalen Datenauswertung und sogar der Gesamtdauer der Mission wurde beeinflußt von der Forderung, die Zeitverzögerung mit einer größeren Genauigkeit zu messen. Die bisher erfolgten passiven Radarmessungen zum Merkur und zur Venus unterlagen einer Fehlerquote von zehn Prozent. Um zwischen der Allgemeinen Relativitätslehre und der Brans-Dicke-Theorie unterscheiden zu können, war eine Genauigkeit von einem oder zwei Prozent notwendig. Dieses und viele weitere Beispiele zeigen, welch nachhaltigen Einfluß die Skalar-Tensor-Theorie auf dem Gebiet der experimentellen Relativität hatte.

Die Ergebnisse dieser neuen Experimente stellten sich mit den frühen siebziger Jahren ein, und der Stern der Theorie begann zu sinken. Im Jahre 1972 stimmten Experimente zur Ablenkung von Radiowellen mit der Allgemeinen Relativitätslehre bis auf drei Prozent und besser überein. Dadurch mußte ω zwangsläufig größer als 10 gewählt werden, und 1975 war eine Übereinstimmung bis auf 1,5 Prozent erreicht. Die Mariner 6 und 7 Zeitverzögerungs-Resultate wurden 1975 veröffentlicht und bestätigten die Allgemeine Relativitätslehre bis auf 3 Prozent. Im Jahre 1978 folgte das Mariner 9 Ergebnis mit 2 Prozent und schließlich, 1979 das beste Viking-Resultat mit 0,1 Prozent. Mit dem letzten Ergebnis war die untere Grenze für den Wert von ω auf 500 hochgerutscht. In der Zwischenzeit erschienen 1976 die Ergebnisse der Laser-Entfernungsmessungen zum Mond, die in Einklang mit der Allgemeinen Relativitätslehre standen und zeigten, daß der Nordtvedt- Effekt nicht auftrat. Die Genauigkeit der Messung entsprach einer unteren Grenze für ω von 29. Bis zum Ende des Jahrzehnts bestand kaum noch weiteres Interesse an der Theorie als einer ernsthaften Alternative zur Allgemeinen Relativitätslehre, obwohl einige Relativisten weiterhin manche der theoretischen Aspekte untersuchten. Nach 1980 pendelte sich die jährliche Anzahl von Veröffentlichungen zur Theorie bei etwa acht ein und stellte damit nur einen verschwindend kleinen Bruchteil all der Veröffentlichungen dar, die der Allgemeinen Relativitätstheorie und ihren Anwendungen gewidmet waren und deren Anzahl ständig wuchs. Die Periheldrehung des Merkur und die Sonnenabflachung blieben ungelöste Probleme. Wenn überhaupt lohnt es sich jetzt mehr denn je weiter in dieser Richtung zu wetteifern, denn die Vorhersage der Brans-Dicke-Theorie mit ω größer als 500 für die Perihelverschiebung des Merkur ist von jener der Allgemeinen Relativtätstheorie nicht zu unterscheiden. Das bedeutet für den Fall, daß die Sonnenabflachung wirklich so groß ist, wie der ursprüngliche Dicke-Goldenberg-Wert von 1966 angab, daß beide Theorien vom Experiment widerlegt werden.

Könnte man sagen, daß die Skalar-Tensor-Theorie völlig unterging? Nicht ganz. Da ω variabel ist, können die Vorhersagen so gemacht werden, daß sie so nahe wie gewünscht an jene der Allgemeinen Relativitätslehre herankommen. Solange also Experimente weiterhin mit der Allgemeinen Relativitätstheorie übereinstimmen, werden sie auch mit der Skalar-Tensor-Theorie verträglich sein, wenn nur der Wert für ω genügend groß gewählt wird. An dieser Stelle ist eine gewisse Subjektivität in der Diskussion unerläßlich, um zu klären, was sinnvoll ist und was nicht. Allgemein gesprochen werden Physiker in solchen Situationen geleitet von einem Prinzip, daß unter der Bezeichnung Occams Rasiermesser bekannt wurde. Vom Philosophen William von Occam im 14. Jahrhundert als Lehrsatz aufgestellt, ist dieser Gedanke bis zu Aristoteles zurückzuverfolgen. Er lautet „Pluritas non est ponenda sine necessitate" oder „die Natur liebt die Dinge so einfach wie möglich". Es ist wirklich eine bekannte Tatsache, daß Physiker Dinge so einfach wie möglich lieben, und es ist anzunehmen, daß sich die Natur in den Physikern widerspiegelt.

Dieses Prinzip der Einfachheit hat noch immer eine subjektive Seite, denn was man unter einfach versteht, hängt vom jeweiligen Standpunkt oder Bezugssystem ab. Nehmen wir beispielsweise an, daß wir Occams Rasiermesser benutzen sollten, um eine Entscheidung zwischen der Allgemeinen Relativitätslehre und der Newtonschen Theorie zu fällen (wobei wir irrtümlich annehmen, daß beide mit dem Experiment verträglich sind). Von einem Gesichtspunkt aus würde Newtons Theorie viel einfacher erscheinen. Sie stützt sich nur auf ein Gravitationspotential und einige einfache Gleichungen, wogegen die Allgemeine Relativitätstheorie in vollem Umfang die gekrümmte Raum-Zeit umfaßt mit einem metrischen Tensor, der die Krümmung der Raum-Zeit mit Hilfe von zehn Potentialen beschreibt statt mit einem einzigen. Occams Rasiermesser würde vermutlich Newton den Vorzug geben. Aber stellen wir uns einmal auf einen anderen Standpunkt. Angenommen wir akzeptieren die Tatsache, daß die Raum-Zeit gekrümmt ist, so wie wir es aus dem Eötvös-Experiment gelernt haben. Wir müssen dann, ob es uns gefällt oder nicht, die Mathematik der gekrümmten Raum-Zeit in der Diskussion um die Gravitationstheorien anwenden. In dieser Sprache ist die Allgemeine Relativitätslehre sogar recht einfach. Ihr theoretischer Inhalt wird gekennzeichnet vom metrischen Raum-Zeit-Tensor und einer Reihe von Einstein-Gleichungen, und das ist bereits alles. Im Gegensatz dazu stellt sich in dieser Sprache die Newtonsche Theorie als entsetzlich kompliziert heraus: der metrische Raum-Zeit-Tensor kann nur teilweise bestimmt werden, und zwei zusätzliche Felder (eines davon sogar noch komplizierter als der metrische Tensor) müßten eingeführt werden, um zu einem guten Ergebnis zu kommen. Vom Standpunkt der Befürworter der gekrümmten Raum-Zeit aus gesehen würde das Occamsche Rasiermesser eindeutig die Allgemeine Relativitätslehre bevorzugen. In diesem Fall ist natürlich nur das Experiment in der Lage, zwischen der Newtonschen Theorie und der Allgemeinen Relativitätslehre zu entscheiden.

Im Fall der Brans-Dicke-Theorie gegen die Allgemeine Relativitätslehre gehen beide Theorien von einer gekrümmten Raum-Zeit aus und sind von ähnlicher Struktur. Die Allgemeine Relativitätslehre hat nur den metrischen Tensor als zugrunde liegendes Feld, wogegen die Brans-Dicke-Theorie beide, den metrischen Tensor und das skalare Feld, beinhaltet. Darum würde Occams Rasiermesser die Allgemeine Relativitätslehre vorziehen. Das bedeutet aber nicht, daß eine Skalar-Tensor-Theorie (mit einem genügend großen ω, um mit dem Experiment übereinzustimmen) unter keinen Umständen lebensfähig sein kann; es besagt nur, daß die Allgemeine Relativitätstheorie eine einfachere Beschreibung der Natur im Einklang mit der Beobachtung liefert. Sie sollte solang benutzt werden, bis es einen schwerwiegenden Grund gibt, eine Alternative in Betracht zu ziehen.

Die Geschichte der Brans-Dicke-Theorie ist eine klassische Illustration der wissenschaftlichen Arbeitsweise, und die Rolle des Robert H. Dicke ist ein klassisches Beispiel für die Suche eines Wissenschaftlers nach der Wahrheit.

9. Ist die Gravitationskonstante konstant?

Warum sollte sie es nicht sein? Die Gravitationskonstante G ist schließlich eine fundamentale Naturkonstante. Sie ist einfach die Proportionalitätskonstante, die die Anziehungskraft zwischen zwei Körpern mit vorgegebenen Massen und festem Abstand bestimmt. Das ist zumindest in der Newtonschen Gravitation der Fall, aber sogar in der Allgemeinen Relativitätslehre spielt G eine analoge Rolle, als Proportionalitätskonstante nämlich, die den Grad der Raum-Zeit-Krümmung bei einer vorgegebenen Dichte der Materie angibt. Gibt es irgendeinen Grund für den Verdacht, daß sich eine Konstante, die in einem solch grundlegenden Bestandteil der Physik wie dem Gravitationsgesetz erscheint, in Wirklichkeit mit der Zeit ändert?

Vor 1929 hätte die Antwort definitiv „nein" gelautet. Aber nach 1929 konnte man nicht mehr so sicher sein. Die Erkenntnis, die unsere Gewißheit über die Unveränderlichkeit der Gravitationskonstante erschütterte, war die Aussage, daß sich das Weltall ausdehnt.

Vor dieser Zeit war, soweit man überhaupt etwas sagen konnte, das Universum als Ganzes statisch und unveränderlich, zumindest über lange Zeiträume gesehen. Zum Beispiel sah das Gesetz der Bewegung, das von Aristoteles um 300 v. Chr. vorgeschlagen und 500 Jahre später von Ptolemäus sorgfältig ausgearbeitet wurde, ruhende Sterne auf einer feststehenden Himmelskugel vor. Die Sonne und die Planeten umkreisten die Erde auf festgelegten Bahnen, die Deferenten genannt wurden. Einige der komplizierten Bewegungsabläufe der Planeten wurden damit erklärt, daß sie sich auf kleineren Kreisen, sogenannten Epizyklen, bewegten, deren Mittelpunkte auf den Deferenten um die Erde wanderten. Obwohl Änderungen in den Positionen von Sonne und Planeten auftraten, waren die Gesetzmäßigkeiten, denen sie unterlagen, unveränderlich. Sogar als das Weltbild des Aristoteles und Ptolemäus im 16. Jahrhundert durch die heliozentrische Hypothese des Nikolaus Kopernikus und durch die Keplerschen Gesetze der Planetenbewegung widerlegt wurde, waren die Gesetze selbst wieder unveränderlich. Schließlich war im Newtonschen Gravitationsgesetz die Größe, die wir nun als *G* bezeichnen, eine feste, universelle Konstante. Da das Universum weit über die Planeten hinaus als unveränderlich angesehen wurde, gab es keinerlei Grund anzunehmen, daß die Gesetze es nicht sein sollten. Auch die Allgemeine Relativitätslehre sagte aus, daß es sich bei der Gravitationkonstante um eine echte Konstante handelte.

Die Entdeckung der Ausdehnung des Universums zog jedoch eine Reihe von Vorschlägen zu einem möglicherweise variablen *G* nach sich. Um zu sehen, wie man zu einem solchen Vorschlag kommt, betrachten wir die Natur aus der Machschen Sicht, in der die lokalen Trägheits- und Gravitationseigenschaften von Materie nicht absolut festliegen, sondern vielmehr verknüpft sind mit der Verteilung von Materie in großen Entfernungen. Gemäß dieser Vorstellung könnte die Anziehungskraft zwischen zwei Körpern von entfernter Materie abhängen. Wenn sich nun das Universum ausdehnt und die durchschnittliche Dichte der Materie abnimmt, dann könnte auch die Größe der Kraft zwischen zwei Körpern mit der Zeit variieren. Wie wir aus dem vorhergehenden Kapitel wissen, hatte Dicke genau das im Sinn, als er Ende der fünfziger Jahre über ein veränderliches *G* nachzudenken begann. Aber er war keineswegs der erste. Spekulationen dieser Art traten von dem Moment an auf, als der Astronom Edwin Hubble bekannt gab, daß sich die Galaxien von uns und von einander entfernen mit einer Geschwindigkeit, die proportional zu ihren Abständen ist.

Da die Idee vom veränderlichen *G* eng mit der Ausdehnung des Weltalls verbunden ist, möchte ich für kurze Zeit abschweifen, um die Stellung der Allgemeinen Relativitätslehre innerhalb der Kosmologie, der Lehre vom Weltall als Ganzes, zu beschreiben. Bis in die sechziger Jahre hinein war diese Stellung nicht klar, und darin könnte teilweise der Grund zu suchen sein, warum sich die Idee von einem veränderlichen *G* mit solcher Beharrlichkeit halten konnte. Im Laufe der Jahre seit 1917, als Einstein zum ersten Mal ein kosmologisches Modell aufstellte und dabei die Allgemeine Relativitätslehre benutzte, schwankte die Theorie zwischen Mißerfolg und Erfolg hin und her, bis sie schließlich Mitte der sechziger Jahre endgültig vom Erfolg gekrönt wurde. Der erste kosmologische Mißerfolg der Allgemeinen Relativitätslehre war gewissermaßen ein Mißerfolg für Einstein. 1917 wandte er die Allgemeine Relativitätslehre auf die Fragestellungen der Kosmologie an. Das allein war schon ein mutiger Schritt, denn 1917 war noch nicht bekannt, ob es außerhalb unserer eigenen Galaxie, der Milchstraße, überhaupt etwas gab außer einer weiten Leere. Beispielweise glaubte man noch immer, daß die Andromeda-Galaxie, damals Nebel genannt, in der Milchstraße liege. Einstein jedoch nahm an, daß das Universum idealisiert als eine homogene Verteilung von Materie dargestellt werden kann mit einer überall gleichen Dichte. Allmählich wurde diese Annahme als zumindest in erster Näherung richtig angesehen. Aus einer Reihe philosophischer Gründe wählte er für das Universum ein geschlossenes Modell, was bedeutet, daß jeder Beobachter, der entlang einer geraden Linie (Geodäte) wandert, als Konsequenz der Krümmung des Raumes schließlich zurück zum Ausgangspunkt kommen wird. Das Modell war endlich, jedoch unbegrenzt, in derselben Weise, wie sein zweidimensionales Gegenstück, die Oberfläche eines Luftballons, eine endliche Fläche besitzt, jedoch auf der Oberfläche keine Grenzen. Die Schlußfolgerung, die er daraus zog, war einsichtig: Das Modell mußte statisch und unveränderlich mit der Zeit sein. Das paßte in die Beobachtungssituation von 1917.

Aber zu seinem Entsetzen stellte er fest, daß die Theorie keine solche Lösung zuließ. Die einzigen Möglichkeiten, die zugelassen wurden, waren eine Ausdehnung und eine Schrumpfung des Alls. Um an die benötigten statischen Lösungen zu kommen, mußte er die Originalgleichungen der Theorie abändern, indem er einen Term, den sogenannten *kosmologischen Term* hinzufügte. Mit Hilfe dieser veränderten Gleichungen erhielt er ein statisches Modell des Universums.

Später nannte er dies den „größten Schnitzer" seiner wissenschaftlichen Laufbahn, denn Hubbles Entdeckung zeigte, daß sich das Weltall tatsächlich ausdehnt. Damit wurde der kosmologische Term überflüssig. Im Jahre 1931 empfahl Einstein seine Streichung und schlug vor, wieder die ursprünglichen Feldgleichungen zu benutzen. Auf diesem Umweg wurde aus dem sich ausdehnenden Universum nach dem Mißerfolg ein Erfolg für die Theorie. Es ist reizvoll, darüber zu spekulieren, welchen Kurs die Allgemeine Relativitätslehre und Kosmologie wohl eingeschlagen hätten, wenn Einstein bei seiner Theorie, so wie er sie entwickelt hatte, geblieben wäre. Dann hätte er 1917 ein sich mit der Zeit veränderndes Weltall vorhergesagt und sich zurücklehnen können, um die Bestätigung durch die Beobachtung abzuwarten.

Nachdem man den kosmologischen Term verbannt hatte, lieferte die allgemein-relativistische Kosmologie eine passable Erklärung für die Ausdehnung des Universums. Jedoch schien Ende der vierziger Jahre die Theorie erneut gefährdet zu sein. Wenn man die Ausdehnung zeitlich zurückverfolgt, erreicht man ein Zeitalter, in dem das Weltall extrem dicht und extrem heiß gewesen sein muß. Wenn man noch weiter zurückgeht, stößt man auf einen chaotischen Zustand, bei dem Variablen wie die Dichte der Materie unendlich werden. Das ist das Stadium, das Urknall genannt wird und den Anfang des Weltalls bildet, so wie wir es kennen. Unter der Voraussetzung, daß man den Abstand zweier Galaxien und die Geschwindigkeit, mit der sie sich voneinander entfernen, kennt, können wir den Zeitpunkt abschätzen, an dem sie noch beisammen waren. Das ergibt eine Abschätzung der Zeit, die seit dem Urknall vergangen ist, oder das Alter des Universums. Nun, die Ausdehnungsgeschwindigkeit, von der die Astronomen bis zu den vierziger Jahren ausgingen, beinhaltete ein Alter des Universums von zwei Milliarden Jahren. Es ergab sich nur ein einziges Problem. Bei der Untersuchung von radioaktiven Elementen im Gestein hatten Geologen festgestellt, daß das Erdalter mindestens 3,5 Milliarden Jahre betrug, die Erde also älter war als das Universum selbst.

Diese Blamage war während der fünfziger Jahre für den Aufstieg und die Popularität der *Theorie des stationären Kosmos* mit verantwortlich, die von den Astronomen Fred Hoyle, Hermann Bondi und Thomas Gold in England ersonnen wurde. Die Theorie des stationären Kosmos umging die peinliche Angelegenheit, indem sie angab, daß das Universum schon immer existiert habe (und damit natürlich weit älter sei als die Erde). Die Expansion paßten sie der Idee des stationären Zustands an, indem sie behaupteten, daß in der Leere zwischen der bereits vorhandenen Materie andauernd neue Materie geschaffen würde.

Die Allgemeine Relativitätslehre begann sich Ende der fünfziger Jahre von diesen Rückschlägen zu erholen. Astronomen fingen an, schwerwiegende Fehler in den Meßmethoden zur Bestimmung der Entfernungen zu Galaxien zu finden, die dazu benutzt wurden, die Ausdehnung des Weltalls zu untersuchen. Die neuen Abstandsmessungen ergaben, daß diese Galaxien viel weiter entfernt waren, als man vorher geglaubt hatte. Das hatte zur Folge, daß die Zeit, in der das Auseinanderfliegen seit dem Urknall stattgefunden hat, vergrößert werden mußte. Das Alter des Universums, daß sich durch diese neuen Messungen andeutete, lag in einer wesentlich bequemeren Größenordnung von mehr als 10 Milliarden Jahre. Neuere Bestimmungen liegen zwischen 15 und 20 Milliarden Jahren.

Der große kosmologische Erfolg stellte sich für die Allgemeine Relativitätslehre in den sechziger Jahren ein. Am Anfang stand die Entdeckung der kosmischen Hintergrund-Strahlung durch Penzias und Wilson im Jahre 1965. Diese Strahlung scheint das Überbleibsel einer heißen elektromagnetischen Strahlung zu sein, die im Weltall in seiner frühen Phase vorherrschte. Nun ist sie durch die später erfolgte Ausdehnung des Alls bis auf drei Grad über dem absoluten Nullpunkt abgekühlt. An zweiter Stelle sind theoretische Berechnungen derjenigen Heliummenge zu nennen, die durch die thermonukleare Kernfusion von Wasserstoff im ganz jungen Universum, ungefähr tausend Sekunden nach dem Urknall, erzeugt wurde. Diese Mengen, etwa 25 Prozent vom Gewicht, stimmten mit dem Heliumvorkommen überein, das in den Sternen und dem interstellaren Raum beobachtet wurde. Das war eine wichtige Bestätigung der Vorstellung vom „heißen" Urknall, da die geschätzte Menge Helium, die durch Fusion im Innern von Sternen erzeugt wird, nicht annähernd ausreicht, um die Beobachtungen zu erklären. Diese beiden Ergebnisse zusammen mit anderen Beobachtungen läuteten das Ende ein für die Theorie des stationären Kosmos. Da das Universum in diesem Modell einen stationären Zustand darstellt, war es immer schon so kalt wie heute. Um die Hintergrund-Strahlung und das Helium zu erzeugen, bedurfte es aber offenbar einer heißen Phase des Alls. Heute findet das Urknall-Modell der Allgemeinen Relativisten breite Anerkennung, und Kosmologen lenken ihre Aufmerksamkeit auf detailliertere Streitfragen wie etwa das Problem, wie Galaxien und andere großräumige Strukturen sich aus der heißen Ursuppe herausgebildet haben. Man fing auch an zu fragen, wie das Universum wohl vor Ablauf der ersten 1000 Sekunden aussah, und ging zurück bis zu dem trillionsten Teil einer Trillionstel-Sekunde, als die Gesetze der Elementarteilchen-Physik eine Hauptrolle in der Entwicklung des Universums spielten (und einige mutige Kosmologen gehen sogar noch weiter zurück). Im Gegensatz zu Einsteins ursprünglicher Vorliebe für ein geschlossenes Weltall liefert die laufende Beobachtung den Beweis für ein offenes, unendliches All, das sich unbeschränkt ausdehnen wird.

Aber zurück zu *G*. Anders als die Theorie des stationären Kosmos, die augenscheinlich vergleichsweise würdevoll unterlag, hielt sich der Gedanke eines variablen *G*, nachdem er einmal aufgeworfen worden war. Wie wir sehen werden, existiert diese Idee noch immer, da es sich als außerordentlich schwierig erwiesen hat, sie experimentell auszuschließen.

Einer der ersten, der vorschlug, daß *G* sich ändern sollte, war der britische Physiker Paul A. M. Dirac (1902–1984). Dirac war einer der Pioniere auf dem Gebiet der Quantentheorie der Materie und arbeitete zusätzlich auf dem Gebiet der Allgemeinen Relativitätslehre. Außerdem spekulierte er kühn zu einer Vielzahl von Themen, angefangen bei subatomaren Teilchen bis hin zur Kosmologie. Eine seiner Spekulationen wurde als die Hypothese der großen Zahlen bekannt. Grob gesprochen sagt sie, daß es möglich sei, verschiedene Naturkonstanten, jede mit ihren eigenen Dimensionen oder Einheiten zu nehmen und sie auf vielfältige Weise zu kombinieren, um Zahlen zu erzeugen, bei denen die Einheiten verschwinden. Diese Zahlen werden dimensionslos genannt. Ein Beispiel könnte das Verhältnis zwischen der Masse eines Protons und der Masse eines Elektrons sein. Diese Zahl beträgt annähernd 2 000 und ist dimensionslos, weil eine Masse durch eine Masse geteilt wird. Gleichgültig welche Einheiten benutzt werden, um die einzelnen Massen anzugeben (Gramm, Pfund, Unze), das Verhältnis ist immer dasselbe. Gerade das macht diese Zahlen so nützlich. Ein weiteres Beispiel ist das Quadrat der Einheit der elektrischen Ladung dividiert durch das Produkt der Lichtgeschwindigkeit mit der Planckschen Konstanten, jener Konstanten, die in quantenmechanischen Beschreibungen der Atom- und Teilchenphysik erscheint. Diese Zahl beträgt ungefähr 1/137. Die meisten dieser dimensionslosen Zahlen sind gar nicht allzu weit von dem Wert „eins" entfernt (zumindest im Vergleich zu den Zahlen, die ich anführen werde).

Jedoch gibt es einige Zahlen dieser Art, die weit von eins entfernt sind. Betrachten wir beispielsweise, in welchem Verhältnis die elektrische Kraft zwischen einem Elektron und einem Proton zur Gravitationsanziehungskraft zwischen beiden steht. Da sich beide Kräfte umgekehrt proportional zum Quadrat der Entfernungen zwischen den beiden Teilchen ändern, kürzt sich die Entfernung heraus, wenn man das Verhältnis bildet. Als Ergebnis erhält man eine Zahl, die nur von G, den beiden Massen (die in der Gravitationskraft vorkommen) und der elektrischen Ladung (die in der elektrischen Kraft erscheint) abhängt. Die Zahl, die sich daraus ergibt, ist enorm groß, ungefähr 10^{40}. Das ist eine Folge der Tatsache, daß die elektromagnetische Wechselwirkung zumindest im mikroskopischen Maßstab sehr viel stärker ist als die Gravitationswechselwirkung zwischen Elektronen und Protonen. Der einzige Grund dafür, daß die Schwerkraft im planetarischen und astronomischen Maßstab überwiegt, liegt darin, daß es im Elektromagnetismus positive und negative Ladungen gibt, die sich paarweise aufheben. Als Resultat verschwinden die elektrischen und magnetischen Felder, die sich sonst auch über große Entfernungen aufbauen würden. Auf der anderen Seite haben die Experimente gezeigt, daß die Massen, die die Schwerkraft erzeugen, mit nur einem Vorzeichen (keine Anti-Gravitation) vorkommen. Darum gilt, je größer die Masse, um so größer die Gravitationskräfte.

Eine weitere dimensionslose Zahl wird durch das Alter des Universums gegeben, annähernd 20 Milliarden Jahre, wenn man es als ein Vielfaches einer fundamentalen Zeiteinheit ausdrückt. Das Jahr, der Monat und der Tag sind keine fundamentalen Zeiteinheiten, da sie von den besonderen Gegebenheiten der Umlaufbahnen und der Drehung von Erde und Mond abhängen. Die Sekunde ist keine fundamentale Einheit, da sie ursprünglich als ein bestimmter Teil eines Tages (1/86400) definiert wurde. Die fundamentale Zeiteinheit wäre eine, die mit atomaren Prozessen verbunden ist, da diese lediglich von grundlegenden Naturkonstanten wie etwa der elektrischen Ladung, der Masse des Elektrons oder der Lichtgeschwindigkeit abhängen. Die Zeiteinheit, die in der gesamten Physik als der grundlegende Zeitmaßstab für atomare und nukleare Prozesse erscheint, ist grob gesagt die Zeit, die das Licht benötigt, um eine charakteristische Entfernung zurückzulegen, die manchmal der klassische Elektronenradius genannt wird (nicht zu verwechseln mit dem wirklichen Radius eines Elektrons). Ihr Wert beträgt ungefähr 10^{-23} Sekunden. Somit ist das Alter des Universums, ausgedrückt in atomaren Zeiteinheiten, auch etwa 10^{40}.

Das ist ein echter Zufall. Oder etwa nicht?

Warum sollten zwei solche dimensionslose Zahlen, auf die man durch sehr unterschiedliche Überlegungen kam, rein zufällig so nah beieinander liegen, wenn man berücksichtigt, daß alle möglichen Potenzen von 10 zwischen 0 und 100 in Frage kommen könnten? Für Dirac bedeutete dies, daß hier mehr als nur der Zufall am Werk war. Er postulierte, daß die annähernde Gleichheit dieser beiden Zahlen eine Offenbarung eines noch unbekannten tiefen Naturgesetzes sei, das die Zahlen zwinge, für alle Zeit annähernd gleich zu sein. Hier trat jedoch ein Problem auf. Das Alter des Weltalls ist nicht konstant, es nimmt ständig zu. Falls die Gleichheit der zwei großen Zahlen, wie oben gefordert, immer bestehen bleiben soll, dann muß sich mindestens eine der anderen Zahlen — Elektronen- oder Protonenmasse, elektrische Ladung, Lichtgeschwindigkeit oder G — mit der Zeit in einer passenden Art und Weise ändern. Sehr wenige Physiker würden die Behauptung akzeptieren, daß sich die elektrische Ladung, die Masse, die Lichtgeschwindigkeit oder andere atomare Konstanten mit der Zeit ändern. Tatsächlich gibt es eine ganze Menge experimentelles Beweismaterial dafür, daß diese Konstanten wirklich konstant sind. Der einzig mögliche Kandidat für eine Änderung ist G. Falls sich G in der richtigen Weise mit der Zeit änderte, dann könnten die zwei großen Zahlen im Prinzip ihre Gleichheit für immer beibehalten. Dirac deckte nie ein tieferes Naturgesetz auf, das diese Gleichheit erforderlich machte, aber nachdem er seine Hypothese von den großen Zahlen erst einmal formuliert hatte, entwickelte sie ein Eigenleben und hat die Physiker seither fasziniert.

Es gibt einen interessanten und ungewöhnlichen Gesichtspunkt der Hypothese der großen Zahlen, der es jedoch nicht erforderlich macht, daß G sich verändert. Er sagt im wesentlichen aus, daß die zwei großen Zahlen, von denen oben die Rede war, nicht rein zufällig so nah beieinander liegen, auch nicht aufgrund eines tieferen Naturgesetzes, das von ihnen verlangt, immer gleich zu sein, sondern einfach deshalb, weil wir existieren. Da dieser Aspekt die Existenz menschlicher Beobachter zu einem wesentlichen Teil der Argumentation macht, wird er auch manchmal Anthropisches Prinzip genannt. Was die Hypothese der großen Zahlen so interessant machte, war die Tatsache, daß es eine veränderliche Größe, das Alter des Weltalls, mit Größen verband, von denen wir früher vermuteten, daß sie konstant sind, wie die atomaren Konstanten und G. Es gibt jedoch eine weitere Eigenschaft des Alters des Universums, die wichtig ist, nämlich jene, daß wir jetzt leben, um zu beobachten, daß das Weltall gerade so alt ist, wie es ist. Das erübrigt die Frage: „Ist die Gleichheit der großen Zahlen ein Zufall?" und ersetzt sie durch die Frage: „Ist unsere Existenz zum jetzigen Zeitpunkt ein reiner Zufall?" In Übereinstimmung mit dem Anthropischen Prinzip heißt die Antwort auf diese Frage „nein". Wir leben jetzt, weil die Werte von G und die atomaren Konstanten so sind, wie sie sind.

Die Argumentation wird so geführt: Die Lebensdauern von Sternen wie unserer Sonne werden zum einen durch die Gravitationskraft, die das Sternenmaterial zusammendrückt und aufheizt, und zum anderen durch die atomaren Prozesse bestimmt, die dafür verantwortlich sind, daß Hitze und Licht aus dem Sterninnern heraustransportiert und in den Raum abgestrahlt werden. Darum hängen diese Lebensdauern sowohl von der Größe von G als auch von den Werten der atomaren Konstanten wie den Massen von Proton und Elektron ab. Außerdem hängen sie auch von atomaren Zeitskalen ab, gerade jenen Größen, die Bestandteil der oben angeführten großen Zahlen waren. Es stellt sich heraus, daß die Lebensdauern in der Größenordnung von Milliarden von Jahren liegen. Wir wissen, daß Sterne ihr Licht erzeugen, indem sie Wasserstoff und Helium in schwere Elemente umwandeln. Das geschieht durch den Prozess der Kernfusion. Wir wissen auch, daß solche schweren Elemente wie Kohlenstoff, Stickstoff und Sauerstoff unbedingt nötig sind, um die Existenz von Astronomen zu ermöglichen. Der einzige uns bekannte Weg über den diese schweren Elemente aus den Sternen in den interstellaren Raum gelangen, wo sie zu Planeten und Astronomen verdichtet werden können, führt über eine Supernova, jene katastrophenartige Sterbephase eines massiven Sterns. Dabei werden die äußeren

Schichten in den Raum abgesprengt, während der Kern in sich zusammenfällt, um einen Neutronenstern oder ein Schwarzes Loch zu bilden. Das sind Objekte, denen wir in späteren Kapiteln noch begegnen werden. Es muß daher Supernovae gegeben haben, damit es überhaupt Beobachter gibt, die in der Lage sind, das Alter des Universums zu bestimmen. Deshalb muß das Weltall mindestens so alt sein, wie ein typischer Stern werden kann, mit anderen Worten einige Milliarden Jahre. Als das Weltall jedoch tausend mal jünger war als heute (also nur wenige Millionen Jahre alt), waren die zwei großen Zahlen keineswegs fast gleich, da die eine, die die Zeit berücksichtigt, tausend mal kleiner war. Aber zu diesem Zeitpunkt waren wir nicht zur Stelle, um sie zu messen! In ähnlicher Weise wird es die Gleichheit wiederum nicht geben, wenn das Universum tausend mal älter als jetzt ist, aber dann sind bereits alle Sterne vernichtet und es bleiben kalte weiße Zwerge, Neutronensterne und Schwarze Löcher zurück. Alle Beobachter sind dann längst verstorben, und wieder wird niemand da sein, um die Zahlen zu bestimmen. Darum ist die annähernde Gleichheit der zwei großen Zahlen im Bereich von 10^{40} eine Konsequenz dessen, daß wir gerade heute existieren, um das gegenwärtige Alter des Weltalls und die atomaren Konstanten messen zu können.

Darum ist es nach dem Anthropischen Prinzip nicht notwendig, daß sich die Gravitationskonstante G mit der Zeit ändert, um die Gleichheit der großen Zahlen zu verstehen. Jedoch sollten wir uns davor in Acht nehmen, das Anthropische Prinzip zu ernst zu nehmen. Der Grund besteht darin, daß es sich in Wirklichkeit nicht um eine physikalische Theorie handelt: es gibt keine Testmöglichkeit. Wir können beispielsweise das Universum nicht an seine Anfänge zurückdrehen und mit verschiedenen Werten für die fundamentalen Konstanten neu starten lassen und warten, was geschieht. In diesem Sinn hat das Anthropische Prinzip keine vorhersagende Aussagekraft. Es kann nur im nachhinein deuten, also von dem ausgehen, was bereits geschehen ist, und das irgendwie zu erklären suchen, und auch das nur in einer legeren und qualitativen Weise. Man könnte sagen, daß das ganze Fach Kosmologie unter dem gleichen Mangel des im nachhinein Erklären leidet. Der entscheidende Unterschied besteht darin, daß die Kosmologie versucht, quantitativ zu sein. Beispielsweise macht die Allgemeine Relativitätslehre mit dem Standard-Modell des Urknalls eine quantitative Aussage über die Menge von Helium, die im frühen Stadium des Weltalls produziert wurde: Sie liegt bei annähernd 25 Prozent, nicht 45 Prozent und nicht 5 Prozent. Das Modell macht auch andere Vorhersagen (oder, falls bevorzugt, nachträgliche Aussagen), die durch weitere Beobachtungen überprüft werden können. Zum Beispiel zeigt die Häufigkeit von Deuterium (dem schweren Isotop von Wasserstoff) sehr empfindlich die durchschnittliche Dichte im All für die Zeit der Erzeugung von Helium und für heute an. Falls die beobachtete Häufigkeit von Deuterium in Sternen und im interstellaren Raum (wobei das Deuterium berücksichtigt wird, das möglicherweise durch Prozesse, die seit dem Urknall stattfanden, erzeugt oder zerstört wurde) nicht mit der beobachteten Durchschnittsdichte der Materie im Universum übereinstimmt, dann müßte das Modell eventuell abgeändert oder fallen gelassen werden. Auf der anderen Seite sind die vagen Argumente und Aussagen in Zusammenhang mit dem Anthropischen Prinzip (wie etwa die Existenz von Astronomen) nicht Gegenstand solch genauer Tests. Aus diesem Grund hat das Anthropische Prinzip keine wichtige Rolle in der Gravitation und Kosmologie gespielt. Das bedeutet jedoch keinesfalls, daß man nicht eine Menge Spaß mit solchen Spekulationen haben kann. (Frage: Warum ist das Universum augenscheinlich isotrop, das heißt gleich in alle Richtungen? Anthropische Antwort: von allen kosmologischen Modellen in der Allgemeinen Relativitätslehre, nichtisotropen wie auch isotropen, erlauben nur die isotropen den Galaxien, sich aus dem Urmaterial richtig zu verdichten, und nebenbei, dem Astronomen zu existieren, um die Isotropie des Weltalls messen zu können.)

Diracs Hypothese der großen Zahlen war nicht der einzige Vorschlag, der zu einem veränderlichen *G* führte. Es gab zahlreiche im Laufe der Zeit seit Ende der zwanziger Jahre. Ich habe bereits das Machsche Vorgehen erwähnt, das von Dicke benutzt wurde und bei dem vermutet wird, daß die Gravitationskonstante irgendwie mit der Verteilung der entfernten Materie zusammenhängt und sich darum mit der Zeit ändert in dem Maße, wie sich die Dichte der Materie mit der Ausdehnung des Alls verringert. Eine ähnliche Idee wurde Anfang der siebziger Jahre von Fred Hoyle und seinem indischen Kollegen Jayant Narlikar in einer neuen Gravitationtheorie vertreten, die Hoyles früherer Theorie des stationären Kosmos entsprang.

Ob man ein Anhänger der Hypothese der großen Zahlen ist oder sich zu der Brans-Dicke-Theorie oder Hoyle-Narlikar-Theorie bekehrt hat, man wird eine gemeinsame nachprüfbare Vorhersage finden: G verändert sich mit der Zeit. Die Aussage der Allgemeinen Relativitätslehre lautet: G ist konstant.

Aber nehmen wir an, G sei variabel. Da die mögliche Änderung an die Entwicklung des Universums gebunden ist, sind wir so naiv zu glauben, daß G sich in einem Ausmaß ändert, das der Expansionsrate oder dem Alterungsprozeß des Weltalls entspricht. Weil das All mit einer Rate von einem Jahr pro Jahr älter wird, altert es mit einer Geschwindigkeit von etwa dem 1/20 Milliardstel Teil seines Gesamtalters pro Jahr. Darum können wir erwarten, daß G sich um 1/20 Milliardstel pro Jahr ändert. Wie sich herausstellt, sagen die meisten Modelle mit variablem G aus, daß G mit der Zeit abnimmt, mit anderen Worten, daß die Schwerkraft schwächer wird.

Wie würde sich eine solche Veränderung von G bemerkbar machen? Wenn die Schwerkraft schwächer würde, dann müßten sich Sterne und Planeten, die durch die Schwerkraft zusammengehalten werden, ausdehnen. Die Erde beispielweise würde dann in ihrer Drehbewegung abgebremst, genauso wie die Pirouette einer Eiskunstläuferin langsamer wird, wenn sie die Arme ausstreckt. Im Falle der Erde würden die Tage länger. Ähnliche Schlußfolgerungen würden auf die Umlaufbahnen der Planeten und des Mondes zutreffen. Mit schwächer werdender Schwerkraft würden die Umlaufbahnen größer und die Planetenjahre und der Mondmonat länger werden (siehe Abb. 9.1). Bevor wir aber beginnen, uns Sorgen darüber zu machen, wie wir jemals mit einem 107 Stunden-Tag zurechtkommen werden, sollten wir uns ins Gedächtnis zurückrufen, daß die Geschwindigkeit dieser Prozesse, falls sie überhaupt stattfinden, jährlich nur Teile in 20 Milliarden betragen. Während des Gesamtalters der Erde (4,5 Milliarden Jahre) hätte die Länge eines Tages nur um 20 Prozent zugenommen.

Während der frühen sechziger Jahre machten Dicke und seine Studenten systematische Auswertungen von allen bekannten Daten, die über solche Effekte vorlagen, und kamen zu dem Ergeb-

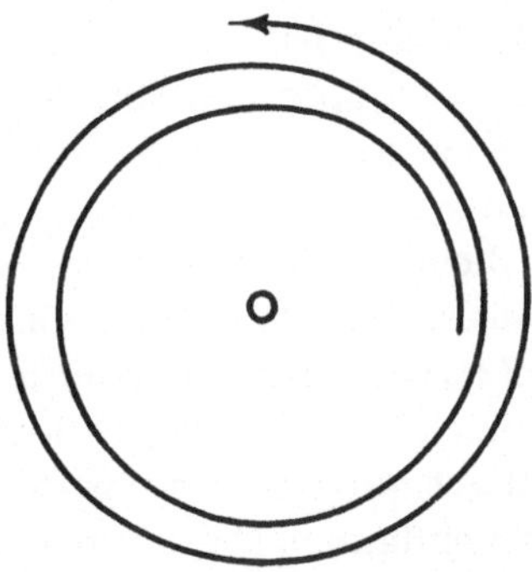

Abb. 9.1. Ausdehnung einer Planeten- oder der Mondumlaufbahn für den Fall, daß G abnimmt.

nis, daß ein mit der oben genannten Rate veränderliches G nicht ausgeschlossen werden konnte, wenngleich es andererseits auch keinen eindeutigen Beweis dafür gab.

Ein Weg, die Veränderlichkeit von G nachzuprüfen, beruht auf der Bewegung des Mondes und der Drehung der Erde. Die Daten der Mondbewegung, gleichgültig ob sie durch Beobachtung seines Vorbeilaufens vor dem Hintergrund der Sterne oder durch Messung der Entfernung Erde-Mond mit Hilfe eines Lasers (*Lunar Laser Ranging*) gewonnen wurden, geben eine relativ klar umrissene Antwort: Der Mondmonat verlängert sich mit einem Zuwachs von ungefähr drei Hundertstel Sekunden pro Jahrhundert. Das entspricht einer Ausdehnung der Umlaufbahn des Mondes um 2,6 Zentimeter pro Jahr. Wie schon aus Kap. 7 bekannt, unterstützte Dicke ursprünglich die Idee der Entfernungsbestimmung mit Lasern, weil er darin einen Weg sah, nach solchen Effekten als Beweis für ein variables G zu suchen. In ähnlicher Weise ergaben Untersuchungen der Tageslänge mit Hilfe von Atomuhren, daß sich der Tag um etwa zwei Tausendstel Sekunde pro Jahrhundert verlängert. Bedeutet das, daß G kleiner wird? Nicht unbedingt.

Die Schwierigkeit liegt in der Interpretation dieser Beobachtungen, und die Quelle dieser Schwierigkeit sind die Gezeiten. Wir wissen alle, daß der Mond die Gezeiten des Ozeans erzeugt, weil die Anziehung, die er auf die Erde ausübt, nicht gleichmäßig ist. Sie ist auf der Seite, die dem Mond zugekehrt ist, etwas stärker als auf der Seite, die dem Mond abgewandt ist. Auch die Sonne erzeugt Gezeiten, die knapp halb so groß sind. Weniger bekannt, weil nicht so sichtbar wie Ebbe und Flut der Ozeane am Strand, ist die Tatsache, daß der Mond und die Sonne auf der gesamten Erde ähnliche Störungen hervorrufen. Diese „Festland-Gezeiten" sind viel kleiner als die ozeanischen Gezeiten, da das Festland viel starrer ist als das Meer. Deshalb können wir sie vernachlässigen und nehmen an, daß das Festland auf der Erde unverändert bleibt.

Eine wichtige Folge dieser Gezeiten ist Reibung. Diese zwingt die Erde, ihre Drehbewegung zu verlangsamen, und den Mond, sich von der Erde zu entfernen. Diese Vorstellung wurde erstmalig von dem Philosophen Immanuel Kant im Jahre 1754 geäußert. Kant argumentierte, daß Gezeiten für die Abbremsung der ursprünglich vorhandenen Rotation des Mondes auf eine Drehgeschwindigkeit, die seiner Umlaufgeschwindigkeit um die Erde entspricht, verantwortlich sein müßten. Auf diese Weise zeigt uns der Mond immer das gleiche Gesicht, und darum müssen Gezeiten schließlich dieselbe Wirkung auf die Erde haben.

Um zu sehen, wie das zustande kommt, stellen wir uns das folgende einfache Bild vor (siehe Abb. 9.2). Nehmen wir an, der Mond steht über einem Teil des Nordatlantiks und erzeugt im Wasser einen Flutberg. Um diesen Flutberg zu ermöglichen, muß natürlich Wasser aus anderen Teilen des Meeres dorthin fließen. Der Gezeitenberg ist aufgrund der Anziehungskraft des Mondes bestrebt, direkt unterhalb des Mondes zu bleiben. Jedoch dreht sich die Erde unter dem Berg weiter, und irgendwann einmal werden diese Wassermassen auf ein festes Objekt treffen, nämlich auf die Ostküste der Vereinigten Staaten und Mittelamerikas. Bei diesem Zusammenstoß zwischen dem Flutberg und dem Kontinent muß der Impuls erhalten bleiben, und darum muß der Kontinent nach Westen zurückprallen. Weil der Kontinent mit dem Rest der Erde enger verbunden ist als die Ozeane, veranlaßt dieser Rückstoß die Erde, sich ein wenig langsamer zu drehen. Obwohl es sich hierbei um eine stark übertriebene Vereinfachung der Gezeiten der Meere handelt, so werden doch die grundlegenden physikalischen Phänomene veranschaulicht, die hierbei am Werk sind. Tatsächlich schätzen Geophysiker, daß der Großteil der Abbremsung der Erde nur von Zusammenstößen zwischen den Gezeitenbergen der Ozeane und kontinentalen Küsten herrührt.

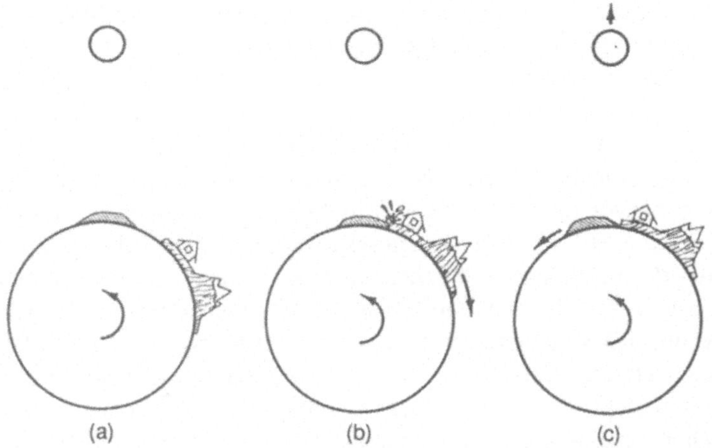

Abb. 9.2. Gezeitenreibung. (a) Der Mond sorgt für einen Gezeitenberg im Meer, der versucht, unmittelbar unterhalb des Mondes zu bleiben. (b) Die Rotation der Erde verursacht einen Zusammenstoß zwischen dem Gezeitenberg und dem Festland, der das Land zwingt zurückzuprallen und der so die Erde ein wenig abzubremst. (c) Auch der Gezeitenberg prallt zurück, und befindet sich nicht mehr genau unterhalb des Mondes; seine Gravitationskraft auf den Mond läßt den Mond sich immer mehr entfernen.

Da die Drehgeschwindigkeit der Erde abnimmt, ist der Drehimpuls kleiner. Aber für das System Erde-Mond als Einheit muß der Gesamtdrehimpuls erhalten bleiben, und um den Verlust beim Drehimpuls der Erde wettzumachen, muß das Drehmoment der Mondumlaufbahn entsprechend zunehmen. Das bringt eine Vergrößerung des Radius der Mondumlaufbahn mit sich, und die Länge des Monats wächst. Eine andere Möglichkeit, die Reaktion des Mondes zu verstehen, liegt in der Feststellung, daß beim Zusammenstoß zwischen dem Gezeitenberg und dem Kontinent der Wasserberg ebenfalls zurückprallt, in diesem Fall nach Osten. Das bedeutet, daß sich der Flutberg nicht mehr unmittelbar unterhalb des Mondes befindet, sondern etwas nach Osten versetzt wird. Die Anziehungskraft wiederum, die im Gegenzug durch diesen verschobenen Flutberg auf den Mond ausgeübt wird, ist der Grund für Veränderungen in der Mondumlaufbahn. All das erscheint sehr vernünftig und es stellt sich heraus, daß auch die

Zahlen mit der Beobachtung übereinstimmen im Rahmen einer Ungenauigkeit von so ungefähr 25 Prozent.

Aber vernünftig ist nicht gut genug, wenn wir sehen wollen, ob sich *G* mit einer Rate von 1:20 Milliarden pro Jahr ändert. Solch ein veränderliches *G* würde eine Verlängerung des Mondmonats um höchstens zwei Hundertstel Sekunden pro Jahrhundert hervorrufen oder zwei Drittel des beobachteten Wertes. Die Wirkung auf die Rotationsgeschwindigkeit der Erde wäre kleiner, da die teilweise Starrheit unseres Planeten ihn davon abhalten würde, sich bei abnehmendem *G* frei auszudehnen. Natürlich, wenn sich *G* langsamer verändern würde, wären diese Effekte noch kleiner. Daher müssen wir es irgendwie schaffen, die Gezeiteneffekte mit viel größerer Genauigkeit zu berechnen, um zu sehen, ob es eine Diskrepanz zur Beobachtung gibt, die man einem sich verändernden *G* zuschreiben könnte. Im Falle der Erddrehung wird dieses Ziel weiter erschwert durch eine Häufung von anderen möglichen Effekten, die eine Änderung der Drehgeschwindigkeit der Erde verursachen könnten, wie etwa Veränderungen in der Verteilung und in der Geschwindigkeit von Winden, eine Umverteilung der geschmolzenen Materie im Kern der Erde und das Zusammenziehen der Erde während des Alterungs- und Abkühlungsprozesses.

Diese Schwierigkeiten konnten Thomas A. Van Flandern nicht abschrecken. Am U.S. Marine Observatorium damit beschäftigt, die Bewegung des Mondes und der Planeten zu studieren, glaubte er, eine Methode gefunden zu haben, um die Auswirkungen der Gezeiten klar von den Effekten eines sich verändernden *G* trennen zu können, um zu sehen, ob es letzteres überhaupt gibt. Der Ursprung der Idee ist ungewiß, obwohl ihre Wurzeln bis in die vierziger Jahre zurückreichen zu einer Arbeit von Gerald M. Clemence, dem großartigen Himmelsmechaniker des U.S. Marine-Observatoriums. Sie wurde 1972 von Fred Hoyle ganz klar als ein Weg zur Überprüfung der Voraussage der Hoyle-Narlikar-Theorie über ein sich veränderndes *G* dargestellt.

Die Idee ist verblüffend einfach. Nehmen wir für einen Augenblick an, daß es im System Erde-Mond keine Gezeiten-Effekte gibt und daß *G* abnimmt. Als Folge des kleiner werdenden *G* wird der Mondmonat jedes Jahr um einen gewissen Prozentsatz (der 1 Teil in 20 Milliarden entspricht) länger. Da jedoch die Umlaufzeit der Erde und der Planeten in genau derselben Weise von *G* abhängen wie die Umlaufzeit des Mondes, müssen die Perioden oder „Jahre" aller jener Planeten in demselben Zeitraum um genau denselben Prozentsatz länger werden. Ich sollte an dieser Stelle herausstreichen, daß wir annehmen, daß alle diese Perioden und Zeiten mit Hilfe von Atomuhren gemessen werden, deren Ganggeschwindigkeit unveränderlich ist, unabhängig von *G*. Aber wenn der Monat und das Jahr jährlich um denselben Prozentsatz länger werden, dann werden wir beim direktem Vergleich der Monatslänge und der Jahreslänge feststellen, daß sich beide nicht relativ zueinander verändert haben, obwohl jede Zeitspanne sich relativ zur Atomuhr vergrößert hat. Das ist leicht zu verstehen. Betrachten wir zwei Physikstudenten mit begrenzten finanziellen Mitteln, die identische, billige Micky Maus-Uhren besitzen, die beide um eine Minute pro Stunde nachgehen verglichen mit der teuren elektronischen Uhr ihres Professors. Die beiden Studenten werden immer dieselbe Zeit ablesen, während sie im Vergleich zur Zeit des Professors immer mehr zurückfallen.

Führen wir nun die Gezeitenreibung in das System Erde-Mond ein. Wie sich herausstellt, gibt es keine bemerkenswerten Gezeitenreibungseffekte auf die Planetenumlaufbahnen um die Sonne. Darum wird die Länge des Jahres um einen Prozentsatz gegenüber Atomuhren zunehmen, der lediglich auf die Wirkung eines sich ändernden *G* zurückzuführen ist. Mit Gezeitenreibung und einem abnehmenden *G* wird die Länge des Monats um die Summe dieser beiden Effekte vergrößert. Deshalb werden wir, wenn wir den Mondmonat direkt mit der Länge des Jahres vergleichen, nur den Zuwachs sehen, für den die Gezeiten verantwortlich sind. Das gilt, wie oben schon erwähnt, weil eine bloße Abnahme von *G* keine relative Veränderung in diesen beiden Zeiten mit sich bringt. Alles, was uns jetzt zu tun bleibt, ist, den dritten Wert (Monat gegen Jahr, beinhaltet nur Gezeiteneffekte) vom zweiten Wert (Monat gegen Atomzeit, enthält Effekte der Gezeiten und des veränderlichen G) zu subtrahieren. Dabei beobachtet man, wie der Gezeitenteil wegfällt, und infolge dessen kommt alles, was übrigbleibt, von einem veränderlichen *G*.

Unglücklicherweise stellt sich wie bei den meisten anderen Gravitationsexperimenten, die ich in diesem Buch beschrieben habe, heraus, daß das, was im Prinzip einfach aussieht, in der

Praxis furchtbar schwierig ist. Die Änderung des Mondmonats relativ zur Länge des Jahres kann durch Auswertung von Mond- und Planetenbeobachtungen mit dem Teleskop, die über drei Jahrhunderte zurückreichen und von Aufzeichnungen von früheren Sonnenfinsternissen, die 3 000 Jahre zurückgehen, erhalten werden. Da diese Beobachtungen Positionsvergleiche des Mondes mit der Erde und anderen Planeten in ihren Umlaufbahnen enthalten, geben sie uns die Zuwachsrate des Monats im direkten Vergleich zum Jahr. Die Zahl, die sich ergibt, sollte nur den Beitrag der Gezeiten enthalten. Unglücklicherweise sind diese Arten der Beobachtung, die auf viele Jahrhunderte alte, astronomische Aufzeichnungen zurückgreifen, Gegenstand zahlreicher Fehlerquellen. Viele Korrekturen müssen vorgenommen werden mit dem Ergebnis, daß verschiedene Experten mit unterschiedlichen Werten für die Zuwachsrate aufwarten, die sich im Bereich von drei Hundertstel Sekunde bis zu 5,8 Hunderstel Sekunde pro Jahrhundert bewegten. Die zweite Serie von Daten, die benötigt wurde, die mit Atomuhren gemessene Zuwachsgeschwindigkeit eines Monats, stand vor 1955 nicht zur Verfügung, da es bis dahin keine Atomuhren gab. Als Atomuhren dann verfügbar waren, konnten Astronomen an Orten wie dem U. S. Marine Observatorium und dem Royal Greenwich Observatorium in England ihre Messungen durchführen. Aber auch hier streute das Ergebnis wiederum über einen ganzen Wertebereich, da die Bewegung des Mondes so komplex und die Datenauswertung so schwierig ist. Mehrmals innerhalb der zehn Jahre, während er an diesem Problem arbeitete, stellte Van Flandern selbst eine Vielzahl von Werten vor, wie etwa 7,1 Hunderstel Sekunde pro Jahrhundert im Jahre 1970, 8,9 Hunderstel 1975 und 5,2 Hunderstel 1976. Jeder Unterschied zwischen der letzten Zahlenreihe (Monat gegenüber Atomuhren) und der früheren (Monat gegenüber Jahr) würden, wie wir uns erinnern, für ein veränderliches G sprechen. Aber wir sehen, daß die Streuung der Werte innerhalb jeder Serie genauso groß ist, wie die möglichen Unterschiede zwischen den Serien. Darum ist es schwierig, eine aussagekräftige Folgerung zu ziehen, sowohl in der einen als auch in der anderen Richtung, trotz der Tatsache, daß die zweite Serie von Zahlen generell etwas länger ist als die erste. Mitte der siebziger Jahre behauptete Van Flandern, daß seine Daten eine echte Differenz zwischen den beiden Werten ergäben, wobei der Wert Monat gegen Atomzeit etwas größer war als der Wert Monat gegen Jahr. Er interpretierte das dahingehend, daß *G* mit einer Rate von 1:25 Milliarden pro Jahr abnahm. Aber aufgrund der Probleme, die ich beschrieben habe, wurde seiner Behauptung schließlich wenig Beachtung geschenkt.

Wenn hauptsächlich die Gezeiten an den Schwierigkeiten beim Versuch, eine Änderung von *G* mit Hilfe des Mondes zu messen, schuld sind, warum vergißt man dann nicht das System Erde-Mond und untersucht ausschließlich die Planetenbewegungen? Ihre Umlaufbahnen werden von Gezeiteneffekten, wie sie die Mondumlaufbahn plagen, verschont. Wenn *G* mit der Zeit kleiner wird, dann müßten sich die Umlaufbahnen ausdehnen und die Umlaufzeiten müßten sich verlängern. Wieder müssen wir die Umlaufzeiten gegen Atomuhren messen, nicht gegen die Umlaufzeit oder das Jahr der Erde, aus Gründen, die ich weiter oben dargelegt habe. Auch das beschränkt uns auf die Zeit nach 1955, was in Ordnung ist, denn wir benötigen auch sehr genaue Untersuchungen der Umlaufbahnen, die Entfernungsmessungen mit Hilfe von Radar voraussetzen. Diese standen, wie wir gesehen haben, erst nach 1960 zur Verfügung.

Nun, da sich der Effekt mit jedem Umlauf verstärkt, ist es am günstigsten, die Planeten mit den kürzesten Umlaufzeiten zu untersuchen. Das bedeutet, daß wir unser Augenmerk auf den Merkur, die Venus und den Mars lenken sollten. Frühe Ergebnisse beruhten in erster Linie auf Radar-Echo-Beobachtungen des Merkur, die von der Gruppe um Shapiro zwischen 1966 und 1969 mit Hilfe der Einrichtungen von Haystack und Millstone Hill durchgeführt wurden. Sie erbrachten keinen Beweis für ein sich änderndes *G* bis herunter in den Genauigkeitsbereich von acht Zwanzigmilliardstel pro Jahr. Beobachtungen von Merkur und Venus bis 1974 brachten eine Verringerung dieser unteren Grenze um den Faktor vier.

Aber das zur Zeit beste Ergebnis verdanken wir der Radarmessung zu den Mars-Sonden Mariner 9 und Viking, derselben Methode, die solch genaue Messungen der Shapiroschen Zeitverzögerung lieferte. Zwei Umstände ermöglichten diese Verbesserung. Erstens die bessere Kenntnis des Abstands Erde-Mars bis auf zehn Meter genau und zweitens die vollkommen zufällige und unerwartete Langlebigkeit der Viking-Landefähre Lander 1.

Ursprünglich konstruiert als eine Vorrichtung, die zum Zweck von Fernsehaufnahmen und biologischen Experimenten neun Monate überdauern sollte, weigerte sich das Raumschiff schlicht und ergreifend kaputtzugehen. Von 1976 bis zum Juli 1982, als seine Batterien so schwach wurden, daß die Kontrollbeauftragten der NASA widerstrebend den Befehl gaben, es abzuschalten, hatte dieses widerstandsfähige Funkfeuer unerschütterlich die Signale, die man zu ihm sandte, zur Erde zurückgeschickt. Ohne diese Daten während einer Zeitspanne von sechs Jahren, die empfindlich gegenüber einem sich möglicherweise aufbauenden Effekt eines veränderlichen G waren, wären die verbesserten Messungen unmöglich gewesen. Das Ergebnis, das in von einander unabhängigen Auswertungen von der JPL-Gruppe und Shapiros Gruppe erzielt wurde, lieferte wiederum keinen Beweis für eine Veränderung von G bis zu einem Genauigkeitsgrad, der zehnmal kleiner als der der vorhergehenden Meßreihe war, oder bis zu einem Teil in 100 Milliarden Teilen pro Jahr.

Tatsächlich wird die obige Beschreibung diesen planetarischen Entfernungsmessungen kaum gerecht. Wie auch schon bei der Messung der Zeitverzögerung mußten nicht nur die aktuellen Abstandsmessungen (über 1 000 von der Viking-Landefähre) aufgenommen, ausgewertet und gespeichert werden, sondern auch die von den anderen Planeten verursachten Störungen der Umlaufbahn des untersuchten Planeten mußten berücksichtigt werden. Genauso, wie diese Störungen in der Umlaufbahn des Merkur Perihelverschiebungen erzeugen, wie wir im 5. Kapitel sahen, und genauso, wie sie die Position des Planeten oder der Raumfähre veränderten, die zur Messung der Shapiroschen Zeitverzögerung benutzt wurden (Kap. 6), so verursachten sie hier Veränderungen im Durchmesser und in der Periode der Umlaufbahn des gerade untersuchten Planeten, die genauso aussehen wie die Wirkung eines sich verändernden G. (Sie hatten denselben Effekt auf die Mondumlaufbahn und mußten auch bei der Auswertung der Veränderung des Mondmonats berücksichtigt werden). Darum mußte ein kolossales Pensum an mühevoller Auswertungsarbeit bewältigt werden. In der Hauptsache wurden die eigens für die Auswertung der Umlaufbahnen aller Planeten erstellten riesigen Computerprogramme benutzt, um die Effekte der anderen Planeten auszuschalten und um nach einem möglichen Resteffekt zu schauen, der von einem veränderlichen *G* herrührte. Es stellte sich heraus, daß einer der Hauptfaktoren, die die Genauigkeit der Viking-Ergebnisse begrenzten, der Störeffekt der Asteroiden war, jenem Gürtel von interplanetarischen Trümmern, der sich in erster Linie zwischen den Umlaufbahnen von Mars und Jupiter erstreckt. Der größte der Asteroiden, Ceres, hat einen Durchmesser, der einem Drittel des Monddurchmessers entspricht, während die übrigen 3 000 oder so, die katalogisiert wurden, alle kleiner sind. Alles was man weiß, ist, daß es insgesamt möglicherweise noch fünfzigmal mehr gibt. Um die Störungen, die sie erzeugen, bestimmen zu können, müssen wir ihre Massen kennen, aber außer für die allergrößten Asteroiden ist das eine Frage von intelligentem Ratespiel. Obwohl ihr Effekt auf die Umlaufbahn des Mars winzig ist, ist er doch merklich, und dieser Unsicherheitsfaktor genügt, um die Genauigkeit der Viking-Berechnung in Grenzen zu halten.

Entgegen der Behauptung Van Flanderns zeigten diese Ergebnisse innerhalb der erreichten Genauigkeit übereinstimmend keine merkliche Änderung von *G*. Haben wir die Frage: „Ist die Gravitationskonstante konstant?" beantwortet? Nein, wir befinden uns gerade erst auf dem Weg dorthin. Erinnern wir uns an unsere naive Erwartung, die sich zum Beispiel auf die Hypothese der großen Zahlen stützte. Falls sich *G* tatsächlich mit der Zeit ändert, sollte es das mit einer Rate von etwa einem Teil in 20 Milliarden Teilen pro Jahr tun. Die von den Viking-Beobachtungen gesetzte obere Grenze war ein Teil in hundert Milliarden Teilen pro Jahr und damit nur um den Faktor fünf kleiner als die unserer naiven Überlegung. Wir können uns leicht vorstellen, eine ausführliche Berechnung innerhalb einer spezifischen Theorie wie der Brans-Dicke-Theorie durchzuführen, allen Faktoren „zwei" und „π" auf der Spur zu bleiben und so eine vorhergesagte Rate von weniger als ein Teil in 100 Milliarden zu errechnen. Damit würde dann ein variables *G* vorhergesagt, das noch immer mit den Beobachtungen in Einklang wäre. Mit anderen Worten, die Grenze aus den Viking-Daten ist nicht um soviel kleiner als unsere Vermutung, als daß es wirklich interessant würde.

Die obere Grenze um einen weiteren Faktor zehn gegenüber Viking oder um einen Faktor fünfzig gegenüber unserer Vermutung herabzusetzen, wäre jedoch interessant. Eine solche Grenze, die weniger als einem Teil in einer Billion pro Jahr entspricht, würde ein variables G viel unwahrscheinlicher machen. Natürlich kann, wie es in der Brans-Dicke-Theorie der Fall ist, ein variables G nie ganz ausgeschlossen werden, da Messungen immer mit einem, wenn auch noch so kleinen, Fehler behaftet sind. Aber bei einer oberen Grenze von einem Teil in einer Billion Teilen pro Jahr könnten wir mit gutem Gewissen die Occamsche Rasierklinge ansetzen und die Idee des variablen G wegschneiden, bis ein zwingender Grund vorliegt, sie wieder hervorzuholen.

Unglücklicherweise gibt es kein laufendes oder in Planung befindliches Experiment, das in der Lage wäre, eine solche Grenze zu erreichen. Einige Theoretiker haben mit Computersimulationen und Durchführbarkeitsstudien gezeigt, daß eine zwei Jahre dauernde Radioentfernungsmessung zu einer den Merkur umkreisenden Raumfähre bei einer Genauigkeit in der Größenordnung von 30 cm eine Grenze für die Änderung von G im Bereich von drei Teilen in 10 Billionen Teilen ergeben könnte. Das wäre eine sehr interessante Grenze. Leider liegen bei der NASA keine Pläne für eine solche Mission vor, weder für jetzt noch für die nahe Zukunft. Vielleicht gelingt es einer einflußreichen Lobby von Relativisten in Zusammenarbeit mit Planetenforschern, für die eine solche Mission auch interessant wäre, diese Situation zu ändern.

10. Der Doppelstern-Pulsar: Es gibt Gravitationswellen!

Wahrscheinlich werden Joe Taylor und Russell Hulse den Sommer 1974 nie vergessen. Dabei war zunächst alles in den gewohnten Bahnen verlaufen. Taylor, ein junger Professor an der Universität von Massachusetts in Amherst, hatte seinem Doktoranden Hulse die Möglichkeit geschaffen, den Sommer am Arecibo Radioteleskop in Puerto Rico zu verbringen, um neue Pulsare zu entdecken. Sie hatten eine ausgeklügelte Beobachtungstechnik entwickelt, die es ihnen erlaubte, einen großen Teil des Himmels abzusuchen, wobei sie das Radioteleskop so benutzten, daß es ganz besonders empfindlich für Pulsarsignale sein würde. Zu der damaligen Zeit waren bereits über hundert Pulsare bekannt, und ihr eigentliches Ziel bestand darin, die Liste zu erweitern in der Hoffnung, aus der bloßen Fülle der Daten mehr über diese Art astronomischer Objekte zu lernen. Aber abgesehen davon, daß sich der Aufwand möglicherweise am Ende der Beobachtungszeit auszahlen würde, war zu erwarten, daß der größte Teil des Sommers mit ziemlicher Routinearbeit verbracht werden müßte. Wie in vielen derartigen astronomischen Forschungsprogrammen durchaus üblich, würde der sich wiederholende Wechsel von Beobachtung und Datenauswertung an Langeweile grenzen.

Aber am 2. Juli kam ihnen dann das Glück zu Hilfe.

An diesem Tag entdeckte Hulse fast zufällig etwas, was Hulse und Taylor schlagartig in die astronomischen Schlagzeilen bringen sollte, etwas, das die Wissenschaftler, die sich mit Astropyhsik und Relativität beschäftigten, in Aufregung versetzte und das letztendlich die Bestätigung einer der interessantesten und wichtigsten Vorhersagen der Allgemeinen Relativitätstheorie lieferte. Zumindest nach Überzeugung der Experten auf dem Gebiet der Relativitätslehre ist diese Entdeckung fast gleichwertig mit der ersten Beobachtung der Pulsare selbst.

Die Entdeckung der Pulsare war ein ähnlich glücklicher Zufall gewesen. Ende 1967 versuchten die Radioastronomen Anthony Hewish und Jocelyn Bell an der Universität Cambridge, das Phänomen „flackernder" Quellen im Radiowellenbereich zu untersuchen. Es handelt sich hierbei um eine schnelle Änderung oder ein „Blinken" des von diesen Quellen ausgesandten Radiowellensignals, das draußen im interplanetarischen Raum von den Elektronenwolken im Sonnenwind verursacht wird. Diese Änderungen sind von Natur aus typischerweise unregelmäßig und insbesondere in der Nacht schwächer, wenn das Teleskop von der Sonne weg gerichtet ist. Aber mitten in der Nacht des 28. November 1967 registrierte Bell, die damals eine von Hewishs Doktoranden war, eine Folge ungewöhnlich starker, überraschend regelmäßiger Pulse im Signal. Nach einer einmonatigen Beobachtungszeit stand für sie und Hewish fest, daß sich die Quelle außerhalb unseres Sonnensystems befand und daß das Signal eine schnelle Serie von Pulsen mit einer Periode von 1,3373011 Sekunden war. Als ein Standard für die Zeitmessung waren diese Pulse so gut wie jede damals existierende Atomuhr. Es war derart unerwartet, eine natürlich vorkommende astrophysikalische Quelle mit einer so gleichmäßigen Periode zu haben, daß ihnen für eine Weile sogar der Gedanke nicht abwegig erschien, daß es sich bei den Signalen um das Leuchtfeuer einer extraterrestrischen Zivilisation handeln könnte. So bezeichneten sie ihre Quelle sogar als LGM, was für kleine grüne Männchen steht.

Schon bald entdeckten die Astronomen von Cambridge drei weitere dieser Quellen mit Perioden zwischen 0,25 bis 1,25 Sekunden, und andere Observatorien folgten mit eigenen Entdeckungen. Die Theorie der kleinen grünen Männchen wurde schnell verworfen, und die Objekte wurden in Pulsare umbenannt, weil sie pulsierende Radiowellen abstrahlen.

Diese Entdeckung hatte einen wegweisenden Einfluß auf die Welt der Astronomie. Der Artikel über die Entdeckung des ersten Pulsars wurde am 24. Februar 1968 in dem britischen Wissenschaftsjournal „Nature" veröffentlicht, und in den verbleibenden zehn Monaten jenes Jahres wurden über hundert Publikationen gedruckt, die entweder über die Beobachtung eines Pulsars oder über die theoretische Interpretation des Pulsar-Phänomens berichteten. Im Jahre 1974 wurde Hewish für die Entdeckung mit dem

Nobelpreis für Physik ausgezeichnet, und zwar zusammen mit Sir Martin Ryle, einem der Pioniere des britischen Radioastronomie-Programms. In einigen Kreisen ist man noch immer geteilter Meinung über die Entscheidung der schwedischen Akademie, Frau Bell nicht in die Ehrung mit einzubeziehen.

Wenige Jahre nach der Entdeckung gab es weitgehende Übereinstimmung unter Theoretikern und Beobachtern über die grundsätzliche Natur der Pulsare, obwohl viele Einzelheiten noch immer nicht vollständig ergründet waren. Pulsare sind ganz einfach kosmische Leuchttürme, rotierende „Keulen" von Radiowellen (und in einigen Fällen von sichtbarem Licht, Röntgen- und Gammastrahlen), deren Signal sich mit unserer Sichtlinie einmal bei jeder Umdrehung schneidet. Das zugrunde liegende Objekt, das die Rotation ausführt, ist ein Neutronenstern, also ein Körper enorm hoher Dichte, der typischerweise etwa die gleiche Masse wie die Sonne besitzt, aber in diesem Fall zusammengepreßt zu einer Kugel mit einem Durchmesser von rund 20 Kilometern. Er ist damit 500mal kleiner als ein weißer Zwerg ähnlicher Masse. Seine Dichte ist mit ungefähr 500 Millionen Tonnen pro Kubikzentimeter vergleichbar mit der Dichte innerhalb von Atomkernen, und seine Zusammensetzung besteht hauptsächlich aus Neutronen und einer „Verunreinigung" aus Protonen und der gleichen Anzahl von Elektronen. Da der Neutronenstern so dicht ist, benimmt er sich wie ein ideales Schwungrad. Seine Drehgeschwindigkeit bleibt konstant wegen der Unfähigkeit der Reibungskräfte, seine enorme Trägheit zu überwinden. Tatsächlich gibt es einige restliche Reibungskräfte zwischen dem Neutronenstern und dem umgebenden Medium, die dazu führen, daß sich die Rotation verlangsamt. Ein Beispiel dafür, wie klein dieser Effekt aber sein kann, zeigt der Original-Pulsar: Es wurde beobachtet, daß seine Periode von 1,3373... Sekunden um nur 42 Nanosekunden pro Jahr wächst. Von den etwa 100 Pulsaren, die bis 1974 bekannt waren, folgte jeder der allgemeinen Regel, Radiopulse kleiner Periode (zwischen Bruchteilen einer Sekunde und wenigen Sekunden) auszusenden mit einer extrem stabilen Periode und einer sehr, sehr langsamen Zunahme. Wir werden sehen, daß Hulse und Taylor diese Regel fast zum Verhängnis wurde.

Warum ein Neutronenstern? War es nur ein Produkt der Phantasie von Theoretikern, oder gab es einige natürliche Gründe, an so etwas zu glauben? Tatsächlich begannen Neutronensterne ihre Existenz in der Vorstellungskraft der Astronomen Walter Baade und Fritz Zwicky Mitte der dreißiger Jahre, und zwar als ein möglicher Zustand der Materie, noch extremer verdichtet als im *Weißen Zwerg*-Stadium. Solche stark verdichteten Sterne, so schlugen sie vor, könnten geformt werden im Laufe einer Supernova, der gewaltigen Explosion eines Sterns in seinem Todeskampf, wie sie bekanntlich ab und zu in unserer Galaxie vorkommt. Während die äußere Hülle eines solchen Sterns explodiert, wird ein Lichtblitz erzeugt, der momentan die Leuchtkraft der gesamten Galaxie übertreffen kann. Ein Feuerball heißer Gase wird ausgestoßen, und das Innere des Sterns fällt in sich zusammen, bis es zu nuklearen Dichten zusammengepreßt ist, so daß die Implosion zum Stehen kommt und ein Neutronenstern als Asche einer Supernova zurückbleibt. Der Neutronenstern sollte sich aus folgenden Gründen sehr schnell drehen. Die meisten Sterne, von denen es brauchbare Daten gibt, rotieren bekanntlich, das nächstliegende Beispiel dafür ist die Sonne. So wie eine Eiskunstläuferin sich schneller dreht, wenn sie ihre Arme an den Körper anlegt und sich die Erhaltung des Drehimpulses zunutze macht, genauso sollte sich auch der zusammenfallende, rotierende Kern einer Supernova verhalten. Von den fünf Supernovae, die sich in den letzten tausend Jahren in unserer Galaxie ereigneten und von denen wir geschichtliche Aufzeichnungen besitzen, geschah eine im Sternbild Taurus im Jahr 1054. Sie wurde von chinesischen Astronomen als ein *Gaststern* registriert, der so hell war, daß er sogar am Tage gesehen werden konnte. Das Überbleibsel dieser Supernova ist eine sich ausdehnende Hülle heißer Gase, die heute als Krebsnebel bekannt ist. Unter Berücksichtigung der beobachteten Ausdehnungsgeschwindigkeit des Gases zeigt sich, wenn man das Ganze zeitlich um etwa 900 Jahre zurückverfolgt, daß damals alles in einem einzigen Punkt im Raum seinen Ursprung gehabt haben könnte. Nun, einige Monate nach der Entdeckung der ersten Pulsare richteten Radioastronomen am National Radio Astronomy Observatory das Teleskop auf das Zentrum des Krebsnebels und spürten Radiopulse auf. Die Entdeckung wurde in Arecibo bestätigt, und die Periode der Pulse wurde mit 0,033 Sekunden gemessen; das war die kürzeste zur damaligen Zeit bekannte Pulsarperiode. Verglichen mit anderen Pulsaren wurde der

Krebs-Pulsar jährlich mit einer auffälligen Rate von rund 10 Mikrosekunden in seiner Periode langsamer. Diese Rate kann man auch anders veranschaulichen; die Zeit, die die Periode braucht, um sich um einen Betrag zu ändern, der mit der Periode selbst vergleichbar ist, beträgt etwa 1 000 Jahre, also das ungefähre Alter des Pulsars, wenn er 1054 in einer Supernova entstanden ist. Falls der Pulsar wirklich ein sich drehender Neutronenstern ist, dann ist die Reibung zwischen ihm und dem umgebenden Medium, die seine Rotation um die gemessene Rate verlangsamt, gerade groß genug, um den Gasnebel so heiß zu halten, daß er in der beobachteten Intensität glühen kann. Die Tatsache, daß alle diese Beobachtungen so gut übereinstimmen, ergab eine schöne Bestätigung der Modellvorstellung: Pulsare sind rotierende Neutronensterne.

Andere Aspekte der Pulsare sind jedoch nicht so klar einsichtig und einfach, etwa der genaue Mechanismus für die Entstehung des „Leuchtfeuers", falls die Radiopulse tatsächlich wie beschrieben produziert werden. Im konventionellen Modell wird einem Pulsar ein wichtiges, mit der Erde gemeinsames Merkmal nachgesagt: Sein magnetischer Nord- und Südpol zeigen nicht in die gleiche Richtung wie seine Rotationsachse. Auf der Erde zum Beispiel liegt der magnetische Nordpol nahe der Hudson Bay in Kanada und nicht inmitten des arktischen Meeres wie der nördliche Pol der Drehachse. Es gibt jedoch einen bedeutenden Unterschied. Das magnetische Feld eines Pulsars ist eine Billion mal stärker als das der Erde. Solche enormen magnetischen Felder lassen Kräfte entstehen, die Elektronen und Ionen von der Oberfläche eines Neutronensterns ablösen und sie fast bis auf Lichtgeschwindigkeit beschleunigen können. Das bewirkt, daß die Teilchen intensiv im Radiobereich und in anderen Teilen des elektromagnetischen Spektrums strahlen, und weil das Magnetfeld an den Polen am stärksten ist, ist die sich daraus ergebende Strahlung nach außen entlang des nördlichen und südlichen Pols gerichtet. Da diese Pole nicht nach der Rotationsachse ausgerichtet sind, überstreichen die beiden Strahlen den Himmel, und wenn einer davon uns immer wieder trifft, nennen wir die Erscheinung Pulsar. Die Einzelheiten dieses Mechanismus sind extrem schwierig auszuarbeiten. Das liegt zum Teil daran, daß wir keinerlei experimentelle Erfahrung mit Magnetfeldern solcher Stärke und mit größeren Mengen von

Materie derart hoher Dichte haben. Darum hängen die Berechnungen stark von der Theorie (und vom Computer) ab.

Ungeachtet aller Schwierigkeiten, ein vollständiges Bild von den Pulsaren zu entwickeln, herrschte bis zum Sommer 1974 Einstimmigkeit bezüglich ihrer Hauptmerkmale: Sie waren schnell drehende Neutronensterne mit sehr stabilen Perioden, wenn man einmal von der sehr langsamen Zunahme mit der Zeit absieht. Es war auch klar, daß die Möglichkeiten, die Einzelheiten zu enträtseln, um so besser würden, je mehr Pulsare uns bekannt sein und über je mehr detaillierte Beobachtungen wir verfügen würden. Genau diese Überlegungen waren es wohl, die Hulse und Taylor in ihrer Suche nach Pulsaren anspornten und leiteten. Der Empfänger des 300 m-Radioteleskops in Arecibo wurde unter Berücksichtigung der Erddrehung so gefahren, daß mit dem Instrument in einer Stunde ein 10 Bogenminuten breiter und drei Grad langer Streifen am Himmel beobachtet werden konnte. Am Ende eines jeden Beobachtungstages wurden die Daten in einen Computer gefüttert, der darauf programmiert war, gepulste Signale einer wohldefinierten Periode aufzufinden. Falls eine Reihe von Pulsen als mögliche Kandidaten in Frage kamen, mußten sie von irdischen Quellen unechter gepulster Radiosignale unterschieden werden (etwa Radarsendern und Zündanlagen von Kraftfahrzeugen). Das erreichte man durch erneutes Aufsuchen des Himmelsausschnitts, auf den das Teleskop beim Empfang der fraglichen Signale gerade gerichtet war, um zu sehen, ob immer noch Pulse mit fast genau der gleichen Periode dort vorhanden waren. War das der Fall, handelte es sich um einen guten Pulsar-Kandidaten. Dann lohnte sich eine weitere Untersuchung wie etwa durch Messung seiner Pulsperiode bis hin zu einer für andere Pulsare charakteristischen Genauigkeit im Mikrosekundenbereich. Andernfalls konnte man das Ganze beruhigt vergessen.

Die tägliche Abwicklung des Programms wurde von Hulse erledigt, während Taylor im Laufe des Sommers in regelmäßigen Abständen von Amherst anreiste, um zu sehen, wie die Dinge liefen. Am 2. Juli war Hulse alleine, als die Apparatur ein sehr schwaches gepulstes Signal aufzeichnete. Wäre das Signal um mehr als vier Prozent schwächer gewesen, wäre es unterhalb der in das Suchprogramm eingebauten Schwelle geblieben und wäre garnicht aufgezeichnet worden. Obwohl so schwach, war das Signal doch interessant wegen seiner überraschend kurzen Periode von 0,059 Sekunden. Nur der Krebs-Pulsar hatte eine noch kürzere Periode. Darum erschien es angebracht, einen zweiten Blick darauf zu werfen, aber es dauerte noch bis zum 25. August, bis Hulse endlich dazu kam.

Das Ziel der Beobachtungszeit vom 25. August war der Versuch, die Pulsperiode genauer zu bestimmen. Falls es sich wirklich um einen Pulsar handelte, sollte seine Periode im Verlauf mehrerer Tage auf mindestens sechs Dezimalstellen oder auf besser als eine Mikrosekunde gleichbleiben, denn selbst bei einer so schnellen Abnahme wie beim Krebs-Pulsar, könnte sich daraus lediglich eine Veränderung auf der siebten Dezimalstelle ergeben. Dann begannen die Schwierigkeiten. Zwischen Anfang und Ende der zweistündigen Beobachtungsphase legte der Computer, der die Daten analysierte, zwei verschiedene Perioden für die Pulse fest, die sich um fast 30 Mikrosekunden unterschieden. Zwei Tage später versuchte Hulse es erneut, diesmal mit einem noch schlechteren Ergebnis. Infolgedessen mußte er immer wieder zu der Seite zurückblättern, auf der er im Laborbuch die Originalentdeckung eingetragen hatte, um dort Werte für die Periode herauszustreichen und durch neue zu ersetzen. Hulse zeigte eine natürliche Reaktion: er war verärgert. Da das Signal sehr schwach war, waren die Pulse nicht so eindeutig und scharf wie die von anderen Pulsaren, und der Computer hatte sicherlich Schwierigkeiten, sie als Pulse herauszukristallisieren. Vielleicht war diese Quelle den Aufwand auch gar nicht wert. Hätte Hulse tatsächlich diese Haltung angenommen und sich nicht weiter mit diesen Pulsen beschäftigt, hätten er und Taylor als die astronomischen Pechvögel des Jahrhunderts Furore gemacht. Aber wie sich herausstellte, entschloß sich der nun neugierig gewordene Hulse im Gegenteil dazu, jetzt erst recht noch genauer hinzuschauen. Während der folgenden Tage schrieb Hulse eigens ein spezielles Computerprogramm, das alle die Probleme ausschalten sollte, die das Standardprogramm bei der Entschlüsselung der Pulse gehabt hatte. Aber trotz des neuen Programms zeigten auch die Daten, die am 1. und 2. September aufgenommen wurden, eine Änderung in der Pulsperiode, eine gleichmäßige Abnahme von ungefähr fünf Mikrosekunden während der zweistündigen Meßzeit. Das war zwar sehr viel weniger als vorher, aber immer noch zu groß, und es handelte sich um eine Abnahme der Periode anstatt der erwarteten Zunahme. Weiterhin die Schuld auf die Meßinstrumente oder den Computer zu schieben, war verlockend, aber nicht sehr befriedigend.

Aber dann fand Hulse etwas heraus. Es gab Muster in der Änderung der Pulsperiode. Die Reihe der kleiner werdenden Pulsperioden vom 2. September erschien fast als Wiederholung der Reihe vom Vortag, nur trat sie 45 Minuten früher auf. Nun war Hulse endgültig davon überzeugt, daß er es mit einer echten Periodenänderung und nicht mit einer Täuschung zu tun hatte.

Aber was war es? Hatte er eine neue Klasse von Objekten entdeckt? Einen manisch-depressiven Pulsar mit periodischen Hochs und Tiefs? Oder gab es eine natürlichere Erklärung für dieses bizarre Verhalten? Die Tatsache, daß sich die Perioden fast wiederholten, gab Hulse einen Schlüssel zur Lösung. Die Quelle war tatsächlich ein gut gehender Pulsar, aber er war nicht allein!

Der Pulsar, so setzte Hulse voraus, war in einer Umlaufbahn um einen Begleiter, und die Veränderung in der beobachteten Pulsperiode war einfach eine Folge der Doppler-Verschiebung (siehe Abb. 10.1). Wenn sich der Pulsar uns nähert, ist die beobach-

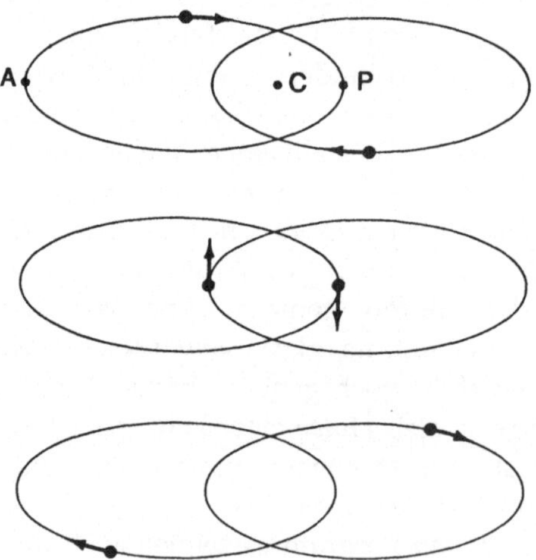

Abb. 10.1. Die Umlaufbahn eines Doppelsternsystems, wie das, das den Doppelpulsar enthält. Die Umlaufbahn eines jeden Körpers stellt eine Ellipse um den Schwerpunkt C des Systems dar. Punkt P markiert das Periastron, Punkt A das Apastron eines der beiden Körper.

tete Pulsperiode etwas kleiner (die Pulse sind ein wenig zusammengepreßt), und wenn er sich von uns entfernt, ist die Pulsperiode größer. Tatsächlich ist dieses Phänomen im Falle normaler Sterne bei den Astronomen längst bekannt. Etwa die Hälfte aller Sterne unserer Galaxie gehören zu Doppelsternsystemen (d. h. Systemen mit zwei Sternen, die sich umeinander drehen), und da es selten möglich ist, beide Sterne mit dem Teleskop auszumachen, werden sie identifiziert durch die nach oben oder unten verschobenen Frequenzen in den Spektrallinien der Sterne. Im vorliegenden Fall spielt die Pulsperiode dieselbe Rolle wie die Spektrallinie in einem gewöhnlichen Stern. In den meisten Doppelsternsystemen werden zwar die Doppler-verschobenen Spektren beider Sterne beobachtet, jedoch ist gelegentlich einer der Sterne zu schwach, um gesehen zu werden, weshalb Astronomen nur die Bewegungsabläufe des einen Sterns verfolgen können. Ein solcher Fall liegt hier vor. Ein Problem, das Hulse mit dieser Hypothese hatte, war praktischer Natur: Er konnte in der Bibliothek von Arecibo keinerlei aufschlußreiche Bücher über Doppelsternsysteme im sichtbaren Bereich finden, wohl deshalb nicht, weil sich Radio-Astronomen gewöhnlich nicht um solche Dinge kümmern.

Da das Teleskop in Arecibo die Quelle nur in der Phase ihres Umlaufs beobachten konnte, in der sie sich in Zenitnähe, d. h. in Richtung senkrecht nach oben (von uns aus gesehen) befand, wobei die Reichweite etwa eine Stunde nach beiden Seiten betrug, konnte Hulse die Quelle nicht endlos lange verfolgen, sondern täglich immer nur für die gleichen zwei Stunden. Die Verschiebung der Pulsfolgen in den Messungen vom 1. und 2. September bedeutete, daß die Umlaufzeit des Doppelsternsystems kein ganzzahliger Bruchteil von 24 Stunden war. So konnte Hulse jeden Tag einen anderen Teil der Umlaufsbahn untersuchen, vorausgesetzt, seine Überlegungen waren richtig. Am Donnerstag, dem 12. September begann er mit einer Beobachtungsreihe, die, wie er hoffte, das Geheimnis lüften würde (siehe Abb. 10.2).

Am 12. September blieb die Pulsperiode während der ganzen Beobachtungszeit fast konstant. Am 14. September fing die Periode genau beim Wert der letzten Messung an, wurde dann aber im Laufe der zweistündigen Meßzeit um 20 Mikrosekunden kleiner. Am darauffolgenden Tag, dem 15. September, war die Periode schon bei Meßbeginn ein wenig kleiner und fiel dann um 60

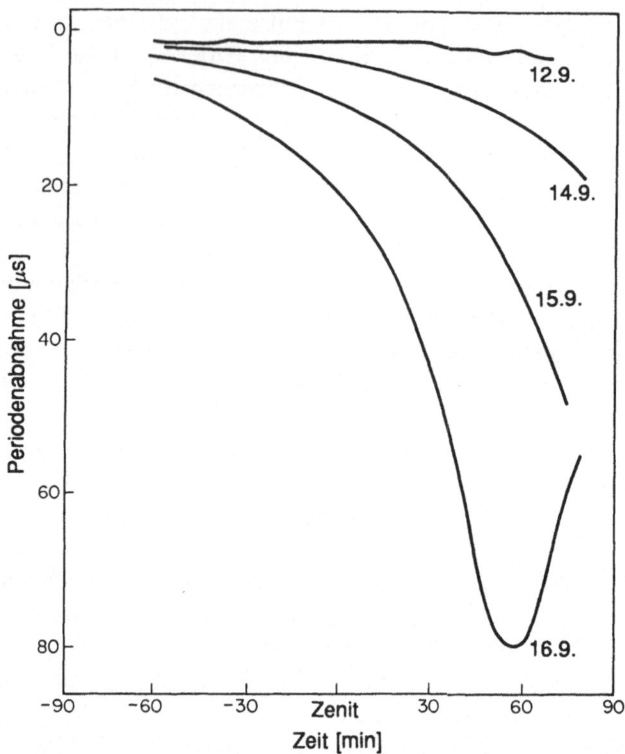

Abb. 10.2. Veränderungen in der Pulsperiode des Doppelstern-Pulsars. Daten aus dem Laborbuch von Hulse.

Mikrosekunden. Gegen Ende der Meßzeit fiel die Rate sogar um eine Mikrosekunde pro Minute. Die Geschwindigkeit des Pulsars entlang der Verbindungslinie zur Erde mußte sich also ändern, anfangs langsam, dann schnell. Die Annahme, daß es sich um ein Doppelsternsystem handele, wurde immer wahrscheinlicher, doch Hulse wollte auf den entscheidenden Durchbruch, auf das letzte, alle Zweifel ausräumende Beweisstück warten. Bis jetzt waren die Perioden nur kleiner geworden. Aber falls sich der Pulsar in einem Umlauf befindet, muß sich seine Bewegung wiederholen, darum müßte er gelegentlich einmal eine Phase des Umlaufs beobachten können, in der die Pulsdauer größer würde, um letztendlich wieder zum Ausgangswert zurückzukehren und den Kreis zu schließen.

Er mußte garnicht lange warten. Schon am nächsten Tag, dem 16. September fiel die Periode schnell um 70 Mikrosekunden, und etwa 25 Minuten vor Ende der Beobachtungszeit, hörte die Periode ganz plötzlich auf, kleiner zu werden, und nahm innerhalb von 20 Minuten wieder um 25 Mikrosekunden zu. Das reichte Hulse, er hielt den Zeitpunkt für gekommen, Taylor in Amherst anzurufen, um ihm die Neuigkeit zu übermitteln. Taylor flog sofort nach Arecibo, und sie versuchten zusammen, das Geheimnis endgültig zu lösen. Jedoch stand ihnen die größte Aufregung noch bevor.

Das erste, was sie bestimmten, war die Umlaufzeit, indem sie das kürzeste Zeitintervall fanden, nachdem sich das Muster der beobachteten Pulsfolge wiederholte. Die Antwort lautete 7,75 Stunden. So war die tägliche 45 Minuten-Verschiebung, die Hulse gesehen hatte, nur die Differenz zwischen drei kompletten Umläufen und einem Erdentag.

Der nächstliegende Schritt bestand darin, die Änderungen in der Pulsperiode auf der ganzen Umlaufbahn aufzuspüren, um zu versuchen, die Bahngeschwindigkeit des Pulsars als Funktion der Zeit zu bestimmen. Das ist ein normales Vorgehen beim Studium von gewöhnlichen Doppelsternsystemen, und man kann auf diese Weise eine Menge Information erhalten. Wenn wir uns für einen Augenblick Newtons Gravitationstheorie zu eigen machen, dann wissen wir, daß die Umlaufbahn eines Pulsars um den Schwerpunkt eines Doppelsternsystems herum (das ist ein Punkt irgendwo zwischen den beiden, der von ihren relativen Massen abhängt) eine Ellipse bildet, mit dem Schwerpunkt als Brennpunkt. Die Umlaufbahn des Begleiters stellt auch eine Ellipse um diesen Punkt herum dar, aber da der Begleiter verborgen bleibt, brauchen wir seine Umlaufbahn nicht direkt zu betrachten. Die Umlaufbahn des Pulsars liegt in einer Ebene, die irgendwie im Raum liegen kann. Sie könnte in der Ebene des Himmels oder mit anderen Worten, senkrecht zu unserer Beobachtungsrichtung, liegen, oder wir könnten seitlich auf die Umlaufbahn schauen, oder ihre Orientierung könnte irgendwo zwischen diesen Extremen liegen. Den ersten Fall können wir ausschließen, denn würde er eintreten, dann würde uns der Pulsar nie näherkommen und sich nie von uns entfernen, und wir könnten keinerlei Doppler-Verschiebungen in seiner Periode entdecken. Auch den zweiten

Fall können wir vergessen, denn wenn er vorläge, dann müßte der Begleiter irgendwann vor dem Pulsar vorbeikommen (eine Finsternis) und wir würden für einen Augenblick sein Signal verlieren. Ein solches Verschwinden des Signals konnte während des achtstündigen Umlaufs an keiner Stelle beobachtet werden. Daher muß die Umlaufbahn relativ zur Himmelsebene unter irgendeinem Winkel geneigt sein.

Das ist nicht alles, was man aus dem Verhalten der Pulsarperiode lernen kann. Erinnern wir uns, daß uns die Doppler-Verschiebung nur die Komponente der Geschwindigkeit des Pulsars entlang unserer Sichtlinie verrät. Sie wird nicht beeinflußt von der Geschwindigkeitskomponente, die quer zur Beobachtungslinie verläuft. Nehmen wir zugunsten der besseren Argumentation einmal an, daß es sich bei der Umlaufbahn um einen richtigen Kreis handelt. Dann würde die beobachtete Sequenz der Doppler-Verschiebungen etwa so aussehen: Zu Beginn, wenn der Pulsar sich quer zur Beobachtungslinie bewegt, sehen wir keine Verschiebung, eine Viertel Periode später bewegt er sich von uns weg, und wir sehen eine negative Verschiebung in der Periode; ein Viertel Umlauf danach bewegt er sich wieder quer, und wir sehen keine Verschiebung; ein Viertel Umdrehung später kommt er mit derselben Geschwindigkeit auf uns zu, weshalb es eine gleich große positive Verschiebung in der Periode gibt. Nach einer vollen Umlaufperiode von acht Stunden wiederholt sich das Muster. Das Muster der Doppler-Verschiebungen ist in diesem Fall schön symmetrisch und weicht vollkommen von dem wirklich beobachteten Muster ab. Das beobachtete Muster sagt uns, daß die Umlaufbahn in Wirklichkeit stark ellipsenförmig oder exzentrisch ist. In einer ellipsenförmigen Umlaufbahn bewegt sich der Pulsar nicht auf einem festen Kreis in einem konstanten Abstand von seinem Begleitstern. Stattdessen nähert er sich dem Begleitstern bis zu einem Punkt minimalen Abstands, der Periastron genannt wird (analog zum Perihel bei den Planeten der Sonne), und entfernt sich vom Begleitstern nach einem weiteren halben Umlauf bis zum Punkt maximaler Entfernung, dem Apastron. Beim Periastron nimmt die Geschwindigkeit des Pulsars bis zu einem Maximum zu und dann wieder ab. All das geschieht innerhalb kurzer Zeit, während beim Apastron die Geschwindigkeit langsam bis zu einem minimalen Wert abnimmt und langsam wieder zunimmt. Das tatsächliche Verhalten der Doppler-Verschiebung im zeitlichen Ablauf wies auf eine große Exzentrizität hin (siehe Abb. 10.3). Innerhalb einer sehr kurzen Zeitspanne (nur zwei Stunden von den acht) ging die Doppler-Verschiebung schnell von Null zu einem großen Wert und zurück, während sie sich innerhalb der restlichen sechs Stunden langsam von Null bis zu einem kleineren Wert im entgegengesetzten Sinn und zurück veränderte. Tatsächlich ertappte man am 16. September den Pulsar am Periastron, während man am 12. September beobachtet hatte, wie sich der Pulsar langsam durch das Apastron bewegte. Detaillierte Studien dieser Kurve zeigten, daß die Entfernung der beiden Körper am Apastron viermal größer als ihr Abstand am Periastron war. Sie zeigten auch, daß die Richtung des Periastron fast senkrecht zur Beobachtungslinie verlief, da das Periastron (der Punkt der größten Geschwindigkeitsänderung) zusammenfiel mit der größten Doppler-Verschiebung (dem Punkt, an dem die Transversalbewegung des Pulsars am kleinsten ist).

An diesem Punkt begannen die Dinge aufregend zu werden. Der tatsächliche Wert der Geschwindigkeit, mit der sich der Pulsar uns näherte, wurde aus der Abnahme seiner Pulsperiode gefolgert und betrug etwa 300 km pro Sekunde oder ungefähr Eintausendstel der Lichtgeschwindigkeit! Die Rückzugsgeschwindigkeit betrug ungefähr 75 km pro Sekunde. Das sind hohe Geschwindigkeiten! Die Geschwindigkeit der Erde in ihrer Umlaufbahn um die Sonne beträgt nur 30 km pro Sekunde. Mehr noch, wenn 20 km pro Sekunde einen groben Durchschnitt der Umlaufgeschwindigkeit des Pulsars darstellt, dann würde der Umfang der Umlaufbahn, die er in acht Stunden bewältigen würde, ungefähr sechs Millionen Kilometer betragen, was in etwa dem Umfang der Sonne entspricht. Mit anderen Worten, der Pulsar befand sich in einer Umlaufbahn um einen Begleitstern mit einem durchschnittlichen Abstand zu diesem, der ungefähr so groß war wie der Radius der Sonne.

Als man die Nachricht von dieser Entdeckung Ende September 1974 zu verbreiten begann, sorgte sie für eine Sensation, besonders in Kreisen der Allgemeinen Relativisten. Die Gründe dafür werden im folgenden beschrieben. Relativisten sind immer auf der Suche nach Systemen im Labor oder in der Astronomie, bei denen die Effekte der Relativität von Bedeutung sein könnten.

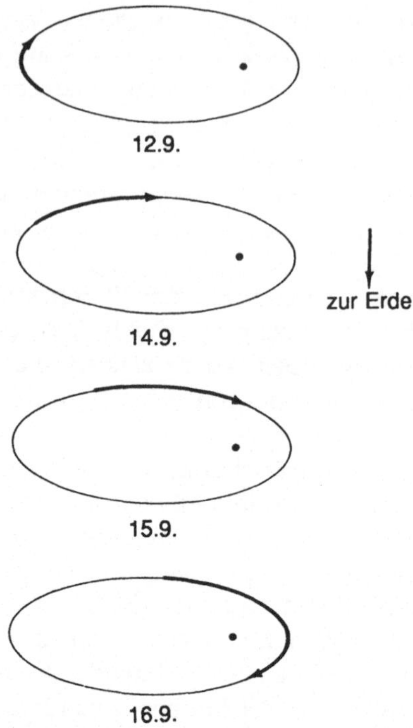

Abb. 10.3. Die Lage des Pulsars in seiner Umlaufbahn. Am 12. September durchläuft der Pulsar gerade das Apastron; seine Geschwindigkeit ist klein und verändert sich langsam. Darum gibt es kaum Veränderungen in der beobachteten Periode (siehe Abb. 10.2). Der Pulsar bewegt sich von uns weg, deshalb ist die Periode länger als die „Ruhe"-Periode. Am 14. September bewegt sich der Pulsar fast in Querrichtung, weshalb kaum eine Doppler-Verschiebung auftritt, und die Periode ist kürzer als vorher. Am 15. September beginnt der Pulsar, sich auf uns zu zu bewegen, und seine Geschwindigkeit nimmt zu, wenn er sich dem Periastron nähert. Die Pulsperiode nimmt gegen Ende der Meßzeit merkbar ab. Am 16. September verläuft die Bewegung des Pulsars am Beginn fast quer, dann durchläuft er zügig das Periastron und seine Geschwindigkeit auf uns zu erreicht rasch ein Maximum, bevor sie abnimmt. Die Pulsperiode erreicht schnell ein Minimum und nimmt dann wieder zu. Der Teil der Umlaufbahn, der während der täglich jeweils zur gleichen Zeit stattfindenden zweistündigen Meßdauer gesehen wird, ist unterschiedlich, da die Umlaufzeit 7,75 Stunden beträgt. Darum ist der beobachtete Abschnitt mit jedem Tag um 45 Minuten verschoben.

Sie tun das auf zwei Arten. Zuerst nehmen sie eine charakteristische Geschwindigkeit eines Objekts in dem System, dividieren sie durch die Lichtgeschwindigkeit und quadrieren das Ergebnis. Je näher diese Größe an den Wert eins herankommt, um so größer sind die Effekte der Speziellen Relativitätslehre und um so glücklicher sind die Relativisten. Für den Hulse-Taylor-Pulsar entspricht diese Größe, wenn man 200 Kilometer pro Sekunde zugrunde legt, etwa fünf Teilen in zehn Millionen. Das ist gar nicht so groß, außer wenn man sie mit der entsprechenden Größe für Merkur vergleicht. Von diesem Objekt wissen wir, daß relativistische Effekte wichtig sind, zum Beispiel bei der Periheldrehung. Für den Merkur (48 km pro Sekunde), ist diese Größe nur 2,5 Teile in 100 Millionen, also um einen Faktor 20 kleiner. Zweitens nehmen Relativisten gerne die charakteristische Masse eines Objekts in einem System, multiplizieren sie mit der Gravitationskonstante, dividieren durch eine charakteristische Länge (in diesem Fall dem Abstand zwischen den beiden Körpern) und dividieren durch das Quadrat der Lichtgeschwindigkeit. Diese Zahl ist ein grobes Maß für die Abweichung von der flachen Raum-Zeit in der Nähe des Systems und je größer sie ist, umso besser. Für ein Schwarzes Loch ist sie 0,5. Wenn man zwei Sonnenmassen für die Massen zweier Neutronensterne annimmt, hat diese Zahl für das Doppelstern-Pulsar-System ungefähr den Wert vier Teile in einer Million, während sie für Merkur, wenn man die Masse der Sonne und den Umlaufradius des Merkur zugrunde legt, nur einem Vierzigmillionstel entspricht. Das löste Freude unter den Relativisten aus, denn auf den ersten Blick war die Umlaufbahn dieses Pulsars 20 bis 100 mal relativistischer als die Umlaufbahn des Merkur. Aber das war noch nicht alles. Da die Umlaufzeit des Pulsars nur acht Stunden betrug, würden mehr als 1000 Umläufe pro Jahr stattfinden. Daher wird sich jeder relativistische Effekt, der sich mit jedem weiteren Umlauf vergrößert, wie etwa die Periastrondrehung (das Gegenstück der Periheldrehung für Doppelsternsysteme), über 250mal schneller verstärken als ein ansonsten vergleichbarer Effekt bei Merkur, der nur vier Umläufe pro Jahr schafft.

Es stand sofort fest, daß dieses neue System, das Doppelstern-Pulsar genannt wurde, wie ein neues Labor für die Beobachtung allgemein relativistischer- Effekte fungieren würde, und es war einmalig, da es das erste solche Labor außerhalb des Sonnensystems darstellte. Im Herbst 1974 überfluteten Relativisten und Astrophysiker die Redaktion der Zeitschrift „The Astrophysical Journal Letters" mit Veröffentlichungen, die die Bedeutung dieses neuen Systems priesen und all die relativistischen Effekte beschrieben, die man an ihm beobachten konnte. Während einer Zeitspanne von nur acht Wochen Anfang 1975 veröffentlichte diese Zeitschrift, die für die unverzügliche Publikation von bahnbrechenden astronomischen Ergebnissen ins Leben gerufen worden war, sieben solcher Aufsätze, zusätzlich zur Veröffentlichung der Entdecker Hulse und Taylor. Zwischen 1975 und 1977 wurden in einer Vielzahl astronomischer Zeitschriften über 40 Veröffentlichungen abgedruckt, die entweder von Beobachtungen oder theoretischen Interpretationen berichten. Das kam zwar nicht ganz an die Ausbeute beim Original-Pulsar heran, war aber noch immer ein bedeutender Forschungsaufwand für ein einziges Objekt.

Sogar noch bevor die Veröffentlichung von Hulse und Taylor im Druck erschien (aber zu spät, um die Druckmaschinen anzuhalten) hatten Taylor und seine Kollegen den ersten von mehreren wichtigen relativistischen Effekten entdeckt, die Periastrondrehung der Umlaufbahn. Wie wir bereits sahen, stand aufgrund der anfänglichen Beobachtungen der Doppler-Verschiebungen der Pulsarperiode fest, daß die Periastronlinie, die Verbindungslinie zwischen den beiden Körpern zum Zeitpunkt ihres minimalen Abstands, senkrecht zu unserer Sichtlinie verlief. Sie lag also in der Himmelsebene. Jedoch begann mit fortschreitender Zeit der Wert der maximalen Annäherungsgeschwindigkeit abund der Wert der maximalen Rückzugsgeschwindigkeit zuzunehmen. Mit anderen Worten, wenn der Pulsar direkt auf uns zukam oder sich in gerader Linie von uns entfernte, war seine Geschwindigkeit nicht mehr die maximal oder minimal mögliche, sondern sie lag irgendwo zwischen diesen beiden Extremfällen. Das bedeutete, die Periastron- und Apastronlinien waren nicht mehr senkrecht zur Sichtlinie, sondern sie hatten sich geringfügig gedreht, etwa um ein Drittel Grad pro Monat. Während eines zweieinhalb Monate dauernden Beobachtungsprogramms, das am 3. Dezember 1974 endete, wurde versucht, die Rotation genau zu bestimmen. Die siebte Fortsetzung des Texas Symposiums über

Relativistische Astrophysik, das erstmalig 1963 in Dallas stattgefunden hatte, stand bevor. Nachdem der Tagungsort zweimal reihum ein Trio von Städten, zu denen auch Austin und New York gehörten, durchlaufen hatte, kam das Symposium zurück nach Dallas. Taylor schaffte es gerade noch rechtzeitig, die Datenauswertung abzuschließen, um am 20. Dezember den Tagungsteilnehmern zu enthüllen, daß die Größe der Periastrondrehung für den Doppelstern-Pulsar 4,0 Grad ± 1,5 Grad pro Jahr betrug. Vier Jahre später sollte er mit noch eindrucksvolleren Angaben zum Texas Symposium zurückkehren.

Diese Periastrondrehung ist ungefähr 36 000 mal größer als die Periheldrehung des Merkur. Sie hielt, was wir erwarteten: Einen Faktor 20 bis 100 in der groben Größe für relativistische Effekte und einen Faktor 250 in der Zahl der Umläufe pro Jahr. Ist das ein weiterer Triumph der Allgemeinen Relativitätslehre? Es ist einer, allerdings nicht im naheliegenden Sinn. Das Problem besteht darin, daß die Vorhersage der Allgemeinen Relativitätslehre für die Periastrondrehung in einem Doppelsternsystem von der Gesamtmasse der beiden Körper abhängt. Je größer die Masse, desto größer ist der Effekt. Die Vorhersage hängt auch von anderen Variablen ab wie etwa der Umlaufzeit und der Ellipsenform der Umlaufbahn, aber die sind von der Beobachtung her bekannt. Leider kennen wir aber die Masse der beiden Körper nicht mit zufriedenstellender Genauigkeit. Alles was wir wissen, ist, daß ihre Massen wahrscheinlich vergleichbar mit der der Sonne sind, um die beobachteten Bahngeschwindigkeiten zu erklären. Es gibt aber noch genügend Ungereimtheiten, besonders was die Neigung der Umlaufbahn zur Himmelsebene betrifft, so daß es unmöglich ist, die Massen allein aufgrund der Doppler-Verschiebungsmessungen besser zu bestimmen. Nun, wenn wir die Allgemeine Relativitätstheorie nicht mit Hilfe der Messung der Periastrondrehung testen können, wozu ist sie dann gut?

Sie ist in der Tat von ungeheuerem Nutzen, weil wir nämlich den Spieß herumdrehen und die Allgemeine Relativitätstheorie dazu benutzen können, das System zu wiegen! Wenn wir davon ausgehen, daß die Allgemeine Relativitätslehre richtig ist, dann hängt die vorhergesagte Periastrondrehung von nur einer nicht gemessenen Variablen ab, der Gesamtmasse der beiden Körper. Darum sagt uns die gemessene Periastrondrehung, wie groß die

Gesamtmasse sein muß, damit die beiden Werte übereinstimmen. Die Messungen vom Herbst 1974 ergaben eine Gesamtmasse von etwa 2,6 Sonnenmassen. Im Laufe der Zeit konnte die Periastrondrehung mit 4,2263 Grad pro Jahr so genau gemessen werden, daß die Gesamtmasse des Systems auf 2,8275 Sonnenmassen festgenagelt war. Darin bestand der Triumph der Allgemeinen Relativitätslehre. Hier wurde die Theorie erstmalig im Rahmen einer astrophysikalischen Messung als ein aktives Werkzeug benutzt, in diesem Fall bei der Bestimmung der Masse eines Systems mit einer Genauigkeit von wenigen Hundertstel Prozent.

Die Ahnung der Relativisten, daß dieses System ein neues Labor für Einsteins Theorie sein würde, war bestätigt. Aber es sollte noch besser kommen.

Während der ersten Beobachtungsmonate wurde festgestelllt, daß es sich um einen sehr ungewöhnlichen Pulsar handelte, zusätzlich zu seinem Vorkommen in einem Doppelsternsystem. Als man herausgefunden hatte, daß die periodischen Änderungen in der beobachteten Pulsperiode auf die Doppler-Verschiebungen zurückzuführen waren, die sich aus seiner Bahnbewegung ergaben, konnte man diese Änderungen von den Daten abziehen. Das erlaubte den Beobachtern, das unbeeinflußte Pulsieren des Objekts so zu untersuchen, als ob es im Weltall ruhte. Seine unbeeinflußte Pulsperiode betrug 0,05903 Sekunden, aber wenn sie sich verlangsamte, wie es von anderen Pulsaren her bekannt war, dann geschah das mit unglaublich kleiner Geschwindigkeit. Man brauchte fast eine einjährige Beobachtungszeit, um so etwas wie eine Änderung in der Pulsperiode zu entdecken. Als die Daten schließlich gut genug waren, um eine Änderung zu messen, stellte sich heraus, daß diese nur ein Viertel Nanosekunde pro Jahr betrug. Das war 50 000 mal kleiner als die Geschwindigkeit, mit der sich die Periode des Krebspulsars ändert. Klar, jede Reibung, die der sich drehende Neutronenstern erfuhr, war sehr, sehr klein. Bei dieser Änderungsgeschwindigkeit würde der Pulsar seine Periode um nur vier Prozent in einer Millionen Jahre ändern. Die Gleichmäßigkeit und Beständigkeit dieses Pulsars machte ihn zu einer der besten Uhren, die jemals im Weltall vorgekommen sind!

Das ermöglichte es den Beobachtern, die Änderungen in der Periode, die von der Bahnbewegung des Pulsars erzeugt wurden, mit immer besserer Genauigkeit zu messen. Der Pulsar war derart beständig, daß Taylor und seine Kollegen die Radiopulse aufspüren konnten, sobald sie ins Teleskop kamen. Manchmal unterbrachen sie die Beobachtungen für so lange Zeiträume wie sechs Monate, weil sie zu ihren Universitäten zurückkehren mußten, um so weltlichen Verpflichtungen wie der Lehre nachzugehen, oder weil das Teleskop für andere Beobachtungsprogramme genutzt wurde. Aber selbst nach solchen Pausen konnten sie zum Teleskop zurückgehen und die hereinkommende Pulsserie wieder aufgreifen, ohne daß auch nur ein einziger Puls verloren gegangen wäre. Am Ende waren die Genauigkeiten, mit denen sie die Eigenschaften des Pulsars und der Umlaufbahn bestimmen konnten, kaum noch faßbar. Für die eigentliche Pulsperiode ergaben sich 0,059029995271 Sekunden, für die Geschwindigkeit, mit der die eigentliche Pulsperiode zunahm, 0,273 Nanosekunden pro Jahr, für die Rate der Periastrondrehung 4,2263 Grad pro Jahr, für die Umlaufzeit 27 906,98163 Sekunden. Weil die Pulsperiode sich jährlich um den angegebenen Betrag auf den letzten drei Dezimalstellen ändert, bezieht sich die gemessene Pulsperiode normalerweise auf ein bestimmtes Datum, in diesem Falle auf den 1. September 1974.

Diese Genauigkeit bedeutete mehr als nur eine eindrucksvolle Kette von wichtigen Dezimalstellen, diese Genauigkeit schüttete noch zwei weitere „relativistische Dividenden" aus. Die erste davon war ein weiteres Beispiel für angewandte Relativität. Außer der gewöhnlichen Doppler-Verschiebung der Pulsarperiode gibt es noch zwei andere Phänomene, die sie beeinflussen können, beide von relativistischer Natur. Das erste ist die Zeitdilatation der Speziellen Relativitätslehre. Da der Pulsar sich um seinen Begleiter herum mit hoher Geschwindigkeit bewegt, ist die Pulsperiode, die von einem Beobachter gemessen wird, der töricht genug ist, auf der Pulsaroberfläche zu sitzen (natürlich würde er zu Kerndichte komprimiert), kürzer als die Periode, die wir beobachten. Anders ausgedrückt, von unserem Standpunkt aus verlangsamt sich die Pulsaruhr wegen ihrer Geschwindigkeit. Da sich die Bahngeschwindigkeit während des Umlaufs ändert von einem Maximum im Periastron zu einem Minimum im Apastron, ist der Grad der Verlangsamung variabel, wiederholt sich aber bei jedem Umlauf. Der zweite relativistische Effekt ist die Gravitations-Rotverschiebung, eine Folge des Äquivalenzprinzips, wie wir bereits gesehen haben. Der Pulsar bewegt sich im Gravitationsfeld seines Begleiters, während wir Beobachter uns in einer riesigen Entfernung davon befinden. Somit ist die Pulsperiode rotverschoben oder verlängert, genau wie die Periode (oder das Inverse der Frequenz) einer Spektrallinie der Sonne verlängert ist. Dieses Verlängern der Periode ist auch variabel, da der Abstand zwischen dem Pulsar und dem Begleiter sich vom Periastron zum Apastron ändert, und es wiederholt sich ebenfalls bei jedem Umlauf. Der kombinierte Effekt dieser beiden Phänomene ist eine periodische Zu- und Abnahme der beobachteten Pulsperiode, die zusätzlich zu den Änderungen auftritt, die von der normalen Doppler-Verschiebung erzeugt werden. Aber während die Doppler-Verschiebung die Pulsperiode auf der 5. Dezimalstelle änderte, sind diese relativistischen Effekte viel kleiner und ändern die Pulsperiode erst ab der 8. Dezimalstelle. Es ist extrem schwierig eine solch kleine periodische Änderung zu messen, wenn man das unvermeidbare Rauschen und die Schwankungen in derart empfindlichen Daten berücksichtigt, aber nach vier Jahren andauernder Beobachtungen und Verbesserungen in der Methode, wurde der Effekt gefunden. Die Größe der maximalen Änderung betrug 58 Nanosekunden in der Pulsperiode. Wiederum, wie im Fall des Periastron, testet diese Beobachtung nichts, da sich herausstellt, daß der vorhergesagte Effekt einen weiteren unbekannten Parameter enthält, nämlich die relativen Massen der Körper im System. Die Periastrondrehung gibt uns die Gesamtmasse, aber nicht die einzelnen Massen. Darum können wir wieder einmal „angewandte Relativisten" spielen und den gemessenen Wert dieses neuen Effekts dazu benutzen, um die relativen Massen zu bestimmen. Man kommt zu dem Ergebnis, daß die beiden Massen fast gleich sein müssen. Das heißt, wenn die Gesamtmasse 2,8275 Sonnenmassen beträgt, müssen die einzelnen Massen 1,42 Sonnenmassen für den Pulsar und 1,40 Sonnenmassen für den Begleiter betragen, und zwar bis auf ungefähr zwei Prozent genau. Das Verständnis und die Verwendung relativistischer Effekte spielte hier eine Hauptrolle in der ersten Bestimmung der Masse eines Neutronensterns.

Diese Ergebnisse für die Massen der beiden Körper waren auch deshalb interessant, weil sie mit dem übereinstimmten, was Astrophysiker über den Begleiter des Pulsars dachten. Da man ihn nie direkt sah, weder in optischer noch in Radiowellen- oder Röntgenemission, müssen wir etwas Detektivarbeit leisten, um zu raten, um was für ein Objekt es sich handelt. Der Begleiter kann mit Sicherheit kein normaler Stern wie die Sonne sein, denn der Bahnabstand zwischen dem Pulsar und den Begleiter beträgt nur etwa einen Sonnenradius. Falls der Begleiter der Sonne ähnlich wäre, würde der Pulsar in die äußere, aus heißem Gas bestehende Atmosphäre seines Begleiters eintauchen. Das hätte ernsthafte Verzerrungen der Radioimpulse, die dann aus diesem Gas herauskommen müßten, zur Folge. Verzerrungen konnten aber nicht festgestellt werden. Darum mußte der Begleiter viel kleiner sein, aber trotzdem die 1,5 fache Masse der Sonne haben. Solche astronomischen Objekte werden *kompakte* Objekte genannt, und Astrophysiker wissen nur von drei Arten: Weiße Zwerge, Neutronensterne und Schwarze Löcher. Im Augenblick geht man davon aus, daß es sich bei dem Begleiter um einen weiteren Neutronenstern handelt. Zu dieser Einschätzung kam man aufgrund von Computersimulationen, in denen man nachvollzog, wie dieses System möglicherweise entstanden ist aus einem früheren Doppelsternsystem mit zwei massiven Sternen, in denen dann Supernova-Explosionen stattfanden, die die zwei Neutronensterne als Überreste zurückließen. Die Tatsache, daß sich beide Massen als fast gleich groß herausstellten, stimmt überein mit der Beobachtung, daß in diesen Computer-Modellen der innere Kern dieser Sterne vor der Supernova zu einer Masse von etwa 1,4 Sonnenmassen tendiert. Nachdem die äußere Hülle jedes Sterns weggesprengt wurde, hatten die zurückbleibenden Neutronensterne etwa diese Masse. Diese Masse wird die Chandrasekhar-Masse genannt, nach dem Astrophysiker Subrahmanyan Chandrasekhar, der 1930 feststellte, daß dieser Wert die größtmögliche Masse für einen Weißen Zwerg darstellt. (Diese Entdeckung brachte „Chandra" 1983 einen Nobelpreis für Physik ein). Da der Vor-Supernova-Kern in vieler Hinsicht einem Weißen Zwerg ähnelt, ist es nicht überraschend, daß diese spezielle Masse auch hier auftaucht.

Warum sehen wir dann den Begleiter nicht? Weil der Doppelstern-Pulsar auf eine Entfernung von etwa 16 000 Lichtjahre geschätzt wird, wären weder ein Weißer Zwerg als Begleiter noch eine Wolke von heißem Gas, die in ein Schwarzes Loch fällt, hell genug, um von der Erde aus sichtbar zu sein. Ein Neutronenstern-Begleiter wäre ebenfalls zu blaß, um gesehen zu werden, wenn es sich nicht auch um einen Pulsar handelt. Jedoch gibt es nicht den geringsten Beweis für etwaige gepulste Radiowellen außer denen, die vom Hauptpulsar stammen. Deshalb nimmt man an, daß, falls der Begleiter ein Pulsar ist, sein umlaufender Lichtstrahl in eine andere Richtung zeigt. Vielleicht beobachtet eine entfernte, fortgeschrittene Zivilisation mit ihrem eigenen Hulse und Taylor jenen Pulsar und rätselt über die Natur seines Begleiters!

Aber die Entdeckung des Doppelstern-Pulsars sollte sich erst später in vollem Umfang bezahlt machen. Um das zu verstehen, müssen wir zunächst bis 1916 zurückgehen, dann zu den späten sechziger Jahren und schließlich die Ereignisse im Jahr 1978 in München betrachten.

Einstein gab sich nicht damit zufrieden, seine Allgemeine Relativitätstheorie bloß zu veröffentlichen und die Sache so enden zu lassen. Er betrieb mehrere Jahre lang weiterführende Studien, in denen er sich mit den Folgen der Theorie beschäftigte, bevor er sein Hauptinteresse der wenig erfolgreichen Suche nach einer vereinheitlichten Feldtheorie zuwandte. Eine dieser Folgen waren die Gravitationswellen. Gemäß der normalen Gravitationstheorie von Newton erfolgt die Gravitationswechselwirkung zwischen zwei Körpern unmittelbar, aber nach der Speziellen Relativitätslehre sollte das unmöglich sein, weil die Lichtgeschwindigkeit die Geschwindigkeitsschranke für alle Wechselwirkungen darstellt. Da die Allgemeine Relativitätslehre so erdacht war, daß sie auf einem bestimmten Niveau mit der Speziellen Relativitätslehre verträglich sein sollte, würde man erwarten, daß die Theorie eine solche Grenzgeschwindigkeit für die Gravitationswechselwirkung beinhalten sollte. Das bedeutet zum Beispiel, daß, wenn zwei Körper sich aufgrund der Schwerkraft gegenseitig anziehen und einer plötzlich seine Gestalt ändert (sagen wir von einer Kugel in eine Zigarre), wobei ein anderes Schwerefeld erzeugt wird, die Auswirkung dieser Veränderung nicht sofort vom zweiten Körper gespürt wird, sondern sie kann sich stattdessen nur innerhalb einer Region bemerkbar machen, die sich vom ersten Körper aus mit Lichtgeschwindigkeit ausbreitet. Im Laufe der Zeit würde die Veränderung vom zweiten Körper gespürt werden. Wenn der erste Körper dann wieder seine ursprüngliche Gestalt annimmt, dann wird sich auch diese Änderung des Kraftfeldes mit Lichtgeschwindigkeit nach außen ausbreiten. Das Phänomen ist das gleiche, das auch auftritt, wenn man das Ende eines Seiles schwingt. Es entsteht eine Welle, die sich entlang des Seils fortpflanzt, und zwar mit einer Geschwindigkeit, die durch solche Variablen wie die Spannung und das Gewicht des Seils bestimmt wird. In der Allgemeinen Relativitätslehre ist das Ergebnis eine Gravitationswelle, eine Welle von Gravitationskraft, die sich mit Lichtgeschwindigkeit nach außen ausbreitet. Im 12. Kapitel werden wir etwas detaillierter über die Natur von Gravitationswellen sprechen. Für Einstein stellte sich die Frage: Lassen die Gleichungen der Allgemeinen Relativitätstheorie tatsächlich ein solches Phänomen zu, und wenn das der Fall ist, wie sehen dann die Eigenschaften dieser Wellen aus?

Tatsächlich ließen die Gleichungen Gravitationswellen als Lösung zu. Beispielsweise wird eine Hantel, die sich um eine Achse dreht, die in einem rechten Winkel zum Griff verläuft, Gravitationswellen aussenden, die sich mit Lichtgeschwindigkeit bewegen. Aber Einstein fand auch heraus, daß die Wellen eine sehr wichtige Eigenschaft besitzen: Sie transportieren Energie weg von der rotierenden Hantel, genau wie Lichtwellen Energie von der Lichtquelle wegbefördern. Er leitete sogar eine Formel her, um zu bestimmen, wie schnell die Energie von einem System wie etwa einer rotierenden Hantel abgegeben würde als Folge der Aussendung von Gravitationswellen. Wie sich herausstellte, waren die Annahmen, von denen er ausging, um die Berechnung zu vereinfachen, nicht vollkommen korrekt, und es unterlief ihm auch ein trivialer mathematischer Fehler, der seine Antwort um den Faktor 2 zu groß werden ließ, aber die grundlegende Analyse stimmte. (Der Fehler wurde von Eddington aufgezeigt.)

Einsteins Artikel über Gravitationswellen wurde 1916 veröffentlicht und das war so ungefähr alles, was man darüber in mehr als 40 Jahren hörte. Ein Grund war, daß die Effekte, die mit Gravitationswellen zusammenhängen, extrem klein sind, wie winzig, werden wir im Kapitel 12 erfahren. Ein anderer Grund lag darin, daß für lange Zeit Uneinigkeit darüber bestand, ob die Wellen wirklich auftraten oder ob sie ein künstliches Ergebnis der Mathematiker darstellten, das nicht beobachtet werden kann. Aber bis 1960, als das Aufleben der Relativitätsforschung begann, ließen zwei Entwicklungen die Idee der Gravitationswellen wiederaufleben. Eine war der rigorose Beweis von theoretischen Relativisten, daß Gravitationsstrahlung tatsächlich ein physikalisch beobachtbares Phänomen darstellt, daß Gravitationswellen Energie befördern und daß ein System, das Gravitationswellen aussendet, als Folge dieser Tatsache Energie verlieren sollte. Das zweite war der Entschluß von Joseph Weber von der Universität von Maryland, mit dem Bau eines Detektors für Gravitationswellen zu beginnen, die nicht von Hanteln herrührten, sondern von außerirdischen Quellen. Aber darüber mehr an späterer Stelle.

1974 war die Gravitationstrahlung ein heißes Thema und Relativisten brannten darauf, welche zu finden. Obwohl Weber die Entdeckung von Gravitationswellen schon 1968 für sich beansprucht hatte, gelang es in späteren Experimenten anderer Forscher nicht, diese Ergebnisse zu bestätigen,[1] und es entstand der allgemeine Eindruck, daß Gravitationswellen noch nicht gefunden worden waren. Darum erschien der Doppelstern-Pulsar, als er entdeckt wurde und sich als neues Labor für relativistische Effekte herausstellte, wie ein Geschenk des Himmels. Wenn nämlich eine rotierende Hantel Gravitationswellen aussenden kann, dann kann es das sich drehende Doppelsternsystem ebenfalls, obwohl die zwei Bälle einer Hantel durch einen Stab und die zwei Sterne des Doppelsternsystems durch die Gravitation zusammengehalten werden (in der Allgemeinen Relativitätslehre spielt es keine Rolle, was sie zusammenhält). Der Doppelstern-Pulsar konnte für die Suche nach Gravitationswellen benutzt werden.

Aber nicht im naheliegenden Sinn. Da der Doppelstern-Pulsar 16 000 Lichtjahre entfernt ist, ist die ausgesandte Gravitationsstrahlung dann, wenn sie die Erde erreicht, derart schwach, daß sie von keinem der heutigen Detektoren oder einem, der in absehbarer Zukunft zur Verfügung stehen könnte, gemessen werden kann. Auf der anderen Seite muß das System, wenn die Wellen Energie wegtragen, ständig Energie verlieren. Wie macht sich dieser Verlust bemerkbar? Die wichtigste Art, wie er sich offenbart, liegt in der Beeinflussung der Bahnbewegung der beiden Körper.

---

[1] Die bis 1975 wohl genaueste Überprüfung war das Koinzidenzexperiment der Arbeitsgruppen von Heinz Billing und Karl Maischberger in München und Frascati. Das Ergebnis war negativ. (Anm. d. Übers.)

Es ist schließlich die Bahnbewegung, die für die Abstrahlung der Wellen verantwortlich zeichnet. Ein Verlust an Bewegungsenergie macht sich in einer Beschleunigung der beiden Körper bemerkbar und in einer Verringerung ihres Abstandes. Diese scheinbar widersprüchliche Aussage kann verstanden werden, wenn man sich klar macht, daß sich die Bewegungsenergie eines Doppelsternsystems aus zwei Teilen zusammensetzt: einer kinetischen Energie, die mit der Bewegung der Körper zusammenhängt, und einer potentiellen Energie der Gravitation, die auf die Gravitationskraft oder die Anziehung zwischen den Körpern zurückzuführen ist. Obwohl also die Beschleunigung der Körper ihre kinetische Energie vergrößert, erzwingt die Verringerung des Abstands eine doppelt so große Abnahme ihrer potentiellen Energie, woraus alles in allem eine Verringerung der Energie folgt. Dasselbe Phänomen tritt beispielsweise auf, wenn ein Erdsatellit aufgrund der Reibung an der restlichen Luft in der oberen Atmosphäre Energie verliert. Wenn er dann zur Erde fällt, wird er immer schneller, doch seine Gesamtenergie nimmt ab. In diesem Fall geht sie in Form von Wärme verloren. Im Fall des Doppelstern-Pulsars wird die Beschleunigung in Verbindung mit der Verringerung des Abstands zur Folge haben, daß die Zeit, die für einen vollständigen Umlauf benötigt wird, also die Umlaufperiode, abnimmt.

Hier gab es einen Weg Gravitationsstrahlung zu entdecken, zwar ziemlich indirekt, und im Herbst 1974 kurz nach Entdeckung des Doppelstern-Pulsars deuteten mehrere Relativisten diese neue Möglichkeit an. Wie ich vorhin erwähnt habe und wie wir im 12. Kapitel sehen werden, sind die Effekte der Gravitationsstrahlung außerordentlich klein, und auch im vorliegenden Fall gab es keine Ausnahme. Die vorhergesagte Rate, mit der die 27000 Sekunden dauernde Umlaufperiode abnehmen sollte, lag nur in der Größenordnung von einigen Zehnmillionstel Sekunden pro Jahr. Obwohl es sich um eine aufregende Möglichkeit handelte, war die Winzigkeit des Effekts entmutigend und manche Leute dachten, es würde 10 bis 15 Jahre ununterbrochener Beobachtung erfordern, um ihn zu entdecken. Vielleicht im Jahre 1990...

Nun überspringen wir vier Jahre und befinden uns im Dezember 1978: Das 9. Texas Symposium über Relativistische Astrophysik fand diesmal in München statt (München ist die Hauptstadt des Freistaats Bayern, der oft als das Texas von Deutschland angesehen wird). Auf dem Programm stand ein Vortrag von Joe Taylor über den Doppelstern-Pulsar. Es ging das Gerücht herum, daß er mit einer großen Ankündigung aufwarten würde, und nur wenige Auserwählte und Theoretiker, die aktiv auf dem Gebiet des Doppelstern-Pulsars arbeiteten, wußten, worum es sich handelte. (Ich wußte Bescheid, da ich im Anschluß an Taylor einen Vortrag halten sollte, der die theoretische Interpretation seiner Ergebnisse lieferte.) Eine Pressekonferenz war gegen Ende des Tages geplant. Die Szene hätte sich in London am 6. November 1919 abspielen können, wo ein in ähnlicher Weise vorausgesehenes Beobachtungsergebnis, das in engem Bezug zur Einsteinschen Theorie stand, gerade der Royal Society vorgestellt werden sollte. Taylors Ankündigung rief nicht ganz den gleichen Aha-Effekt hervor, wie damals die Vorstellung der Messungen zur Lichtablenkung, aber sie war nicht weniger wichtig. Sie stellte den Höhepunkt zweier Jahrzehnte intensiver Tests zur Allgemeinen Relativitätslehre dar.

In einem klar umrissenen, 15 Minuten dauernden Vortrag (eine längere, ausführlichere Vorlesung stand für den nächsten Tag auf dem Programm) stellte Taylor die Grundzüge vor: Nach nur vierjähriger Datensammlung und -auswertung war man in der Suche nach einer Abnahme der Umlaufperiode des Doppelsternsystems erfolgreich gewesen, und das Ergebnis stimmte innerhalb der experimentellen Fehlergrenzen mit der Vorhersage der Allgemeinen Relativitätstheorie überein. Diese schöne Bestätigung einer wichtigen Vorhersage der Theorie war eine hervorragende Art, das Jahr 1979 zu eröffnen, in dem die Hundertjahrfeier von Einsteins Geburt anstand.

Es stellte sich heraus, daß die unglaubliche Stabilität der Pulsaruhr zusammen mit einigen eleganten und ausgeklügelten Techniken, die Taylor und seine Gruppe entwickelt hatten, um die Daten vom Teleskop Arecibo aufzeichnen und auswerten zu können, eine große Verbesserung in der Genauigkeit mit sich brachten. So gelang es, den für die Beobachtung des Effekts vorhergesehen Zeitplan von zehn Jahren um Längen zu schlagen. Diese Verbesserungen erlaubten es ihnen, gleichzeitig die Effekte der Gravitations-Rotverschiebung und der Zeitdehnung zu messen und dabei die Masse des Pulsars und des Begleiters getrennt zu bestimmen. Das war wichtig, weil die Vorhersage, die die Allgemeine Relativitätslehre zum Ausmaß des Energieverlusts macht, von diesen Massen genauso abhängt wie von anderen bekannten Parametern des Systems. Daher mußte man die Massen kennen, bevor man eine genaue Aussage machen konnte. Mit Werten von ungefähr 1,4 Sonnenmassen für beide Sterne macht die Allgemeine Relativitätslehre für die Abnahme der Umlaufperiode eine Vorhersage von 75 Millionstel Sekunden pro Jahr. Ausgehend von Daten, die im Laufe des August 1983 aufgezeichnet wurden, gaben Taylor und seine Kollegen kürzlich einen Meßwert von 76 ± 2 Millionstel Sekunde pro Jahr bekannt.

Als junger Student von 17 Jahren an der Technischen Hochschule in Zürich beschäftigte sich Einstein eingehend mit den Arbeiten der Physiker des 19. Jahrhunderts wie Hermann Helmholtz, James Clerk Maxwell und Heinrich Hertz, den Pionieren des Elektromagnetismus. Zu guter Letzt kamen ihm seine tiefreichenden Kenntnisse der elektromagnetischen Theorie bei seinen Versuchen, die Spezielle und Allgemeine Relativitätslehre zu formulieren, sehr zu gute. Es sieht so aus, als ob ihn ein experimentelles Ergebnis besonders beeindruckt hat: Hertz bestätigte im Jahr 1887, daß Licht und elektromagnetische Wellen ein und dasselbe sind. Die elektromagnetischen Wellen, die Hertz studierte, lagen im Radiowellenbereich des Spektrums, bei 30 Millionen Perioden pro Sekunde (30 Megahertz). Es ist amüsant festzustellen, daß unsere Geschichte von jahrzehntelangen Tests der Allgemeinen Relativitätslehre mit Radiowellen, den 440 Megahertzwellen, die von der Venus zurückgeworfen wurden, begann und mit Radiowellen endet, den gepulsten Signalen von dem Doppelstern-Pulsar, die beobachtet wurden bei der Empfangsfrequenz der Arecibo Antenne von 430 Megahertz.

Während der zwei Jahrzehnte, die mit der Einhundertjahrfeier von Einsteins Geburt endeten, wurde seine Theorie unter Beschuß genommen, mit Experimentatoren konfrontiert, die entschlossen waren sie zu testen, von Theoretikern angegriffen, die Alternativen vorschlugen, und von Astronomen an sich gerissen, die sie benutzen wollten. Die Theorie bestand alle diese Tests mit Bravour und nur ein Rätsel blieb ungelöst, die Abflachung der Sonne. Aber damit endet die Geschichte nicht. Die Konfrontation zwischen der Allgemeinen Relativitätstheorie und der Beobachtung wird weitergehen, mit Hilfe von neuen Werkzeugen, in neuen Gebieten, jenseits neuer Grenzen. Diese neuen Grenzen der beobachtenden Relativitätsforschung sind Gegenstand der folgenden Abschnitte.

11. An vorderster Front der experimentellen Relativität

Grenzen in der Naturwissenschaft sind vergleichbar mit den geographischen Grenzen des frühen Amerika: Vergängliche Trennlinien zwischen Bekanntem und Unbekanntem, die wir überschreiten, manchmal vorsichtig, manchmal draufgängerisch. Was jenseits der Grenze liegt, wissen wir nicht; es kann aufregend sein oder langweilig. Dort kann es Überraschungen geben, oder aber wir finden nichts, was wir nicht erwartet hätten. Sowie wir in unbekannte Gebiete vordringen und etwas über das lernen, was es dort gibt, errichten wir eine neue Grenze zwischen dem, was wir nun kennen, und dem noch immer Unbekannten. Es liegt in der menschlichen Natur, ständig bestrebt zu sein, die Grenze weiter hinauszuschieben, sowohl bei der Erforschung neuer Länder, als auch bei sportlichen Wettkämpfen und in der naturwissenschaftlichen Forschung.

Ende des 19. Jahrhunderts war die anomale Periheldrehung des Merkur die Grenze der experimentellen Gravitationsforschung. Nach der Entdeckung der Anomalie durch Leverrier dauerte es noch mehr als siebzig Jahre bis diese Grenze überwunden und mit Hilfe der Allgemeinen Relativitätslehre erfolgreich erforscht war. Im Jahre 1960 war die Grenze die Vervollständigung des Programms zur Überprüfung der drei berühmten Vorhersagen Einsteins. Auch diese Grenze wurde mit Erfolg überschritten, wobei die neuesten technologischen Errungenschaften bei den Meßgeräten, das Weltraum-Programm und neue theoretische Einsichten benutzt wurden. Das neu erforschte Gebiet hielt zahlreiche Überraschungen bereit — neue experimentelle Tests der Allgemeinen Relativitätslehre und Neuauflagen der alten Tests, alle mit Genauigkeiten, von denen man vorher nicht zu träumen gewagt hätte.

Nun befinden wir uns an einer neuen Grenze der experimentellen Relativität. Bei der Überwindung dieser Grenze wird der Experimentator die Führung übernehmen. Um bestehende Tests der Allgemeinen Relativitätstheorie zu verfeinern und einige wichtige, bisher noch nicht ausgeführte Tests zu ermöglichen, liegt es an ihm, bis an die Grenzen der Experimentiertechnik zu gehen (und manchmal darüber hinaus). Die Rolle des Theoretikers ist etwas unbedeutender an dieser Grenze, denn die Effekte, die zur Messung oder Entdeckung noch anstehen, sind bekannte Größen, und die Theoretiker erwarten keine großen Überraschungen wie etwa neue Tests, die bisher noch nicht entdeckt wurden. Das bedeutet natürlich keinesfalls, daß es keine Überraschungen geben wird, denn trotz allem, was sie ihren experimentellen Kollegen erzählen, sind Theoretiker nicht perfekt. Falls Überraschungen auftreten, werden sie nur noch mehr zur Faszination der experimentellen Gravitationsforschung beitragen.

Ich könnte versuchen, eine Zusammenfassung aller verschiedenen Aspekte dieser neuen Grenze der experimentellen Relativitätsforschung zu geben, aber ich werde es aus zwei Gründen nicht tun. Erstens, weil dieses Kapitel so lang würde wie der Rest des Buches, und zweitens, weil die Grenzen der Physik sich schnell verschieben können, und vieles von dem, was ich hier gesagt hätte, wäre bald überholt oder schlicht falsch. Stattdessen werde ich einen kurzen Einblick geben, einen Geschmack von den Dingen, mit denen wir an der Grenze konfrontiert werden, um zumindest das Interesse des Lesers für die weiteren Entwicklungen zu wecken.

Wo liegt die Grenze heute? Natürlich sind wir immer daran interessiert, die Genauigkeit eines jeden vorhandenen Experiments zu verbessern, um eine weitere Dezimalstelle einer im Zusammenhang mit allgemein-relativistischen Effekten gemessenen Größe zu erhalten. Im Prinzip kann eine Verletzung der Allgemeinen Relativitätstheorie bei jedem Genauigkeitsgrad auftreten. Falls das geschähe, wäre es außerordentlich interessant (und zweifelsohne umstritten). Aber im allgemeinen bevorzugen es Physiker, bei der Durchführung von Experimenten neue Wege zu finden, oder sie versuchen, neue Effekte zu messen, anstatt einfach alte Experimente zu wiederholen und zu verfeinern. Ein Beispiel, das wir bereits im 5. Kapitel erwähnt haben, das aber jenseits der Grenze und möglicherweise weit in der Zukunft liegt, ist *Sternensonde* (engl. Starprobe), die Weltraummission zur Sonne, die die Sonnenabflachung messen und die Interpretation der Periheldrehung des Merkur klären könnte.

Eine andere Idee wird gegenwärtig diskutiert. Es soll versucht werden, die Lichtablenkung durch die Sonne mit wesentlich größerer Genauigkeit als bisher zu messen, vielleicht bis zu einem Genauigkeitsgrad von einem Millionstel Bogensekunde (eine Mikrobogensekunde). Erinnnern wir uns daran, daß die gemessene Ablenkung für einen Lichtstrahl, der die Sonne streift, ungefähr zwei Bogensekunden beträgt. Bei einer Genauigkeit im Bereich von Mikrobogensekunden sagt die Allgemeine Relativitätstheorie eine kleine Korrektur höherer Ordnung für die Ablenkung voraus, die dann meßbar wäre. Ein Konzept für einen solchen Versuch wird in erster Linie am Zentrum für Astrophysik in Harvard bearbeitet. Das Programm läuft unter der Bezeichnung POINTS, was für *Optische Präzisionsinterferometrie im Weltraum* steht (engl. Precision Optical Interferometry in Space). POINTS wäre ein Teleskop auf einer Erdumlaufbahn, entwickelt für die Anwendung der Interferenztechnik, die, wie schon im 4. Kapitel beschrieben, auch in der Radioastronomie benutzt wird. Im vorliegenden Fall allerdings würde das Teleskop bei den viel kleineren Wellenlängen des sichtbaren Lichts arbeiten. Ein anderer, hier und da erörterter Vorschlag besteht darin, eine weiterentwickelte Version jener Wasserstoffmaser-Uhr herzunehmen, die an Bord der Scout D Rakete für die Messung der Gravitations-Rotverschiebung benutzt wurde (Kap. 3), und sie bei einer Mission wie „Sternensonde" in Sonnennähe fliegen zu lassen. Auf diese Weise könnten von der Allgemeinen Relativitätslehre vorhergesagte Korrekturen höherer Ordnung zur Rotverschiebung überprüft werden.

Das sind nur einige der Ideen, die für die nächste Generation relativistischer Experimente erwogen werden. Es gibt jedoch ein wichtiges Experiment, das in der Tat schon seit 1960 vorangetrieben wird, dessen endgültiges Ergebnis aber noch immer jenseits der heutigen Grenze liegt. Es handelt sich um das Kreisel-Experiment.

Das Kreisel-Experiment wird möglicherweise als eines der allerschwierigsten und längsten Experimente in die Geschichte der Physik eingehen. Zum heutigen Zeitpunkt deutet alles darauf hin, daß sich die Planungs- und Aufbauphase dieses wichtigen Experiments über fast ein Drittel Jahrhundert erstrecken wird. Die eigentliche Messung dagegen wird voraussichtlich nicht viel mehr als ein Jahr in Anspruch nehmen. Man kann behaupten, daß das Kreisel-Experiment von drei nackten Männern erdacht wurde, die sich in den letzten Wochen des Jahres 1959 in der Mittagssonne Kaliforniens aalten. Alle drei waren Professoren der Stanford Universität in Palo Alto, einer von ihnen der hervorragende theoretische Physiker Leonard I. Schiff, der sich durch seine Pionierarbeiten auf dem Gebiet der Quantentheorie und Kernphysik einen Namen machte. Genau wie Dicke begann er Ende der fünfziger Jahre, sich für die Gravitationstheorie zu interessieren. Der zweite Professor war William M. Fairbank, eine Kapazität auf dem Gebiet der Physik tiefer Temperaturen und der Supraleitung, der gerade erst im September 1959 nach Stanford gekommen war, wohin man ihn von der Duke Universität in North Carolina gelockt hatte. Bei dem dritten handelte es sich um Robert H. Cannon, ebenfalls eine neue Errungenschaft von Stanford und ein Experte vom MIT auf dem Gebiet der Aeronautik und Astronautik.

Aber bevor wir erfahren, wie den nackten Professoren der Einfall zu diesem Experiment kam, sollten wir zunächst die Frage beantworten: Was hat ein Kreisel mit der Relativität zu tun?

Wenn wir an einen Kreisel denken, stellen wir uns so etwas wie ein sich drehendes Schwungrad vor. Falls sich das Schwungrad schnell genug dreht und falls es mit Hilfe einer Kardanaufhängung befestigt ist, zeigt seine Rotationsachse immer in dieselbe Richtung, ganz gleich in welcher Weise wir die Plattform oder das Labor, in welchem es sich befindet, drehen. Die Art der Aufhängung erlaubt es dem Kreisel, sich mit minimaler Reibung frei zu drehen. Mit anderen Worten, die Achse des Kreisels zeigt immer in eine bestimmte Richtung relativ zum ruhenden Raum oder zu den entfernten Sternen. Das ist natürlich der Grundgedanke bei der Benutzung von Kreiseln zur Navigation von Schiffen, Flugzeugen, Raketen und Raumfähren. Gemäß der Allgemeinen Relativitätstheorie jedoch wird ein Kreisel, der sich in der gekrümmten Raum-Zeit in der Nähe eines massiven Körpers wie etwa der Erde bewegt, nicht zwangsläufig in eine feste Richtung zeigen. Stattdessen wird sich seine Drehachse geringfügig ändern, sie wird wandern. Zwei unterschiedliche allgemein-relativistische

Effekte können solch eine Wanderung oder Präzession verursachen.

Der erste wird als *geodätischer Effekt* bezeichnet und ist eine Folge der gekrümmten Raum-Zeit. Unsere alltägliche Erfahrung mit Kreiseln sagt uns, daß die Drehachse eines Kreisels, der sich durch den Raum bewegt, ihre Orientierung beibehält, mit anderen Worten, sie zeigt in eine Richtung, die parallel zu der vorhergehenden Richtung ist. Jedoch bedeutet in der gekrümmten Raum-Zeit parallel im lokalen Sinn nicht unbedingt auch parallel im globalen Sinn. Wenn sich der Kreisel entlang eines geschlossenen Weges bewegt und an seinen Ausgangspunkt zurückkehrt, kann darum seine Drehachse am Ende in eine andere Richtung zeigen als beim Start.

Eine einfache Art zu sehen, wie das passieren kann, ist die Rückkehr zu unseren alten Freunden, den Bewohnern von Kugelland (siehe Kap. 2). Da diese Leute nur zweidimensional sind, sind sie nicht in der Lage, einen richtigen Kreisel zu bauen, aber als Alternative können sie einen kleinen Maßstab nehmen und auf ihrer Kugel so herumschieben, daß er immer parallel zu seiner früheren Richtung verläuft (siehe Abb. 11.1). Die Kante des Maßstabs spielt dann die Rolle der Drehachse unseres Kreisels. Um aufzuzeigen, was geschehen kann, betrachten die Kugelländer den folgenden geschlossenen Weg: Von einem Punkt des 0. Längengrades am Äquators bewege man sich ostwärts entlang des Äquators bis zum 90. Längengrad, dann gehe man in Richtung Norden zum Nordpol, mache eine Wende um 90° und kehre in Richtung Süden zum Ausgangspunkt am Äquator zurück. Nehmen wir an, die Kugelländer starteten mit einem Maßstab parallel zum Äquator, der nach Osten zeigt. Wenn sie die erste Wende erreicht haben, wird der Maßstab noch immer ostwärts gerichtet sein und wenn sie dann nach Norden aufbrechen, wird der Maßstab senkrecht zu seiner Bewegungsrichtung stehen. Am Nordpol machen sie eine 90° Wende, aber nun zeigt die Richtung des Maßstabs nach rückwärts, also nach Norden, während sie nach Süden gehen. Wenn sie wieder den Äquator erreichen, zeigt der Maßstab, der während des gesamten Weges parallel zu sich selbst geblieben ist, jetzt nach Norden, obwohl er beim Start nach Osten gerichtet war. Die Krümmung der zweidimensionalen Oberfläche von Kugelland ist für diese Wanderung (Präzession) verantwortlich, und

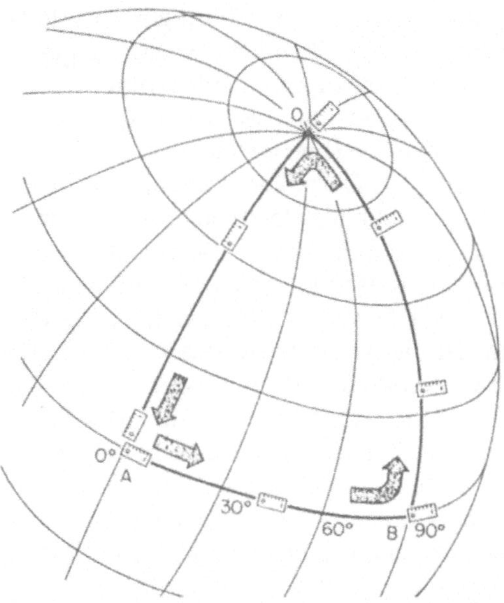

Abb. 11.1. Präzession von Maßstäben auf Kugelland. Entlang der Strecke von *A* nach *B* wird der Maßstab parallel zu sich selber von 0° bis zum 90° Meridian geschoben. Beim Punkt *B* geht der Weg in nördliche Richtung, aber der Maßstab zeigt weiterhin nach Osten und behält diese Richtung bis zum Nordpol bei. Am Punkt 0 sorgt eine rechtwinklige Kurve dafür, daß der Maßstab rückwärts zeigt. Der Maßstab behält diese Richtung nach hinten bei, bis er zum Punkt *A* zurückgekehrt ist. Das Ergebnis ist eine Präzession der Maßstabsrichtung von einer östlichen zu einer nördlichen Richtung.

---

wir können sie ohne besondere Schwierigkeiten begreifen. Der Unterschied zwischen diesem Beispiel und dem geodätischen Effekt auf einen bewegten Kreisel besteht darin, daß die Krümmung der Raum-Zeit und nicht nur die des Raumes wichtig ist.

Der geodätische Effekt ist seit den frühen Tagen der Allgemeinen Relativitätstheorie bekannt. Der Effekt wurde erstmalig von William de Sitter berechnet, jenem holländischen Theoretiker, der eine wichtige Rolle gespielt hatte, als es darum ging, die Allgemeine Relativitätslehre Eddington und den britischen Physikern nahezubringen. In einem Aufsatz, der in der Zeitschrift *Monthly Notices of the Royal Astronomical Society* weniger als ein Jahr nach

Einsteins Abhandlungen über die Allgemeine Relativitätslehre vom November 1915 veröffentlicht wurde, zeigte de Sitter, daß relativistische Effekte eine Achsenverlagerung in der Umlaufbahn des Systems Erde-Mond um etwa 0,02 Bogensekunden pro Jahr verursachen würden. De Sitter dachte nicht an einen Kreisel: Stattdessen machte er sich Gedanken darüber, wie die kombinierten relativistischen Gravitationsfelder von Erde und Sonne das System Erde-Mond stören würde. Jedoch wiesen Eddington und andere bald darauf hin, daß das System Erde-Mond in Wirklichkeit eine Art Kreisel darstellt. So war der de Sitter-Effekt als eine Präzession des Erde-Mond-Kreisels zu sehen. Tatsächlich war die Erde auch ein Kreisel, darum sollten beide in der gleichen Weise präzedieren. Leider war die Größe des Effekts hoffnungslos klein. Erst heute, mit Präzisions-Radiointerferometern, die in der Lage sind, die Orientierung der Erde in Beziehung zu entfernten Radioquellen bis auf Millibogensekunden genau zu messen, können Astronomen anfangen, die Entdeckung eines solch kleinen Effekts in Erwägung zu ziehen.

Anstelle des Systems Erde-Mond betrachten wir eine mehr erdbezogene Situation: einen Kreisel von Laborgröße, der sich auf dem Äquator in Ruhestellung befindet und dessen Achse in der Äquatorebene liegt. Wenn die Erdrotation den Kreisel durch die gekrümmte Raum-Zeit der Erde umherträgt, wird der Kreisel eine Präzession in der Ebene erfahren, die pro Tag zwei Tausendstel Bogensekunde oder pro Jahr 2/3 Bogensekunde ausmacht. Die Richtung der Präzession hat denselben Drehsinn wie die Bewegung des Kreisels entlang seines Weges. Sie erfolgt also entgegen dem Uhrzeigersinn, wenn man vom Nordpol nach Süden schaut. Für einen Kreisel, der die Erde in einer niedrigen Umlaufbahn umkreist, ist der Grad der Raum-Zeit-Krümmung nicht wesentlich verschieden von dem auf der Erdoberfläche (siehe Abb. 11.2). Aber der umlaufende Kreisel bewegt sich schneller durch die gekrümmte Raum-Zeit als der Kreisel auf der Erdoberfläche, und zwar mit einer Umlaufzeit von etwa 1,5 Stunden. Deshalb wird sich die Präzession oder Richtungsänderung auch schneller aufbauen. Die Netto-Präzession für einen Kreisel, der sich in einer Umlaufbahn in einigen hundert Kilometern Höhe befindet, wird darum in einem Jahr (5 000 Umläufe) ungefähr sechs Bogensekunden betragen. Das ist der geodätische Effekt.

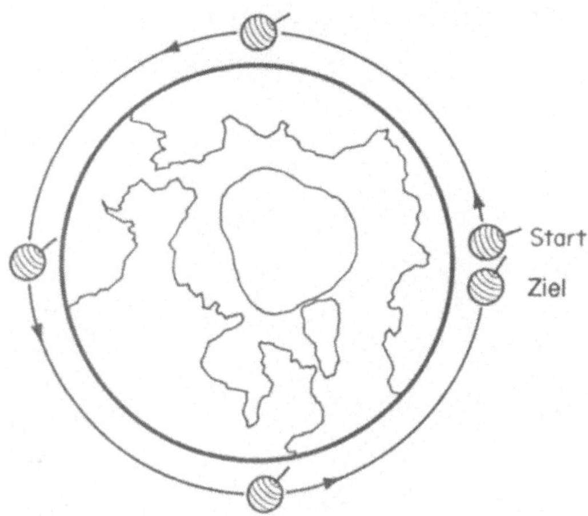

Abb. 11.2. Geodätische Präzession eines Kreisels in einer erdnahen Umlaufbahn. Nach einem Umlauf hat sich die Richtung der Kreiselachse relativ zu ihrer Anfangsrichtung gedreht, und zwar im gleichen Sinn wie die Umlaufrichtung (entgegen dem Uhrzeiger). Der Nettoeffekt beläuft sich nach einem Jahr (5000 Umläufe) auf sechs Bogensekunden.

Der andere wichtige relativistische Effekt, der sich bei einem Kreisel bemerkbar macht, ist bekannt als die *Mitnahme von Inertialsystemen* und stellt eine der interessantesten und ungewöhnlichsten Vorhersagen der Allgemeinen Relativitätslehre dar (siehe Abb. 11.3). Die Ursache dieses Effekts ist die Drehung des Körpers, in dessen Gravitationsfeld der Kreisel sich befindet. Die Allgemeine Relativitätslehre sagt voraus, daß ein sich drehender Körper die ihn umgebende Raum-Zeit mitreißt und sie ebenfalls in Rotation versetzt. Der einfachste Weg, sich ein Bild von den Auswirkungen dieses „Mitreißens" zu machen, besteht darin, einen ähnlichen Vorgang in einer Flüssigkeit zu beobachten.

Schauen wir uns ein großes Schwimmbecken mit einem sehr großen Abfluß in der Mitte an. Wasser fließt diesen Abfluß hinunter in einem Strudel, genauso wie wir ihn gewöhnlich in Badewannen und Spülen sehen. Um die Wasserhöhe im Becken konstant zu halten, wollen wir annehmen, daß das Wasser, das durch den Abfluß verlorengeht, ständig über Einlässe an den Seitenwänden des Beckens ersetzt wird. Jetzt stellen wir uns die drei Professoren aus Stanford vor, wie sie sich im Becken treiben lassen. Professor

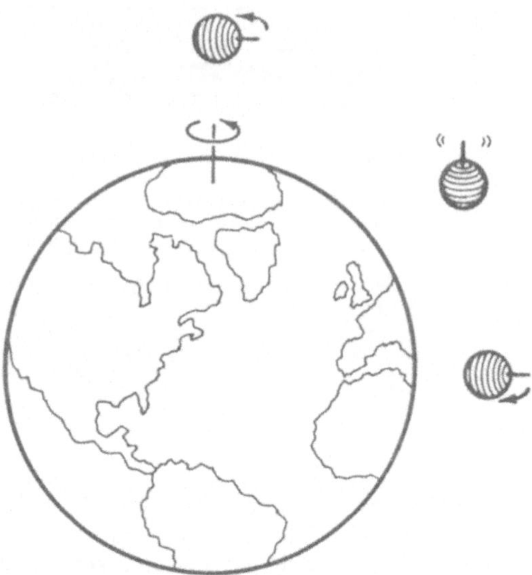

Abb. 11.3. Mitführung der Inertialsysteme. Ein ruhender Kreisel in der Nähe einer sich drehenden Erde kann eine Präzessionsbewegung ausführen aufgrund der Mitführung der Raum-Zeit durch die Erdrotation. Wenn die Achse senkrecht zur Rotationsachse der Erde verläuft, wird die Präzession für einen Kreisel am Pol in Richtung der Erdrotation erfolgen und für einen Kreisel am Äquator entgegen der Richtung der Erddrehung. Wenn die Achse parallel zur Rotationsachse der Erde verläuft, gibt es keine Präzession. Für andere Lagen und andere Orientierungen der Kreiselachse, wird eine Präzession stattfinden, die zwischen diesen Extremen liegt.

Schiff treibt auf einer Luftmatratze zwischen dem Strudel und dem Beckenrand, Professor Fairbank treibt auf einer ähnlichen Luftmatratze, aber schwankt auf dem Strudel über dem Abfluß umher und Professor Cannon beschäftigt sich mit Wassertreten. Der Einfachheit halber wollen wir auch annehmen, daß jeder Professor mit einem um seine Taille gebundenen Seil am Beckenboden verankert ist. Das soll sie davor bewahren, den Abfluß zu umkreisen, denn dadurch würde der Effekt, nach dem wir suchen, komplizierter. In dieser Anordnung ähnelt das Verhalten der Professoren sehr dem Verhalten von drei Kreiseln in der Raum-Zeit, die durch einen rotierenden Körper mitgezogen werden. Zunächst betrachten wir Professor Schiff. Da sich das Wasser in der Nähe des Strudels schneller im Kreis dreht als das weiter entfernte Wasser, wird das Fußende seiner Luftmatratze schneller mitgerissen als das Kopfende. Und so passiert es, daß, während sich der Strudel dreht, sagen wir von oben gesehen entgegen dem Uhrzeigersinn, Schiffs Luftmatratze sich im Uhrzeigersinn dreht oder präzediert. Das entspricht genau dem Verhalten der Kreiselachse auf der Äquatorebene in einer mitgezogenen Raum-Zeit, wenn die Achse nach außen zeigt. Vergleichen wir dieses Verhalten mit dem von Professor Fairbank, dessen Luftmatratze auf dem Strudel liegt. Kopf- und Fußende seiner Matratze werden auch vom Wasser herumgerissen, aber da sie sich auf entgegengesetzten Seiten des Strudels befinden, wird die Matratze im selben Sinn wie der Strudel bewegt, mit anderen Worten, entgegen dem Uhrzeigersinn. Dasselbe passiert mit einem Kreisel auf der Rotationsachse der mitgeführten Raum-Zeit, wobei seine eigene Achse senkrecht zur Rotationsachse verläuft. Schließlich sehen wir, daß Professor Cannon, der Wasser tritt, nichts von alledem macht. Seine Körperlage bleibt vertikal, wo immer er im Becken auch hingeht. Dasselbe gilt für einen Kreisel, dessen Achse parallel zur Rotationsachse des zentralen Körpers verläuft. Das Mitziehen der Raum-Zeit hat auf ihn keine Wirkung. Wie bei allen Analogien für relativistische Effekte, die ich in diesem Buch verwendet habe, müssen wir vorsichtig sein, und die Analogie nicht zu weit treiben. Kreisel in der Raum-Zeit sind nicht dasselbe wie Luftmatratzen im Wasser, aber wenn die Analogie uns hilft, uns an die qualitativen Effekte zu erinnern, dann ist sie brauchbar.

Natürlich gibt es einen weiteren grundlegenden Unterschied zwischen der Präzession von Luftmatratzen und der Präzession des Kreisels aufgrund der Mitnahme von Inertialsystemen, und das ist die Größe. Die vorhergesagte Präzession für einen Kreisel auf dem Erdäquator beträgt nur ein Zehntel Bogensekunde pro Jahr. Anders als die geodätische Präzession hängt die Mitnahme der Inertialsysteme nicht davon ab, ob der Kreisel sich durch die Raum-Zeit bewegt oder nicht (die Luftmatratzen unterlagen sogar dann einer Präzession, wenn sie sich in Ruhestellung im Becken befanden), und so gibt es in diesem Fall wenig Unterschied zwischen der Präzession eines Kreisels auf der Erde und eines Kreisels in einer Umlaufbahn. Für eine niedrige Erdumlaufbahn beträgt sie zwischen 0,1 und 0,05 Bogensekunden pro Jahr, je nach Neigungsgrad der Umlaufbahn relativ zur Äqutorialebene der Erde und je nach der Anfangsrichtung der Kreiselachse relativ zur Rotationsachse der Erde.

Dieser Effekt ist besonders interessant und wichtig. Im Gegensatz zu all den anderen Effekten einschließlich der geodätischen Präzession, die ich in diesem Buch beschrieben habe und die mit solchen Konzepten wie Gravitationsfeldern, Krümmung der Raum-Zeit und nichtlinearer Schwerkraft zu tun haben, verrät uns der Mitnahme-Effekt etwas über die Trägheit der Raum-Zeit.

Wenn man sich fragt „Drehe ich mich?" und eine Antwort wünscht, die präziser ist als die einfache Feststellung, ob man Schwindelgefühle entwickelt oder nicht, dann verwendet man gewöhnlich einen Kreisel. Es wird nämlich angenommen, daß sich die Kreiselachse relativ zum ruhenden Raum nicht dreht. Wenn man ein Labor baut, dessen Wände so konstruiert sind, daß sie sich nach den Achsen dreier senkrecht zueinander stehender Kreisel ausrichten, dann würde man meinen, daß das Labor wirklich ein Inertialsystem ist. (Wenn man sich im freien Fall befände, wäre es noch besser). Falls unser Labor jedoch zufällig außerhalb eines rotierenden Körpers liegt, rotieren die Kreisel relativ zu entfernten Sternen und zwar aufgrund des Mitnahme-Effekts, den ich gerade beschrieben habe. Darum ist es möglich, daß sich das Labor relativ zu den Kreiseln nicht dreht, jedoch relativ zu den Sternen gesehen rotiert. Auf diese Weise lehnt die Allgemeine Relativitätslehre die Vorstellung von der absoluten Rotation oder der absoluten Nichtrotation ab, genau wie die Spezielle Relativitätslehre die Idee vom Zustand des absoluten Stillstands ablehnt.

Um das besser zu verstehen, machen wir einen Vergleich mit der Newtonschen Theorie. Richtig, Newtons Theorie schlug vor, daß alle Inertialsysteme äquivalent sind, unabhängig von ihrem Bewegungszustand, aber sie mußte noch immer ein absolutes Konzept zulassen, wenn es um die Rotation ging. Wie wir im 8. Kapitel bei der Beschreibung von Newtons Eimer sahen, ist der Zustand, in dem die Oberfläche des Wassers im Eimer eben ist, für einen Newton-gläubigen Physiker ein Zustand der Nichtrotation relativ zum absoluten Raum, und der Zustand, in dem das Wasser an den Eimerwänden hochklettert, ist ein Zustand der Rotation. Leider fand die Newtonsche Theorie keinen Ausweg aus diesem Absolutismus, was die Rotation anbelangt. Tatsächlich war es Anfang der sechziger Jahre nicht klar, ob die Allgemeine Relativitätstheorie einen solchen Ausweg vorsieht. Es war zumindest teilweise dieses Rätsel, das Dicke dazu bewog, einen alternativen, auf einer Skalar-Tensor-Theorie basierenden Weg einzuschlagen, um sich an die Gravitation heranzutasten.

In der Tat ist, wie ich weiter oben kurz angedeutet habe, das Mitnehmen des Inertialsystems ein Weg aus diesem Absolutismus. Schon 1923 schlug Eddington es in seinem schönen Buch über die Allgemeine Relativitätslehre vor. Jedoch dauerte es noch bis Mitte der sechziger Jahre, bis Theoretiker zeigen konnten, daß der Mitnahme-Effekt ausgezeichnet demonstriert, wie relativ die Rotation tatsächlich ist.

Die Demonstration bestand in einer einfachen Modellrechnung der folgenden Situation: Stellen wir uns eine Hohlkugel aus Materie vor, ähnlich einem Ballon, die sich um irgendeine Achse dreht. (Zum Zweck dieser Diskussion können wir die Abflachung des Ballons, die durch die Zentrifugalkräfte verursacht wird, vernachlässigen). In der Kugelmitte befindet sich ein Kreisel, dessen Achse senkrecht zur Rotationsachse des Ballons verläuft. Gemäß der Newtonschen Gravitation ist das Balloninnere vollkommen frei von Gravitationsfeldern. Der Kreisel spürt keinerlei Kraft, welcher Art auch immer. In der ersten Näherung gilt dasselbe für die Allgemeine Relativitätslehre, abgesehen von dem Effekt der Mitnahme von Inertialsystemen, der im Innern der rotierenden Hohlkugel Kräfte erzeugt, genau wie es im Außenbereich der Fall sein würde. Diese Kräfte wirken auf den Kreisel derart, daß sie eine Präzession in derselben Richtung verursachen, in der die Rotation der Hohlkugel erfolgt. Wie man sich aus der vorhergehenden Diskussion vorstellen kann, ist das Ausmaß der Präzession für eine Hohlkugel von planetarischer Größe, sagen wir mit dem Radius und der Masse eines typischen Planeten, sehr klein, viel kleiner als die Rotationsgeschwindigkeit der Hohlkugel. Aber nun stellen wir uns vor, daß die Masse der Hohlkugel zunimmt und ihr Radius größer wird (wobei die Rotationsgeschwindigkeit beibehalten wird), und wir betrachten den Grenzwert, bei dem die Masse den Wert der Masse des sichtbaren Universums annimmt und der Radius bis auf die Länge des Radius des sichtbaren Weltalls ausgedehnt wird. Das bemerkenswerte Ergebnis besteht darin, daß in dem Maße, wie man diese Werte vergrößert, die Präzessionsgeschwindigkeit des Kreisels im Zentrum wächst, und im Grenzwert den Wert der Rotationsgeschwindigkeit der Hohlkugel anstrebt. Mit anderen Worten, die Drehachsen von Kreiseln rotieren innerhalb eines sich drehenden Weltalls im Gleichschritt mit dieser Rotation. Oder noch anders: Sie sind an die Richtungen entfernter Körper in diesem Universum gebunden. Darum wäre ein Labor, das an die Kreisel gekoppelt wäre, die wir als nicht rotierend definieren, tatsächlich nicht rotierend relativ zu den Galaxien. Wenn wir anstelle eines Kreisels einen Eimer in die Hohlkugel gestellt und ihn fest oder nicht rotierend gehalten hätten, während wir unsere rotierende Hohlkugel vergrößerten, dann hätten die das System mitführenden Kräfte das Wasser veranlaßt, an den Eimerwänden hochzuklettern. Ein Beobachter hätte dann genau dasselbe physikalische Phänomen gesehen wie ein Beobachter, der auf einen rotierenden Eimer in einem nicht rotierenden Universum schaut. Das Vorhandensein des Mitnehmens von Inertialsystemen beweist dann, daß die Rotation relativ zur entfernten Materie definiert werden muß, nicht relativ zu irgendeinem absoluten Raum. Das ist es, was die Entdeckung dieses Effekts so bedeutend und wichtig macht.

In diesem Beispiel wurde angenommen, daß das Innere der Hohlkugel bis auf den Kreisel leer war, darum war die Richtung des Kreisels starr an die entfernten Galaxien des „Hohlkugel-Universums" gebunden. Wenn wir nun einen rotierenden Körper wie etwa die Erde in das Innere der Hohlkugel in die Nähe des Kreisels bringen, dann wird die Erde zusätzliche, Inertialsysteme mitnehmende Effekte verursachen. Deshalb wird beim Kreisel aufgrund des lokalen Mitnahme-Effekts eine geringe Präzession relativ zu den entfernten Galaxien erfolgen.

Alles schön und gut. Aber noch immer sind die Effekte auf Kreisel in der Nähe und auf der Erde entsetzlich klein. Was sollte irgend jemanden dazu bewegen zu versuchen, sie tatsächlich zu messen? An dieser Stelle erscheinen die drei Professoren aus Stanford wieder auf der Bildfläche.

In den sechziger Jahren, lange bevor gemischte Sporteinrichtungen in Mode kamen, war die Encina-Sporthalle mit ihrem von Mauern umgebenen Freibad den Männern vorbehalten. (Die Frauenturnhalle befand sich auf der anderen Seite des Universitätsgeländes.) Daher war es unter den Benutzern üblich, nackt zu schwimmen. Schiff hatte die praktisch unerschütterliche Gewohnheit, jeden Tag um die Mittagszeit zum Encina-Schwimmbad zu gehen, 400 Meter zu schwimmen und danach, während er ein Sonnenbad nahm, Brotzeit zu machen. Obwohl er mit der Geschäftsführung des Physikalischen Instituts betraut war, gab er sich alle Mühe, Treffen und Verabredungen so zu legen, daß sie sein mittägliches Schwimmen nicht störten. Fairbank wußte von Schiffs täglicher Routine, und als er eines Tages Ende 1959 auf dem Universitätsgelände zufällig auf Cannon stieß und die beiden ein Gespräch über Kreisel begannen, schlug Fairbank vor, daß man Schiff im Schwimmbad aufsuchen sollte.

Jeder dieser Herren beschäftigte sich schon seit längerer Zeit in Gedanken mit Kreiseln. Schiff dachte über Kreisel nach, seit er sein Exemplar der Physikerzeitschrift *Physics Today* vom Dezember 1959 aufgeschlagen und auf Seite 29 eine Reklame gesehen hatte. Dort schwebte in einer künstlerischen Darstellung des interstellaren Raumes eine perfekte Kugel, umschlungen von einer Spule aus elektrischen Drähten. Das Ganze war mit der Überschrift „The Cryogenic Gyro" versehen. Das Inserat kündigte die Entwicklung eines brandneuen Kreisels am JPL an, der aus einer supraleitenden Kugel bestand, die mit Hilfe eines (von der Spule erzeugten) Magnetfeldes in Position gehalten werden sollte. Alles war so konstruiert, daß es bei vier Grad über dem absoluten Nullpunkt arbeiten sollte. Schiff hatte sich seit kurzem sehr für Tests der Allgemeinen Relativitätstheorie interessiert. So fragte er sich, ob eine solche Vorrichtung interessante relativistische Effekte entdecken könnte. Während der ersten beiden Dezemberwochen führte er die Berechnungen aus, wobei er beides fand, den bekannten geodätischen Effekt wie auch den Mitnahme-Effekt. Die zuletzt genannte Entdeckung war völlig neu, zumindest was ihre Anwendung auf Kreisel anbelangt. Seinerzeit im Jahre 1918 hatten zwei Wiener Theoretiker, J. Lense und H. Thirring, gezeigt, daß die Rotation eines zentralsymmetrischen Körpers wie etwa der Sonne Mitnahme-Effekte auf die planetarischen Umlaufbahnen erzeugen würde, die leider gänzlich unmessbar waren. Augenscheinlich hatte niemand nach dem Effekt der Rotation eines zentralen Körpers auf Kreisel geschaut.

Fairbanks Spezialgebiet war die Physik tiefer Temperaturen, die Eigenschaften von flüssigem Helium und das Phänomen der Supraleitung, jenem Verschwinden des elektrischen Widerstandes in vielen Materialien bei niedrigen Temperaturen. Er hatte auch über die Möglichkeit eines supraleitenden Kreisels nachgedacht, der in dem neuen Labor, das er gerade in Stanford aufbaute, konstruiert werden konnte. Er und Schiff hatten begonnen, sich darüber zu unterhalten, wie diese relativistischen Effekte entdeckt werden könnten. Fairbank schlug vor, die Präzession zu messen, wobei Kreisel in einem Labor am Äquator benutzt werden sollten, aber das sah nicht sehr vielversprechend aus. Der Grund dafür war die Schwerkraft. Die besten Kreisel, die zu dieser Zeit zur Verfügung standen, hatten als Hauptbestandteil eine sich drehende Kugel, genau wie in der Reklame des JPL. Aber die Kugel mußte gegen die Schwerkraft gestützt werden, was üblicherweise mit Hilfe von elektrischen Feldern oder von Luftstrahlen erreicht wurde. Leider waren die Kräfte, die erforderlich waren, um so der Schwerkraft entgegenzuwirken, derart groß, daß sie kleine Drehmomente auf die rotierenden Kugel ausübten. Diese führten zu einer Präzession der Kugel, die 1 000mal größer war als der Effekt, nach dem gesucht wurde, obwohl diese Drehmomente andererseits klein genug waren, um genaue Navigation und andere kommerzielle Anwendungen zu gestatten. Dieses Problem wäre wirkungsvoll gelöst, wenn sich der Kreisel in einer Umlaufbahn befände, wo es bis zu einem großen Genauigkeitsgrad keine Gravitationskräfte gibt und wo daher im wesentlichen keine Aufhängung notwendig ist. Aber erinnern wir uns, das alles ereignete sich gerade zwei Jahre nach dem Start von Sputnik, dem ersten Satelliten in einer Erdumlaufbahn, und Schiff und Fairbank konnten sich nicht richtig vorstellen, das Vorhaben wirklich in die Tat umzusetzen.

An dieser Stelle trat Cannon in Erscheinung. Cannon kannte sich mit Kreiseln aus. Er war an der Entwicklung von Kreiseln beteiligt gewesen, die dazu benutzt wurden, mit Atomkraft betriebene Unterseeboote unter der arktischen Eiskappe auf Kurs zu halten. Er kannte sich auch in der Aeronautik aus, und er war aktiv beteiligt an dem gerade entbrannten Weltraum-Wettrennen, das der Sputnik ausgelöst hatte. Schon bevor er vom MIT nach Stanford kam, hatte Cannon begonnen zu überlegen, welche Verbesserungen in der Leistungsfähigkeit der Kreisel möglich wären, wenn sie in einer Umlaufbahn betrieben würden.

Schließlich waren alle drei zusammen (in voller Schönheit) im Schwimmbad in Stanford. Als Schiff und Fairbank Cannon von dem vorgeschlagenen Experiment erzählten, war Cannons erste Reaktion Erstaunen. Um es durchzuziehen, würden sie einen Kreisel benötigen, der eine Million mal besser sein müßte als alles, was zur damaligen Zeit existierte. Seine zweite Antwort lautete: Ihr könnt vergessen, es auf der Erde durchzuführen, macht es im Weltraum! Ein Labor auf einer Umlaufbahn war keineswegs weither geholt, und in der Tat gab es bei der NASA bereits Pläne für ein die Erde umkreisendes astronomisches Observatorium. Darüber hinaus kannte Cannon die richtigen Leute bei der NASA, mit denen man sich in Verbindung setzen konnte. Damit hatte ein drei Jahrzehnte langes Abenteuer seinen Anfang genommen.

Es ist eine jener seltsamen Begebenheiten in der Geschichte der Naturwissenschaften, daß fast gleichzeitig mit Schiff, Fairbank und Cannon jemand anderes über Kreisel und Relativität nachdachte. Vollkommen unabhängig von der Gruppe in Stanford führte George E. Pugh am Pentagon dieselben Berechnungen durch. Pugh arbeitete in einer Abteilung des Pentagons, die als die Waffensystem-Prüfungsgruppe bekannt war, und für ihn war die spielerische Beschäftigung mit Kreiseln eine völlig vernünftige Aktivität, weil Kreisel offensichtlich militärische Anwendungen in der Steuerung von Flugzeugen und Raketen finden. In einem bemerkenswerten Memorandum vom 12. November 1959 hob Pugh die Natur der beiden relativistischen Effekte hervor, obwohl er sich beim Mitnahme-Effekt um einen Faktor 2 verrechnete. Er beschrieb auch die Schritte, die erforderlich seien, um den Mitnahme-Effekt mit Hilfe eines Satelliten in einer Umlaufbahn zu entdecken. Einige von Pughs Ideen wie eine Technik zur Kompensation des atmosphärischen Widerstands, den der Satellit spürt, wurden letztendlich wichtige Bestandteile des Stanford-Experiments. Es ist jedoch höchst unwahrscheinlich, daß das Pentagon tatsächlich relativistische Kreiseleffekte in seinen militärischen Steuerungssystemen berücksichtigt hat.

Im Januar 1961 nahmen Fairbank und Schiff das Experiment offiziell in Angriff und stellten bei der NASA einen Antrag auf ein satellitengestütztes Kreiselexperiment. Die nächsten zwei Jahrzehnte bis ungefähr 1983 wurden damit verbracht nachzuweisen, daß das Vorhaben durchführbar ist. Im dritten Jahrzehnt, in dem wir uns jetzt gerade befinden, werden die benötigten Geräte gebaut. Das eigentliche Experiment wird vielleicht 1991 stattfinden. Leider verhinderte im Jahr 1971 Schiffs vorzeitiger Tod im Alter von 55 Jahren, daß er den erfolgreichen Abschluß des Experiments noch selbst erleben kann.

Das Ziel des Experiments besteht darin, beide Effekte, den geodätischen Effekt und den Mitnahme-Effekt, bis zu einer Genauigkeit von besser als 1 Millibogensekunde pro Jahr zu messen. Da der kleinere Mitnahme-Effekt für die geplante polare Umlaufbahn nur 50 Millibogensekunden pro Jahr beträgt, bedeutet das, daß eine Zwei-Prozent-Messung dieses Effekts möglich wäre. Die Aufgabe, ein die Erde umkreisendes Kreisellabor zu bauen, das solch winzige Effekte messen kann, hat die Wissenschaftler aus Stanford an und über die Grenzen der experimentellen Physik und der Präzisions-Herstellungstechniken geführt und sie mit augenscheinlich unüberwindbaren Problemen konfrontiert. Es grenzt an ein Wunder, daß es gelang, jedes einzelne dieser Probleme zu lösen.

Eine kurze Beschreibung des gegenwärtigen Planungsstands wird die Dinge aufzeigen, die im Zusammenhang mit dem Experiment erledigt werden müssen. Die Kreisel (zur Sicherheit wird es vier davon geben) sind Kugeln aus Quarzglas mit einem Durchmesser von ungefähr vier Zentimetern. Die Kugeln müssen gleichmäßig in ihrer Dichte und perfekt in ihrer Form sein, wobei es auf eine Genauigkeit von mindestens 1:10 000 000 ankommt. Das ist so, als wenn man die Erde vollkommen kugelförmig machen wollte mit Abweichungen von weniger als einem Meter. Der Grund für diese Forderung ist in der Tatsache zu suchen, daß Gravitationsstörkräfte im Raumschiff, die sogar in der Umlaufbahn unweigerlich vorhanden sind, mit irgendwelchen Unregelmäßigkeiten der Kugel wechselwirken und kleine Präzessionen erzeugen. Ähnliche Effekte, die durch die Gezeitenkräfte von der Sonne und dem Mond hervorgerufen werden und die auf die äquatorialen Ausbuchtungen der Erde einwirken, sorgen dafür, daß die Rotationsachse der Erde eine Präzession durchläuft. Um die Probleme zu lösen, die sich daraus ergeben, daß eine vollkommene Kugel hergestellt und dann auf ihre Kugelform hin bis zum oben genannten Genauigkeitsgrad getestet werden muß, war die Erfindung spezieller, neuer Herstellungs- und Testverfahren notwendig. Wenn aber die Kugelform vollkommen ist, wie bestimmt man dann ihre Rotationsachse? Man kann nicht einfach einen Stab an einem der Pole des Kreisels befestigen, da kleinste Gravitationsstörkräfte, die auf die Masse des Stabes wirken, eine enorme Präzession verursachen würden. Die Lösung besteht darin, jede Kreiselkugel mit einer dünnen, völlig einheitlichen Schicht des Elements Niob zu überziehen. Wenn der Kreisel sich bei tiefen Temperaturen nahe dem absoluten Nullpunkt dreht, wird aus dem Niob ein Supraleiter. Sein elektrischer Widerstand verschwindet, und es entwickelt sich ein Magnetfeld, dessen Nord- und Südpol genau nach der Rotationsachse des Kreisels ausgerichtet sind. Sehr genaue Magnetometer, die ebenfalls in der Nähe des absoluten Nullpunkts arbeiten, können dann die Orientierung des Magnetfeldes bestimmen und damit auch die Rotationsachse. Das verlangte nach neuen Techniken, um in der Nähe des absoluten Nullpunkts zu arbeiten, wobei flüssiges Helium benutzt wurde. Jene Techniken mußten dann auf die Situation des Weltraums übertragen werden. Wenn die Kreisel aber perfekt kugelförmig sind, wie kann man sie dann in Rotation versetzen? Die Lösung dieses Problems bestand darin, in den Gehäusen, die jeden Kreisel umgeben, winzige Düsen anzubringen, die Heliumgas an die Kugeln sprühen. Durch die Reibung fangen die Kugeln an zu rotieren. Das Heliumgas rührt vom „Kochen" des flüssigen Heliums bei vier Grad her, das dazu benutzt wird, die Apparatur zu kühlen. Wie ich oben beschrieben habe, werden die Kreisel relativ zu entfernten Sternen präzedieren. Deshalb mußte ein sehr genau arbeitendes Teleskop entwickelt und in die Raumschiffladung mit eingeplant werden, um damit eine Bezugsrichtung mit einer Genauigkeit von Millibogensekunden pro Jahr zu bestimmen. Gegenwärtig ist der leuchtkräftige Stern Rigel im Sternbild Orion auserkoren.

Obwohl auf einfache Weise in Worte zu fassen, beinhaltete jedes dieser Probleme ein umfangreiches, mehrere Jahre dauerndes Forschungs- und Herstellungsprojekt. Jedes dieser Probleme zu lösen und die NASA und skeptische Kollegen davon zu überzeugen, daß die Probleme überwunden waren, sind unter anderem Gründe dafür, daß es so lange gedauert hat, dieses

Experiment zustande zu bringen. Es befindet sich nun in der technischen Entwicklungsphase. Das bedeutet, daß eine Apparatur gebaut wird, die getestet und auf einen für 1989 geplanten Probeflug an Bord des *Space Shuttle* geschickt werden kann. Wenn dieser Test erfolgreich verläuft, könnte ein Flug mit dem eigentlichen Experiment schon 1991 stattfinden.

Das Kreiselexperiment ist vielleicht eine extreme Demonstration des Grundsatzes, daß einem in der experimentellen Allgemeinen Relativität nichts geschenkt wird. Aber wenn Stanford und die NASA sie zustande bringen, dann war die Bestätigung der geodätischen und der Mitnahme-Präzession alle Mühe wert.

12. Astronomie nach der Renaissance: Wozu ist die Allgemeine Relativitätstheorie gut?

Jetzt ist die Zeit gekommen, die Allgemeine Relativitätstheorie als selbstverständlich anzunehmen. Das ist kein unvernünftiger Schritt, wenn man überlegt, wie erfolgreich die Theorie die verschiedenen experimentellen Tests, die ich in den vorhergehenden Kapiteln beschrieben habe, bestanden hat.

Die Frage lautet: Was können wir jetzt, wo wir daran glauben, damit anfangen? Natürlich liegt einer der Gründe, die uns zu Tests der Allgemeinen Relativitätstheorie bewegen, darin, daß sie eine grundlegende Naturtheorie ist und ihre Gültigkeit wichtige erkenntnistheoretische und philosphische Folgerungen hat. Ein weiterer Grund ist, daß in jüngster Zeit der Allgemeinen Relativitätslehre eine zentrale Rolle in der Elementarteilchenphysik zugewachsen ist unter dem Stichwort „Vereinheitlichung": Die Vereinheitlichung aller Wechselwirkungen der Physik nach *einem* großen Schema, das mit der Quantenphysik verträglich ist. Diese Versuche der Vereinheitlichung verändern nicht die Grundstruktur oder die Vorhersagen der Allgemeinen Relativtätstheorie in den Situationen, die ich in diesem Buch beschrieben habe. Nur bei extrem hohen Energien wie denen, die man sich im Zusammenhang mit dem ersten Moment des Urknalls vorstellt, werden Änderungen der Allgemeinen Relativitätstheorie für möglich gehalten. Aber das sind Fragen, mit denen ich mich nicht auseinandersetzen werde. Zahlreiche hervorragende Bücher beschäftigen sich mit diesen Themen. Einige davon sind am Ende dieses Buches als Anregung für weitere Lektüre zusammengestellt.

Statt dessen möchte ich fragen, was wir mit der Allgemeinen Relativitätslehre auf einem Gebiet anfangen können, das eine der treibenden Kräfte des Programms zum Test der Theorie während der relativistischen Wiedergeburt der letzten 25 Jahre war: der Astronomie.

Wir möchten sehen, wie die Allgemeine Relativitätstheorie als praktisches Werkzeug benutzt werden kann, um einige der von den astronomischen Beobachtungen aufgegebenen Rätsel zu verstehen und zu entwirren. Wir sind schon auf mehrere Beispiele gestoßen, bei denen die Allgemeine Relativitätstheorie in dieser Weise genutzt werden kann. Ein Fall waren die Gravitationslinsen (Kap. 4), wo die allgemein-relativistische Ablenkung von Licht von einem entfernten Quasar dazu benutzt werden konnte, um etwas über die Natur der Galaxie, die als Linse wirkte, zu folgern. Ein anderes Beispiel war der Doppelstern-Pulsar (Kap. 10), wo wir allgemein-relativistische Effekte wie die Periastron-Drehung dazu benutzten, die Massen der zwei Körper in dem Doppelsternsystem zu bestimmen. Es gibt viele andere Möglichkeiten, bei denen die Anwendung der Allgemeinen Relativitätstheorie eine Rolle in der Astronomie spielen kann, aber zwei der aktivsten und aufregendsten sind im Moment die Suche nach Schwarzen Löchern und Gravitationswellen.

Obwohl die ersten Hinweise auf die Idee des Schwarzen Lochs, wie wir im 4. Kapitel sahen, schon im 18. Jahrhundert in den Schriften von Michell und Laplace zu finden sind, begann die Physik der Schwarzen Löcher nicht vor 1939. In diesem Jahr veröffentlichten der Physiker und zukünftige Direktor des amerikanischen Atombombenprojekts (Manhattan Project), J. Robert Oppenheimer und sein Mitarbeiter Hartland Snyder, einen bemerkenswerten Artikel in *Physical Review* mit dem Titel „Andauernde Kontraktion durch die Schwerkraft" (engl. „On Continued Gravitational Contraction"). Der Artikel beschreibt, was mit einem Stern geschieht, dem das thermonukleare Brennmaterial ausgegangen ist, das notwendig ist, um die Hitze und den Druck zu erzeugen, die den Stern gegen die Schwerkraft stützen. Nach ihren Berechnungen fängt der Stern dann an zusammenzufallen, und wenn er massiv genug ist, geschieht das so lange, bis der Radius des Sterns einen Wert erreicht, den man Gravitationsradius oder Schwarzschild-Radius nennt. Dieser Radius errechnet sich aus der doppelten Masse des Sterns multipliziert mit der Gravitationskonstanten G, dividiert durch das Quadrat der Lichtgeschwindigkeit. Für einen Körper von einer Sonnenmasse beträgt der Gravitationsradius ungefähr drei Kilometer. Für einen Körper mit der Masse der Erde ist er etwa neun Millimeter. Ein Beobachter, der auf der

Sternenoberfläche sitzt, sieht, wie sich der Kollaps zu kleineren Radien hin fortsetzt, bis beide, Stern und Beobachter den einen Punkt erreichen, der einmal der Mittelpunkt des Sterns war. Auf der anderen Seite nimmt ein Beobachter in einer großen Entfernung den Zusammensturz so wahr, als ob er sich bei Annäherung an den Gravitationsradius verlangsamte. Diese Beobachtung ist eine Folge der Gravitations-Rotverschiebung des Lichts und der Uhren, der wir in Kapitel 3 schon begegnet sind. Jedoch wird in diesem Fall die augenscheinliche Abbremsung so stark, daß der Stern gerade am Gravitationsradius in seiner Entwicklung scheinbar zum Stehen kommt. Der ferne Beobachter sieht niemals irgendwelche vom fallenden Beobachter ausgesandten Signale, wenn sich jener einmal innerhalb des Gravitationsradius befindet. Die Berechnungen zeigen, daß der fallende Beobachter im Inneren kein Signal aussenden kann, das die durch den Gravitationsradius abgegrenzte Kugel jemals verläßt.

Der Gedanke, daß beim Gravitationsradius etwas Ungewöhnliches vorliegt, stammt nicht von Oppenheimer und Snyder; er läßt sich fast bis zu den Anfängen der Allgemeinen Relativitätslehre zurückverfolgen. Innerhalb von zwei Monaten nach der Veröffentlichung der endgültigen Form der Theorie hatte der deutsche Astronom Karl Schwarzschild zwei strenge und exakte Lösungen der Feldgleichungen erhalten. Die erste entsprach einem aus einem Massenpunkt bestehenden idealen Körper, die andere aus einem kugelförmigen Körper von endlicher Ausdehnung. Die Veröffentlichungen, die diese Lösungen vorstellten, wurden von Einstein vor der Preußischen Akademie der Wissenschaften vorgetragen, denn Schwarzschild war damals bei der deutschen Armee an der russischen Front. Tragischerweise starb Schwarzschild dort im Mai 1916 an einer Krankheit, die er sich an der Front zugezogen hatte. In der ersten Lösung (herkömmlich als Schwarzschild-Lösung bezeichnet), ist die Kugel am Gravitationsradius offenbar ein ungewöhnlicher Ort, da die Mathematik der Lösung dort versagt. (Im wesentlichen wurden einige Ausdrücke im metrischen Raum-Zeit-Tensor unendlich.) Physiker nennen ein solches Verhalten oft „pathologisch". In der zweiten Lösung lag der Gravitationsradius innerhalb des Sterns, aber das Vorhandensein der Sternmaterie veränderte die innere Lösung, so daß der Gravitationsradius einen vollkommen normalen, nicht pathologischen Ort bildete. Diese zweite Lösung war angemessen für solche Körper wie die Sonne und die Erde, in der Tat für jeden unveränderlichen, kugelförmigen Körper. Die Pathologie der ersten Schwarzschild-Lösung führte dazu, daß die meisten Relativisten, einschließlich Einstein, glaubten, daß es für irgendeinen Körper von vorgegebener Masse unmöglich wäre, im Radius kleiner als der Gravitationsradius zu sein und somit der Außenwelt seine anomale Oberfläche zu enthüllen. Trotz der detaillierten Demonstration einer solchen Lösung durch Oppenheimer und Snyder, in der genau dieser Fall eintritt, wurde ihr Resultat nicht sonderlich ernst genommen, und das Thema geriet für weitere zwei Jahrzehnte in Vergessenheit.

Das Wiederaufleben der Physik der Schwarzen Löcher fiel mit der Renaissance der Allgemeinen Relativitätstheorie in den sechziger Jahren zusammen und war auf zwei Dinge zurückzuführen. Das erste war die in Kapitel 1 beschriebene Entdeckung der Quasare. Um die enorme Energieproduktion dieser Objekte zu verstehen, wandten sich die Theoretiker den starken Gravitationsfeldern von superdichten Objekten zu, und welche Objekte boten sich dazu eher an, als die in sich zusammenstürzenden Objekte von Oppenheimer und Snyder, deren Endpunkt die pathologische Schwarzschild-Lösung war? Der zweite Beitrag zum Wiederaufblühen war im Jahre 1963 die Entdeckung einer neuen exakten Lösung der Einsteinschen Gleichungen durch den aus Neuseeland stammenden Relativisten Roy P. Kerr. Kerr hatte sich einer Vielzahl ausgeklügelter mathematischer Techniken bedient, die sich Symmetrieprinzipien zunutze machten, um nach neuen Lösungen für die Feldgleichungen zu suchen. In seiner Darstellung der Lösung hatte er ein ziemlich eigenartiges System mathematischer Variablen benutzt. Er muß den Astronomen und Physikern, die sich noch nicht an die Ausdrucksweise der neuen Disziplin gewöhnt hatten, wie ein Besucher von einem anderen Stern vorgekommen sein, als er während des Ersten Texas Symposiums über Relativistische Astrophysik im Jahre 1963 einen Vortrag über die neue Lösung hielt. Trotzdem ermahnte der in Griechenland geborene Relativist Achilles Papapetrou in der sich an Kerrs Vortrag anschließenden Diskussion die Zuhörer, dieser Lösung Beachtung zu schenken. Er spürte, daß sie sich eines Tages als wichtig erweisen würde.

Papapetrou hatte Recht, denn die Kerr-Lösung stellte sich als eindeutige Lösung für ein rotierendes Schwarzes Loch heraus. Dabei stellt die Schwarzschild-Lösung nur den Spezialfall der Kerr-Lösung dar, bei dem keine Rotation vorliegt. Angespornt durch das Problem der Quasare verbrachten relativistische Astrophysiker die nächsten zehn Jahre damit, diese und viele andere wichtige Eigenschaften der Schwarzschild- und Kerr-Lösungen zu beweisen. Zum Beispiel erwies sich das pathologische Verhalten der Schwarzschild-Lösung beim Gravitationsradius (und ein ähnliches Verhalten der Kerr-Lösung) als bloßes Resultat einer ungeeigneten Wahl mathematischer Variablen. Das änderte allerdings nichts an der Tatsache, daß der Gravitationsradius etwas Besonderes war. Der Name *Ereignis-Horizont* wird für die Oberfläche benutzt, die diesem Radius entspricht. Sie stellt eine Grenze für die Kommunikation dar, genau wie der Horizont der Erde unsere Sicht begrenzt. Ein Beobachter jenseits des Ereignis-Horizonts kann sich mit einem Beobachter draußen auf gar keinen Fall verständigen, auch nicht durch Senden von Lichtsignalen. Nichts, noch nicht einmal Licht, kann aus dem Innern entfliehen. Auf der anderen Seite kann alles — Licht, Materie, Physiker — den Ereignis-Horizont ungehindert in Richtung nach innen passieren. Diese „Einbahnstraßen"-Eigenschaft des Ereignis-Horizonts, die es nichts und niemandem im Inneren erlaubt, sich nach außen zu zeigen, ließ John A. Wheeler, einen der Väter der relativistischen Wiederauferstehung, den Begriff Schwarzes Loch prägen. Das geschah während einer Konferenz im Jahr 1967 in New York.

Für einen Beobachter außerhalb des Horizonts gibt es eine einzige beobachtbare Eigenschaft des Schwarzen Lochs, und das ist sein Gravitationsfeld. (Jede Materie oder Strahlung, die außerhalb des Horizonts verbleibt, kann selbstverständlich entdeckt werden.) Weit entfernt vom Schwarzen Loch ist sein Gravitationsfeld nicht zu unterscheiden von dem Gravitationsfeld eines beliebigen Objekts mit der gleichen Masse und dem gleichen Drehimpuls, wie etwa dem eines Sterns. Für einen Beobachter nahe am Horizont jedoch können die Dinge sehr ungewöhnlich aussehen. Die Ablenkung des Lichts kann derart groß werden, daß sich Licht auf kreisförmigen Umlaufbahnen gerade außerhalb des Horizonts bewegen kann (im Fall des Schwarzschild-Lochs in einer Entfernung von 1,5 Gravitationsradien). Für die Kerr-Lösung erzeugt die

Rotation eines Schwarzen Lochs denselben Mitnahme-Effekt, dessen Entdeckung sich das Stanfordsche Kreisel-Experiment (in einer mehr irdischen Ausführung) zum Ziel gesetzt hat. Aber wenn der Beobachter in der Nähe des Äquators nahe genug an den Horizont herangeht, wird die Mitführung der Raum-Zeit so stark, daß es ihm unmöglich ist zu verhindern, daß er selbst von der Rotation des Lochs mit herumgezogen wird, ungeachtet dessen, wieviel Schub sein Raketenantrieb haben mag. Diese und viele andere physikalische und mathematische Eigenschaften von Schwarzen Löchern wurden während einer Periode intensiver Forschung von einer Reihe von Theoretikern im Zeitraum zwischen 1963 und 1974 ergründet.

Aber anstatt bei den vielen ungewöhnlichen und bemerkenswerten Eigenschaften von Schwarzen Löchern zu verweilen, werde ich mich der Suche nach Schwarzen Löchern mit Hilfe der Beobachtung zuwenden. An dieser Stelle kann die Allgemeine Relativitätstheorie eine praktische Rolle spielen.

Die ersten Objekte so könnte man annehmen, bei denen es sich lohnt, nach Schwarzen Löchern zu schauen, sind Quasare. Die Natur der Quasare bleibt jedoch selbst nach mehr als zwanzigjähriger intensiver Beobachtung und theoretischer Auswertung noch immer ein Geheimnis. Es gibt weit verbreitete Übereinstimmung darüber, daß die großen Rotverschiebungen in den Spektren der Quasare bedeuten, daß sie sich mit hoher Geschwindigkeit von uns entfernen und daß sie sich im Einklang mit dem Bild des sich ausdehnenden Weltalls in sehr großer Entfernung befinden. Es gibt Hinweise darauf, daß Quasare im Frühstadium des Weltalls sehr viel häufiger vorkamen als heute. Wenn wir in weite Entfernungen schauen, sehen wir, was die Zeit angeht, auch weit zurück in die Vergangenheit, denn das Licht von den Quasaren braucht viel Zeit, um uns zu erreichen. Man fand heraus, daß die Zahl der Quasare zu einer Zeit ein Maximum erreichte, als das Weltall ungefähr ein Drittel so alt war wie heute. Das „Kraftwerk" eines Quasars, so glaubt man, ist der aktive und gewalttätige innere Kern einer Galaxie. Der Gedanke, daß dieser Kern ein relativistisch zusammengestürztes Objekt enthält, hat sich seit 1963 wenig geändert, als er eines der Hauptthemen des ersten Texas Symposiums darstellte. Eines der geläufigsten Modelle für einen typischen Quasar sieht ein supermassives Schwarzes Loch im Mittelpunkt eines Galaxienkerns vor, das vielleicht 100 Millionen Sonnenmassen wiegt. (So groß das auch zu sein scheint, es ist nur etwa ein Tausendstel der Gesamtmasse der Galaxie.) Das Schwarze Loch verschlingt Sterne und Gas mit grausiger Geschwindigkeit, pro Jahr vielleicht soviel Material, wie einer Sonnenmasse entspricht. Wenn sich das Material dem Loch nähert, wird es durch Reibung aufgrund von Zusammenstößen mit anderer Materie bis auf Temperaturen erhitzt, die hoch genug sind, damit die enorme Energie abgestrahlt wird, die wir auf der Erde sehen. Obwohl dieses Bild eine grobe Anpassung an die beobachteten Eigenschaften von Quasaren darstellt, muß im Detail noch viel geklärt werden, bevor es wirklich mit Sicherheit akzeptiert werden kann. Dabei handelt es sich unter anderem um die Bilanz der relativen Energiemenge, die bei verschiedenen Wellenlängen ausgesandt wird, etwa in Form von Radiowellen, optischen Wellen, Röntgenstrahlen und ähnlichem. Auch müssen die dünnen Jets aus Materie, die, wie man sehen kann, auf entgegengesetzten Seiten von vielen Quasaren herausgeschossen werden, noch erklärt werden, ebenso wie die ursprüngliche Entstehung der enorm großen Schwarzen Löcher.

Das verdeutlicht noch einmal, warum wir es kaum erwarten können, quantitative Tests der Allgemeinen Relativitätstheorie in diesem astrophysikalischen Zusammenhang zu erhalten. Die physikalischen Vorgänge, die sich unter Mitwirkung von heißem Gas, herumwirbelnden Sternen und intensiver Strahlung im Kern von Galaxien abspielen, sind derart kompliziert, daß es unmöglich sein wird, von Quasaren irgend etwas Genaues über die Allgemeine Relativität zu lernen. Stattdessen nehmen wir die allgemeinrelativistische Beschreibung des Schwarzen Lochs als gegeben an und versuchen damit eine Modellvorstellung zu schaffen, die den Ergebnissen der Quasarbeobachtungen einen Sinn verleiht. Bevor wir jedoch bezüglich der Schwarzen Löcher allzu zuversichtlich werden, hilft es, sich einen Kommentar ins Gedächtnis zu rufen, der von mehr als einem Zyniker gegeben wurde: „Wann immer theoretische Astrophysiker etwas nicht verstehen, bringen sie Schwarze Löcher ins Spiel".

Jedoch gibt es ziemlich in unserer Nähe mindestens einen Fall, bei dem wir uns auf sicherem Boden befinden, wenn wir uns auf ein Schwarzes Loch berufen. Bei diesem Fall handelt es sich um die Röntgenquelle Cygnus *X1*. Die ersten Röntgenstrahlen von anderen astronomischen Quellen als der Sonne wurden 1962 entdeckt, so auch die Quelle Cygnus *X1*. Der Name bezeichnet die erste Röntgenquelle im Sternbild Schwan (lat. Cygnus). Bis 1967 kannte man bereits ungefähr dreißig solcher Quellen, die alle dadurch entdeckt wurden, daß man Beobachtungsinstrumente mit Forschungsraketen und mit Ballons bis in Höhen weit oberhalb der absorbierenden Atmosphäre der Erde brachte. Die Röntgen-Astronomie machte dann jedoch einen riesigen Sprung in das Zentrum astronomischen Interesses, als im Dezember 1970 der Röntgensatellit Uhuru in eine Umlaufbahn geschossen wurde. Der Name Uhuru, der in der Suaheli-Sprache „Freiheit" bedeutet, wurde für den Satelliten gewählt, weil er von einem Standort in Kenia gerade am Unabhängigkeitstag dieses Landes gestartet wurde. Während seiner dreijährigen Lebensdauer, spürte Uhuru mehr als 200 Röntgenquellen auf. Spätere Röntgensatelliten auf Umlaufbahnen fanden noch erheblich mehr Quellen, gewöhnliche Sterne, Weiße Zwerge, Neutronensterne, Galaxien, Quasare und einen diffusen Hintergrund von Röntgenlicht, das uns aus allen Richtungen erreicht.

Uhurus Untersuchung der Röntgenstrahlen von Cygnus *X1* erbrachte zwei entscheidende Beweisstücke, die zu dem Schluß führten, daß ein Schwarzes Loch vorliegt. Das erste war die Beobachtung, daß die Röntgenstrahlen sich mit der Zeit in einer unregelmäßigen Art und Weise veränderten, und das in Zeiten von weniger als einer Sekunde. Das bedeutete, daß das Gebiet, von dem die Röntgenstrahlen stammten, nicht größer sein durfte, als die Entfernung, die Licht in einer Sekunde zurücklegen kann. Die Ausdehnung des Gebiets durfte also 100 000 km nicht überschreiten, damit die eine Seite der abstrahlenden Region noch weiß, was die andere tut. Das wiederum schließt ein, daß das Objekt im Zentrum der die Röntgenstrahlen aussendenden Region ein kompaktes Objekt sein mußte wie etwa ein Weißer Zwerg, ein Neutronenstern oder ein Schwarzes Loch, da ein normaler Stern wie die Sonne im Durchmesser zehnmal zu groß wäre. Die zweite Information durch Uhuru bestand in einer ausreichend genauen Himmelsposition für die Quelle, die es möglich machte, an derselben Stelle einen Stern zu lokalisieren, der als HDE 226868 bekannt wurde. Untersuchungen des Lichtspektrums dieses Sterns zeigten, daß er zu einem Typ gehört, der normalerweise eine Masse zwischen 12 und 20 Sonnenmassen besitzt. Darüber hinaus wurde festgestellt, daß er sich auf einer Umlaufbahn um einen Begleitstern bewegte. Diese wurde bestimmt, indem man sich die Dopplerverschiebungen in den Spektrallinien anschaute, genau wie die Umlaufbahn des Doppelstern-Pulsars durch Anschauen der Doppler-Verschiebungen seiner Pulsperiode bestimmt wurde. Der Begleitstern mußte die Röntgenstrahlen-Quelle sein.

Das Modell, das sich aus diesen Beobachtungen ergibt, besteht aus einem kompakten Objekt und einem massiven Stern, die sich umeinander drehen. Die gravitativen Gezeitenkräfte, die von dem kompakten Objekt auf die Atmosphäre des Sterns ausgeübt werden, sind stark genug, um den Stern eines Teils seiner Atmosphäre zu berauben und sie in Richtung des Objekts zu ziehen. Aber aufgrund der Bahnbewegung des Paares fällt dieses Gas nicht direkt auf das kompakte Objekt zu, sondern verfehlt es zunächst und geht auf eine kreisförmige, scheibenartige Umlaufbahn. Da sich das Gas in der Scheibe, das dem Objekt näher ist, schneller bewegt als das Gas weiter draußen, entsteht Reibung zwischen den benachbarten Gasmassen, genau wie beim Ausfluß des Schwimmbads in Kapitel 11. Als Folge davon wird das Gas auf Temperaturen erhitzt, die hoch genug sind, um Röntgenstrahlung zu erzeugen. Ebenso verschiebt sich das Gas aufgrund der Reibung langsam nach innen auf das kompakte Objekt zu. So weit, so gut, aber noch immer kein Schwarzes Loch. Der wichtige Punkt liegt darin, daß das kompakte Objekt selbst ziemlich massiv sein, d. h. mindestens sechs Sonnenmassen besitzen muß, damit die Umlaufbahn des normalen Sterns die hier beobachteten Geschwindigkeiten aufweisen kann.

An dieser Stelle wenden wir die Allgemeine Relativitätstheorie an, um das kompakte Objekt zu identifizieren. Es kann sich nicht um einen Weißen Zwerg handeln, da, wie in Kapitel 10 erwähnt, die maximal mögliche Masse für einen Weißen Zwerg etwa 1,4 Sonnenmassen beträgt, was der sogenannten Chandrasekhar-Masse entspricht. Dieser Schluß ist noch unabhängig von der Allgemeinen Relativitätstheorie, da Weiße Zwerge nicht sehr relativistisch sind. Wie steht es mit einem Neutronenstern? Die Allgemeine Relativität spielt eine wichtige Rolle in der Struktur von Neutronensternen. Nichtsdestoweniger fanden Relativisten auch für sie eine maximal mögliche Masse, die in diesem Fall ungefähr drei Sonnenmassen beträgt und keinesfalls sechs. Darum kann es sich nicht um einen Neutronenstern handeln. Das einzige Objekt, das noch in Frage kommt, ist ein Schwarzes Loch. Es hat einerseits genug Masse, um damit die Umlaufbahn des Begleitsterns zu erklären, und andererseits ist es klein genug, um die kurzzeitigen Schwankungen der Röntgenintensität möglich zu machen.

Obwohl diese Argumentation nur indirekt geführt wurde, hat das Ergebnis weiteren Beobachtungen des Systems ebenso standgehalten wie Versuchen, alternative Modelle vorzuschlagen, die ohne ein Schwarzes Loch auskommen. Kürzlich wurde ein möglicherweise noch überzeugenderer Vertreter eines Schwarzen Lochs gefunden, und zwar in einem ähnlichen Röntgen-Doppelsternsystem in unserer Nachbargalaxie Große Magellansche Wolke. (Diese Quelle trägt folgerichtig die Bezeichnung LMC X3). Mehrere andere Doppelstern-Röntgenquellen sind bekannt, von denen man nicht glaubt, daß sie Schwarze Löcher enthalten. Stattdessen enthalten sie als kompakte Objekte Neutronensterne. In diesen Systemen ist die angenommene Masse des kompakten Objekts klein genug, um mit den Höchstmassen bei Neutronensternen verträglich zu sein. In einigen Systemen wird die Röntgenstrahlung durch gepulste Emission ergänzt, was anzeigt, daß das kompakte Objekt ein Pulsar ist, also ein Neutronenstern. So ist ein Schwarzes Loch eines der vielen möglichen Mitglieder der astronomischen Familie, das an verschiedenen Stellen gefunden werden kann. Aber da sich die Schwarzen Löcher so schwer fassen lassen, sind wir gezwungen, mit Hilfe der Allgemeinen Relativitätstheorie aus einer Vielzahl von Fingerzeigen auf ihre Existenz zu schließen.

Die Suche nach Schwarzen Löchern wird auf vielfältige Weise fortgeführt. Beispielsweise war bei einem Flug des Space Shuttle im Frühjahr 1985 ein Teleskop an Bord, das eigens dazu gebaut worden war, das Zentrum unserer Galaxie im infraroten Bereich des Spektrums anzuschauen; es sollte nach Beweisen für etwas suchen, von dem viele Astronomen denken, es sei ein halbwegs supermassives Schwarzes Loch (nur eine Million Sonnenmassen), das von hineinfallendem Gas umgeben ist.

Obwohl die Suche nach Schwarzen Löchern positive Ergebnisse bringt, verläuft eine andere Suche bislang erfolglos. Das ist die Suche nach Gravitationswellen. Tatsächlich hat der Doppelstern-Pulsar bestätigt, daß Gravitationswellen existieren, und daß die allgemein-relativistische Beschreibung des Abklingens der Bahnbewegung als Folge des Energieverlusts durch die Abstrahlung von Gravitationswellen quantitativ mit den Beobachtungen übereinstimmt. Aber das Ziel, die Wellen selbst zu entdecken, wurde noch nicht erreicht.

Wenn Gravitationswellen einmal entdeckt worden sind, können wir sie dann dazu benutzen, um die Allgemeine Relativitätstheorie zu überprüfen? Wieder lautet die Antwort „Nein", da die möglichen Quellen für Gravitationswellen so komplex sind, daß es unmöglich sein wird, die Rolle der Allgemeinen Relativitätstheorie und die Rolle der komplizierten Struktur und Dynamik der Quelle zu entwirren. Statt dessen werden wir wieder einmal die Allgemeine Relativitätstheorie als bewiesen annehmen und sie dazu benutzen, um etwas über die Quellen zu erfahren.

Wenn das geschieht, werden wir etwas betreiben, das Relativisten gerne Gravitationswellen-Astronomie nennen. Genauso wie Lichtwellen-Astronomen optisches Licht, Radiowellen, Röntgenstrahlen und Infrarotlicht nicht dazu benutzen, die Maxwellsche Theorie des Elektromagnetismus zu testen, sondern um das Weltall zu untersuchen, genauso werden auch Gravitationswellen-Astronomen Gravitationswellen benutzen.

Um zu sehen, wie es dazu kommen könnte, und um einige der dabei auftretenden Schwierigkeiten zu verstehen, sollten wir zu der einfachen Beschreibung der Gravitationswellen aus Kapitel 10 zurückkehren und sie verbessern. Wir stellen uns einen kugelförmigen Körper vor, der plötzlich in die Gestalt einer Zigarre deformiert wird, wobei ein anderes Gravitations-Kraftfeld erzeugt wird, dessen Wirkung sich von dem Körper mit Lichtgeschwindigkeit ausbreitet. Aber von welcher Natur ist dieses veränderte Kräftefeld? Es könnte einfach eine Veränderung der Gravitations-Anziehungskraft zum Körper hin sein, um einen gegebenen Betrag über einen endlichen Bereich im Raum. Aber eine solche Veränderung könnte aus dem folgenden Grund nicht beobachtet werden. Begeben wir uns in ein frei fallendes Labor außerhalb des Körpers und schauen einmal nach einer Veränderung in der

Anziehungskraft. Jede Änderung der Kraft wird eine Beschleunigung verursachen, die infolge des Äquivalenzprinzips für das Labor genauso groß sein muß wie für uns, und darum werden wir im Labor drinnen keine Veränderung feststellen. Wir und das Labor bleiben im freien Fall, ohne beobachtbare Schwerkraft im Laborinneren, ungeachtet dessen, wie das Feld sich ändert. Jedoch wird sich das Gezeitenkräftefeld, das vom zentralen Körper ausgeübt wird, während der Deformation ändern. Erinnern wir uns, daß das Gezeitenfeld in einem Gebiet von endlicher Ausdehnung die Differenz der Kraft oder der Beschleunigung zwischen zwei benachbarten Punkten darstellt. Es ist der Effekt, der dafür sorgt, daß zwei Teilchen, die horizontal durch eine endliche Entfernung von einander getrennt sind, in einem frei fallenden Labor aufeinander zufallen, da sie in Wirklichkeit in Richtung zum Mittelpunkt des äußeren Körpers fallen. Nun, das Gezeitengravitationsfeld einer Kugel ist verschieden von dem einer Zigarre. Deshalb können wir eine Veränderung der Gezeitenkraft auf zwei durch eine endliche Entfernung in unserem Labor getrennte Testobjekte feststellen, obwohl es unmöglich ist, eine Veränderung in der Gesamtbeschleunigung des Labors wahrzunehmen.

In ihren Grundzügen sieht eine Gravitationswelle dann so aus: Es ist eine Welle, die sich mit Lichtgeschwindigkeit ausbreitet und die bewirkt, daß voneinander getrennte Materieteilchen eine Kraft relativ zueinander spüren. Es stellt sich heraus, daß die Kraft immer quer oder senkrecht zur Ausbreitungsrichtung der Welle wirkt.

Diese Diskussion erlaubt es uns, auch die Arten von Quellen zusammenzustellen, die möglicherweise Gravitationswellen erzeugen: Es sind Quellen, in denen die Massenverteilung ihre Form ändert oder sich dreht. Darum ist ein oszillierender Stern, dessen Form sich verändert, eine Quelle. Das gilt auch für ein Doppelstern-System (wie wir in Kapitel 10 gesehen haben), für ein Schwarzes Loch, das einen Stern verschlingt, für zwei Sterne oder Schwarze Löcher, die zusammenstoßen oder nahe aneinander vorbeisausen, einen zusammenfallenden rotierenden Stern (Teil einer Supernova) und so weiter.

Es gibt ein weiteres wichtiges Merkmal für Gravitationswellen, und das ist der entmutigende Teil: Ihre Stärke. Während elektromagnetische Strahlung stark genug ist, um viele praktische (und unpraktische) Anwendungen zu haben, ist die Gravitationswellenstrahlung außerordentlich schwach. Eine der stärksten Quellen von Gravitationswellen, die man sich vorstellen kann, ist ein zu einem Schwarzen Loch zusammenfallender, rotierender Stern in unserer Galaxie. Dadurch wird ein Gezeitenkraftfeld erzeugt, das zwei Massen, die einen Meter voneinander getrennt sind, veranlaßt, sich nur um den Hundertsten Teil eines Atomkerndurchmessers aufeinander zu oder voneinander weg zu bewegen! Für Quellen, die weiter weg sind, ist der Effekt sogar noch schwächer, da die Größe des Gezeitenkraftfelds umgekehrt proportional zur Entfernung von der Quelle abnimmt.

Das Ziel der Gravitationswellen-Forscher ist es, diese winzigen Kräfte zu entdecken. Der erste Forscher und Pionier auf dem Gebiet der Gravitationswellen-Astronomie war Joseph Weber. Geboren in Paterson, New Jersey, im Jahre 1919 und erzogen an der U.S. Naval Academy und der Catholic University of America, wurde er 1948 Fakultätsmitglied der University of Maryland, wo er seither blieb. Als ein vollendeter Experimentalphysiker mit einem tiefen Verständnis für theoretische Prinzipien leitete er eine der drei Forschungsgruppen, die Anfang der fünfziger Jahre unabhängig voneinander die grundlegenden Ideen veröffentlichten, die zur Entwicklung des Masers führten. Etwa 1958 begann Weber sich mit dem Problem auseinanderzusetzen, wie man die winzigen Gezeitenkräfte entdecken könnte, die mit einer Gravitationswelle zusammenhängen. Zunächst führte er theoretische Berechnungen durch, um zu sehen, wie die physikalischen Effekte einer vorbeikommenden Welle aussehen würden. Danach baute er eine Apparatur, und 1965 nahm er einen einfachen Detektor in Betrieb.

Webers grundlegendes Konzept für einen Gravitationswellendetektor wird bis heute benutzt. Er besteht aus einem festem Zylinder, gewöhnlich aus Aluminium (der Grund für Aluminium ist profan: es ist billig) mit einer typischen Größe von einem halben Meter im Durchmesser und ein bis zwei Metern Länge. Sein Gewicht beträgt etwa 1,5 Tonnen. Wenn eine Gravitationswelle auf den Zylinder in einer Richtung senkrecht zu seiner Achse trifft, dann versucht die Gezeitenkraft der Welle die beiden Enden des Zylinders zueinander hin und voneinander weg zu bewegen (siehe Abb. 12.1). Da der Zylinder aus festem Material besteht, können sich die Enden nicht frei bewegen. Stattdessen zwingen

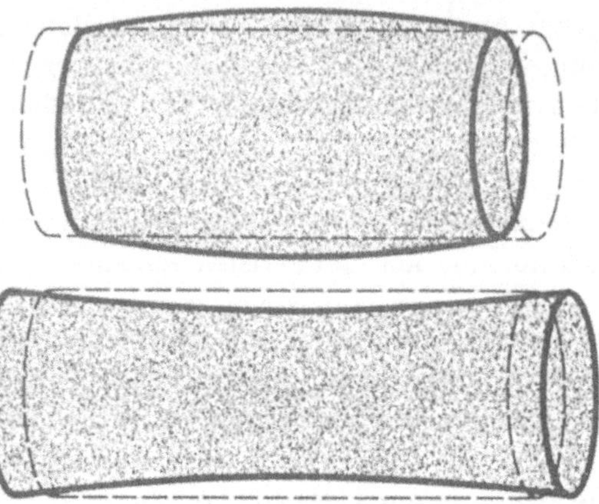

Abb. 12.1. Der Effekt einer Gravitationswelle auf einen Aluminiumzylinder. Die Welle läuft aus der Seite heraus. Zunächst pressen die Gezeitenkräfte der Welle die Enden zusammen, während sie den mittleren Teil ausdehnen, dann verlängern sie die Enden, während sie den mittleren Abschnitt zusammendrücken. Es gibt keine Kräfte, die parallel zur Richtung der Welle wirken, d. h. senkrecht zur Seite.

die Kräfte in der Welle die Enden in eine Schwingung, und zwar bei einer Frequenz, die für die Größe und die Form des Zylinders charakteristisch ist. Eine nützliche Analogie ist die von zwei Bällen, die durch eine Feder miteinander verbunden sind. Wenn die Bälle gegeneinander gedrückt oder auseinander gezogen und dann losgelassen werden, wird die rücktreibende Kraft der Feder dafür sorgen, daß sie immer weiter schwingen bis die innere Reibung die Schwingung dämpft. Darum versetzt die vorbeikommende Gravitationswelle den Zylinder in eine Schwingung, die sich von einem Ende zum anderen fortpflanzt. Das geschieht mit einer Frequenz, die für Zylinder mit den vorhin erwähnten Abmessungen typischerweise einige Tausend Hertz beträgt. Die Kompression und die Ausdehnung des Zylinders wird in seinem Mittelpunkt Verformungen erzeugen, und Weber brachte um die Zylindermitte herum Sonden an, die die Deformationen in elektrische Signale umwandeln, die man wiederum aufzeichnen und analysieren kann. Bei späteren Detektoren, die von anderen Forschern gebaut wurden, waren Sonden an den Enden befestigt, die die Bewegung der beiden Endflächen direkt messen konnten.

Im Jahre 1968 machte Weber durch die sensationelle Ankündigung von sich reden, daß er gleichzeitig in zwei Detektoren, die 1 000 km voneinander entfernt waren, einer in Maryland und der andere am Argonne National Accelerator Laboratory nahe Chicago, Signale empfing. Der Grund für die Benutzung von zwei Detektoren besteht einfach darin, daß ein einzelner Detektor häufig aufgrund von Störungen aus der Umgebung in Schwingung gerät (seismischer Lärm, vorbeifahrende Lastwagen usw.), trotz ausgeklügelter Versuche, den Zylinder von solchen Störungen frei zu halten. Weitere Störungen ergeben sich aus der unvermeidbaren, zufälligen, durch Wärmeenergie erzeugten inneren Bewegung der Atome im Zylinder. Wie oben erwähnt, ist die durch die Gravitationswelle erzeugte Bewegung des Zylinders bestenfalls ein Bruchteil der Größe eines Atomkerns, so daß das erwartete Signal außerordentlich klein ist. Darum ist es in einem einzelnen Zylinder schwer, wenn nicht sogar unmöglich, zwischen den Störungen durch eine Gravitationswelle und den Störungen, die von der Umgebung herrühren oder thermischen Ursprungs sind, zu unterscheiden. Schon 1967 hatte Weber von Störungen in einem einzelnen Zylinder berichtet, aber es gelang ihm nicht zuverlässig nachzuweisen, daß sie von Gravitationswellen stammten. Jedoch mit zwei Detektoren, die durch eine derart große Entfernung voneinander getrennt sind, könnte eine Störung, die gleichzeitig in beiden Detektoren erscheint, kaum von der Umgebung herrühren oder thermisch bedingt sein, da die Wahrscheinlichkeit für ein solch zufälliges Zusammentreffen sehr gering ist. Zusammentreffende Ereignisse wären daher gute Kandidaten für Gravitationswellen. Noch bemerkenswerter als der Bericht über die zeitlich zusammenfallenden Ereignisse von 1968 war 1970 seine Ankündigung, daß die Rate solcher Ereignisse am höchsten war, wenn die Detektoren senkrecht zur Richtung auf die Mitte unserer Galaxie ausgerichtet waren. Das bedeutete, daß die Quellen wirklich extraterrestrisch waren und vielleicht in der Nähe des galaktischen Mittelpunkts häufiger vorkamen. Diese Berichte sorgten für eine Sensation sowohl in wissenschaftlichen Kreisen als auch in der übrigen Welt.

Es gab allerdings zwei Probleme. Die beobachteten Ereignisse waren beunruhigend groß, und sie traten ungefähr dreimal pro Tag auf. Das schockierte die Theoretiker, denn es bedeutete eine

Häufigkeit von Gravitationswellenpulsen, die ihre Vorhersagen um mindestens das Tausendfache überschritten. Das, für sich genommen, mußte nicht unbedingt schlecht sein, da es häufig ein Zeichen für eine wichtige Entdeckung in der Physik ist, wenn ein experimentelles Ergebnis „heilige Kühe" der Theorie angreift. Das zweite Problem hingegen war vielsagender. Der weitaus größte Teil von Webers zeitlich zusammenfallenden Ereignissen wurde zwischen 1968 und 1975 gemeldet. Aber bis 1970 hatten unabhängige Gruppen ihre eigenen Detektoren gebaut, wobei die angegebene Empfindlichkeit gleich oder besser als die von Weber war. Jedoch sah zwischen 1970 und 1975 keine dieser Gruppen irgendwelche ungewöhnlichen Störungen, die über das unvermeidliche Rauschen hinausgingen.

Die Entdeckungen, von denen Weber berichtet hatte, werden nun allgemein als falscher Alarm angesehen, obwohl es nach wie vor keine gute Erklärung für die gleichzeitigen Signale gibt, falls es sich nicht um Gravitationswellen handelte. Trotzdem hinterließen Webers Experimente ein wichtiges Vermächtnis. Sie waren der Auslöser für das Programm zum Bau von Gravitationswellen-Detektoren und regten andere Gruppen dazu an, bessere Detektoren zu entwickeln. Eine der entscheidenden Verbesserungen bestand darin, den ganzen Zylinder und die Nachweisvorrichtungen bis auf ein oder zwei Grad über dem absoluten Nullpunkt abzukühlen, um das Ausmaß der auf die thermische Bewegung der Atome innerhalb des Zylinders zurückzuführenden Störungen zu verringern. Ein Dutzend Laboratorien rund um die Welt sind damit beschäftigt, aufbauend auf dem ursprünglichen „Weber-Zylinder" neue und bessere Detektoren zu konstruieren. Manche verwenden größere Zylinder, manche benutzen kleinere, einige arbeiten bei Raumtemperatur und andere nahe am absoluten Nullpunkt, manche gebrauchen Aluminium, und einige verwenden andere Materialien wie Saphir, was möglicherweise besser auf die Gravitationswellenanregung reagiert. Einige weitere Gruppen arbeiten nach einem vollkommen anderen Verfahren. Bekannt als Laser-Interferometer nimmt diese Vorrichtung Licht von einem Laser, trennt es in zwei rechtwinklig zueinander verlaufende Strahlen und reflektiert die Strahlen an zwei Spiegeln, so daß sie wieder in Richtung zum Ausgangspunkt zurücklaufen; dort werden sie so überlagert, daß sie miteinander interferieren. Eine vorbeikommende Gravitationswelle wird die Länge eines der Arme der Anordnung relativ zu der des anderen Arms verschieben, was eine Änderung des Interferenzmusters verursacht. Die Konstrukteure dieser beiden Detektortypen der „zweiten Generation" geben Empfindlichkeiten an, die 1 000 bis 10 000 mal besser sind als die von Webers Detektoren zwischen 1968 und 1970.

Aber sie haben noch immer einen langen Weg vor sich. Die heutigen Detektoren sind in der Lage, Gravitationswellen von einer ordentlichen Supernova in unserer Galaxie zu entdecken. Es gibt da nur ein Problem. Die letzte Supernova in unserer Galaxie von der wir wissen, fand 1604 statt. Niemand möchte 300 Jahre ausharren, um ein Signal in seinem Detektor zu beobachten. Darum besteht letztlich das Ziel darin, die Detektoren noch einmal rund 10 000fach zu verbessern, damit sie Gravitationswellen von anderen Galaxien entdecken können. Diese Wellen werden auf der Erde schwächer sein, da sie aus größerer Entfernung kommen, aber wenn Signale von bis zu 1 000 Galaxien gemessen werden können, sollten die Abstände der Ereignisse von interessanten Quellen wie Supernovae vernünftiger werden. Rechnen wir einmal mit einem Ereignis pro Monat.

So ist für das Programm, das von Weber vor einem Vierteljahrhundert begonnen wurde, noch kein Ende abzusehen, und wenn es eine erste erfolgreiche Entdeckung verzeichnen kann, wird es einen aufregenden Zweig der Astronomie eröffnen. In dieser neuen Gravitationswellen-Astronomie wird die Allgemeine Relativitätslehre eine wichtige und nützliche Rolle spielen. Für eine vorgegebene Quelle, ob es sich um einen in sich zusammenfallenden Stern oder ein Doppelstern-System handelt, macht die Allgemeine Relativitätslehre eine klare Aussage über die Größe, die Frequenzbreite und die Dauer der ausgesandten Gravitationswellen. Eines der Ziele der angewandten Allgemeinen Relativitätstheorie besteht in der Zusammenstellung eines Katalogs von möglichen Quellen mit den damit verbundenen Gravitationswellen-Merkmalen. So bald die ersten Wellen schließlich entdeckt werden, ist es dann vielleicht möglich, etwas über die Quelle zu lernen, wenn man sich die Eigenschaften der Welle ansieht (siehe Abb. 12.2). Beispielsweise sendet ein Doppelstern-System gleichmäßige Gravitationswellen aus, hautpsächlich bei einer Frequenz, die das Doppelte der Bahn-

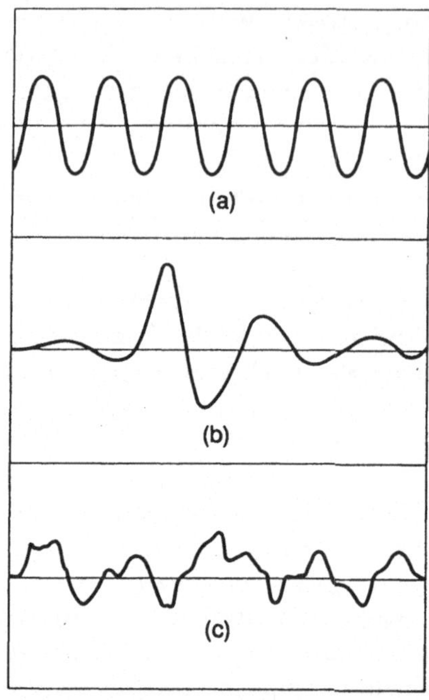

Abb. 12.2. Gravitationswellen von verschiedenen Quellen. (a) Doppelsternsystem: regelmäßige Welle mit wohldefinierter Periode. (b) Zusammensturz zu einem Schwarzem Loch in einer Supernova: Eine großer Puls gefolgt von abklingenden kleineren Wellen verursacht von einem „Wackeln" des Schwarzen Lochs. (c) Gravitationswellenhintergrund: Statistisch rauschender Hintergrund von vielen Quellen oder vom Urknall.

---

frequenz beträgt, mit einer von der Masse und dem Abstand der Körper abhängigen Amplitude. Auf der anderen Seite sendet der in sich zusammenfallende, rotierende Kern einer Supernova während eines Bruchteils einer Sekunde Wellen dann aus, wenn sich die Materie annähernd mit Lichtgeschwindigkeit bewegt und bis auf die Größe eines Neutronensterns oder eines Schwarzen Lochs zusammengepreßt wird. Grob gesprochen verhält es sich so: Je mehr Masse beteiligt ist, um so höher ist die Geschwindigkeit der Masse, um so höher ist das System verdichtet, und um so stärker sind die Gravitationswellen. Wenn die Materie ganz bis zu einem Schwarzen Loch zusammenfällt, bleibt das Schwarze Loch möglicherweise zurück in einem Zustand heftiger Schwingungen, ein zappelnder Ball aus unsichtbarem Raum-Zeit-"Pudding", der eine Reihe von Wellen bei einigen wohldefinierten Frequenzen aussendet, die allmählich abklingen. Wellen mit ganz anderen Merkmalen werden beim Zusammenstoß von zwei Schwarzen Löchern erzeugt oder von den Schwingungen eines Neutronensterns oder beim Sterben eines Doppelstern-Systems, bei dem die Dämpfung durch die Abstrahlung von Gravitationswellen die zwei Sterne so nah aneinander gebracht hat, daß sie sich spiralenförmig aufeinander zu bewegen auf ihrem Weg hin zum katastrophenartigen Zusammentreffen. Vielleicht gibt es auch einen merklichen universellen Hintergrund von Gravitationswellen-Rauschen, welches teils vom Urknall übrigblieb und teils von der Gesamtheit der ganzen riesigen Anzahl von Quellen im Weltall erzeugt wird. Unter Benutzung all der mathematischen Techniken, die zur Verfügung stehen, angefangen bei Papier und Bleistift bis zu den größten Supercomputern, verwenden Relativitätsforscher die auf Gravitationswellen angewandte Allgemeine Relativitätstheorie einfach als ein weiteres Hilfsmittel bei ihren Bemühungen, das Weltall zu verstehen.

Nun schließt sich der Kreis bald. Die Entdeckungen der Astronomen in den sechziger Jahren stellten uns vor die Frage „Hatte Einstein recht?" und nun ist die Allgemeine Relativitätstheorie ein wichtiges Hilfsmittel im astronomischen Abenteuer. Manch einer mag meinen, daß wir die bemerkenswerteste Schöpfung des menschlichen Verstandes, die unsere Vorstellung von Raum, Zeit und Weltall revolutioniert hat, einfach genommen und zu einem alltäglichen Handwerkszeug im Arsenal der Wissenschaft degradiert haben.

Ich stimme dieser Anschauung nicht zu. Falls die Allgemeine Relativitätstheorie keine Anwendungen in der Physik oder Astronomie hätte, wäre sie ein abgeschlossenes Fach und würde schon bald in die Stagnation und Sterilität zurückfallen, in der sie sich vor der relativistischen Renaissance der letzten Jahrzehnte befand. Es sind gerade die Anwendungen bei der Suche nach Schwarzen Löchern, in der Gravitationswellen-Astronomie und in der Kosmologie, die das Gebiet mit Leben und Kraft erfüllt haben. So wurde es zu einem unbegrenzten Betätigungsfeld und nicht zu einem abgeschlossenen Buch, und das trotz der Tatsache, daß sich die Struktur der Theorie in den letzten siebzig Jahren nicht verändert hat.

Jedoch mußten wir erst noch herausfinden, ob die Theorie tatsächlich stimmt. Ganz gleichgültig, wie revolutionär sie war, ganz egal, wie schön ihre Struktur war, wir mußten uns von der Experimentierkunst leiten lassen. Ausgestattet mit neuen Meßinstrumenten, die durch die technologische Revolution der letzten 25 Jahre zur Verfügung standen, brachten wir Einsteins Theorie auf den Prüfstand. Was wir herausfanden war, daß sie Licht gerade richtig ablenkt und verzögert und daß sie das Perihel des Merkur in genau dem beobachteten Maß dreht (ungeachtet der Sonnenabflachung). Sie ließ die Erde und den Mond gleich fallen, und sie veranlaßte ein Doppelsternsystem Energie durch die Abstrahlung von Gravitationswellen zu verlieren und zwar in der exakt richtigen Menge. Was ich wirklich erstaunlich finde, ist, daß sich diese Theorie der Allgemeinen Relativität, die fast ausschließlich dem Gedanken entsprang, geleitet nur vom Äquivalenzprinzip und Einsteins Vorstellungskraft und nicht von der Notwendigkeit, experimentelle Daten rechtfertigen zu müssen, am Ende als so richtig herausstellt.

Anhang: Die Spezielle Relativitätstheorie — über jeden Zweifel erhaben

Es ist schwierig, sich das Leben ohne die Spezielle Relativität vorzustellen. Denken wir nur an all die Phänomene oder Merkmale unserer Welt, bei denen die Spezielle Relativitätslehre eine Rolle spielt:

— die Atomenergie, sowohl die explosive als auch die kontrollierte. Die berühmte Gleichung $E=mc^2$ sagt uns, wie Masse in enorme Energiemengen umgewandelt werden kann;

— die Chemie, die Grundlage des Lebens selbst. Die chemischen Gesetze beruhen auf der Tatsache, daß die Elektronen in einem Atom in Schalen angeordnet sind. (Das ist der Ursprung des periodischen Systems der Elemente.) Das fundamentale Prinzip, das die Zahl der Elektronen begrenzt, die eine vorgegebene Schale besetzen können, ist ein Ergebnis der Verbindung der Speziellen Relativitätslehre mit der Quantentheorie;

— die Entwicklung der Arten. Eine mögliche Quelle der genetischen Mutationen, die die Entwicklung der Lebewesen möglich machte, sind kosmische Strahlen. Auf Meeresspiegelhöhe ist die Hauptkomponente der kosmischen Strahlung das als μ-Meson oder Myon bekannte instabile Teilchen. Es entsteht während eines Zusammenstoßes eines Protons der extraterrestrischen kosmischen Strahlung mit einem Atom in der oberen Atmosphäre. Aber das Myon ist so instabil, daß es zerfallen würde, schon lange, bevor es aus der oberen Atmosphäre kommend den Meeresspiegel erreichte, gäbe es da nicht die Zeitdehnung der Speziellen Relativität, die als Folge der hohen Geschwindigkeit seine Lebensdauer verlängert;

— der US-amerikanische Bundeshaushalt. Im Jahre 1983 schlugen Teilchen-Physiker vor, daß man in den Vereinigten Staaten einen gigantischen neuen Beschleuniger bauen sollte mit dem Namen Supraleitender Super-Speicherring (engl. Superconducting Super Collider). Die Maschine würde aus einem Ring bestehen, der groß genug wäre, um die ganze Stadt Washington und wesentliche Teile ihrer Vororte einschließen zu können. Die Kosten würden sich auf etwa drei Milliarden Dollar belaufen. Ein Grund für die enorme Größe und den Preis ist die speziell-relativistische Zunahme der Trägheit eines Teilchens, das sich nahezu mit Lichtgeschwindigkeit bewegt; diese macht es immer schwieriger, zu höheren Geschwindigkeiten zu beschleunigen.

Die Spezielle Relativitätstheorie ist ein so selbstverständlicher Teil nicht nur der Physik, sondern auch des täglichen Lebens, daß es nicht länger angebracht ist, sie als Spezielle „Theorie" der Relativität zu betrachten. Sie ist eine Tatsache, so grundlegend für die Welt wie die Existenz der Atome oder der Quantentheorie der Materie. Sie wurde immer wieder in Experimenten getestet, die ersonnen waren, um ihre Vorhersagen direkt zu überprüfen. Vielleicht ist aber noch wichtiger, daß sie, wenn auch indirekt, durch die Tatsache getestet und bestätigt wurde, daß Spezielle Relativitätstheorie und Quantentheorie zusammen zu einem vollständigen Verständnis der Atomphysik, des Elektromagnetismus und der Kernphysik geführt und so die Voraussetzung für die heutigen Fortschritte in der Elementarteilchen-Physik geliefert haben.

Daß ein so leistungsfähiges und weitreichendes Gedankengebäude auf einige einfache Annahmen aufgebaut sein soll, ist wirklich bemerkenswert. Es ist ein Ergebnis von Einsteins Genie: er nahm eine gewöhnliche Beobachtung, kombinierte sie mit einigen einfachen Gedankenexperimenten und kam zu einem revolutionären Schluß. So ging er mit der Speziellen Relativitätstheorie vor, und genauso machte er es mit der Allgemeinen Relativitätstheorie.

Die Spezielle Relativitätstheorie gründet auf zwei Konzepten, dem Inertialsystem und dem Relativitätsprinzip. Ein Inertialsystem ist irgendein Teil des Raums, wie etwa ein frei fallendes Laboratorium oder ein Laboratorium weit weg von der Erde im interstellaren Raum, wo alle Objekte sich mit einer konstanten Geschwindigkeit auf Geraden bewegen. Die Idee besteht darin, die

Schwerkraft so weit wie möglich loszuwerden, zumindest für den Augenblick. Wie Einstein die Schwerkraft in die Relativität einbrachte, ist Gegenstand des 2. Kapitels.

Jedoch ist es für den Zweck der Darstellung manchmal von Vorteil, ein Labor auf der Erdoberfläche näherungsweise als Inertialsystem zu betrachten, solange wir es nicht mit Bewegung in vertikaler Richtung zu tun haben. In dem Fall ist klar, daß die Schwerkraft dafür sorgt, daß sich Körper auf gekrümmten Wegen oder mit wechselnder Geschwindigkeit bewegen. Aber wenn wir nur horizontale Bewegung betrachten wie etwa die eines rollenden Balls, können wir solche Systeme gut gebrauchen. Ein Beispiel könnte ein System sein, das sich auf der Erde im Stillstand befindet und in dem zwei Beobachter, die fünf Meter voneinander getrennt sind, sich gegenseitig einen Ball zurollen mit einer Geschwindigkeit von einem Meter pro Sekunde und die Zeit messen, die benötigt wird, um diese Entfernung zu überbrücken. Ein weiteres Beispiel könnte ein System auf einem Zug sein, der sich mit zehn Meter pro Sekunde bewegt, in dem zwei Beobachter, die ebenfalls fünf Meter voneinander entfernt sind, sich einen identischen Ball mit einer Geschwindigkeit von einem Meter pro Sekunde zurollen.

Der zweite Bestandteil der Speziellen Relativitätstheorie, das *Relativitätsprinzip*, besagt, daß das Ergebnis jedes physikalischen Experiments, das in einem Labor innerhalb eines Inertialsystems durchgeführt wird, unabhängig von der Geschwindigkeit des Systems ist. Mit anderen Worten, die physikalischen Gesetze müssen in jedem Inertialsystem dieselbe Form besitzen. Eine andere, weniger exakte Möglichkeit, das auszudrücken, besteht darin zu sagen, daß alle Inertialsysteme äquivalent sind. In dem Beispiel vom rollenden Ball würde das Relativitätsprinzip verlangen, daß in jedem Labor die Zeit, die der Ball fürs Rollen benötigt, fünf Sekunden beträgt. Identische physikalische Anordnungen und identische Gesetze haben identische Ergebnisse zur Folge.

Bisher ist nichts von dem, was ich gesagt habe, ungewöhnlich oder überraschend, sondern entspricht genau dem üblichen Bild der Newtonschen Mechanik, das für mehr als zwei Jahrhunderte seinen beherrschenden Einfluß behielt. Einsteins revolutionärer Gedanke war zu fordern, daß das Relativitätsprinzip auf alle Gesetze der Physik anwendbar sei, nicht nur auf die Gesetze der

Mechanik. Er verlangte auch die Anwendung des Prinzips auf die Gesetze des Elektromagnetismus. Warum war das so bahnbrechend? Es war revolutionär wegen der Lichtgeschwindigkeit. Im Beispiel des rollenden Balls war seine Geschwindigkeit eine Größe, die von den Beobachtern bestimmt wurde; es ist das, was die Physiker eine Anfangsbedingung nennen. Wir wissen alle, was geschieht, wenn sich ein Beobachter vom Boden aus das Rollende-Ball-Experiment auf einem fahrenden Zug anschaut. Er sieht einen Ball, der mit einer Geschwindigkeit von 1 m pro Sekunde auf einem Zug gerollt wird, der sich in einer Sekunde 10 m weit bewegt. Darum beträgt die Geschwindigkeit des Balls seiner Meinung nach 11 m/sek. Die Anfangsbedingung des Balls auf dem Zug ist für die Beobachter auf dem Boden und im Zug unterschiedlich. Wie sich herausstellt, findet der Beobachter am Boden natürlich, daß der Ball jeweils die gleiche Zeit benötigt, wenn er im Zug von einem Beobachter zum anderen gerollt wird. Trotz der größeren Geschwindigkeit des Balls, wie sie vom Boden aus gesehen wird, bewegt sich auch der Beobachter auf dem Zug, in dessen Richtung der Ball rollt, um 10 m pro Sekunde weiter. Die zusätzliche Entfernung, die er relativ zur Erde zurücklegen muß, macht seine höhere Geschwindigkeit wett, so daß die gemessene Zeit dieselben fünf Sekunden beträgt. Dieses Resultat stimmt überein mit der Newtonschen Vorstellung von der absoluten Zeit, die für alle Beobachter gleich ist. Wir werden sehen, daß die Dinge in der Speziellen Relativitätstheorie völlig anders liegen.

Was ist das Besondere am Licht? Entsprechend der Theorie des Elektromagnetismus, die in den Jahren nach 1870 von James Clerk Maxwell (1831–79) entwickelt wurde, war die Lichtgeschwindigkeit eine feste Naturkonstante, die mit annähernd 299 800 km/sek. angegeben wurde. Aus Einsteins Sicht war diese Geschwindigkeit ein fester Bestandteil der Gesetze des Elektromagnetismus, und es handelte sich nicht um eine Anfangsbedingung wie die Geschwindigkeit der rollenden Bälle. Darum sollte im Einklang mit Einsteins Relativitätsprinzip die Lichtgeschwindigkeit in jedem Inertialsystem gleich sein. Wenn zwei Beobachter auf dem Boden sich gegenseitig ein Lichtsignal zusenden, sollten sie den Standardwert erhalten, der üblicherweise mit *c* bezeichnet wird. Zwei Beobachter auf einem fahrenden Zug sollten denselben Wert erhalten, wenn sie sich Lichtsignale zusenden. Aber darüberhinaus sollten die beiden Beobachter auf dem Zug denselben Wert erhalten, wenn sie die Geschwindigkeit eines Lichtsignals messen, das zwischen den beiden Beobachtern auf der Erdoberfläche verläuft, ungeachtet der Tatsache, daß sich die Beobachter am Boden relativ zum Zug bewegen. Die Beobachter am Boden sollten in ähnlicher Weise dieselbe Geschwindigkeit für ein Lichtsignal auf dem Zug erhalten.

Diese Idee war ein harter Schlag für die physikalische Vorstellungswelt der Jahrhundertwende, die den Wert der Lichtgeschwindigkeit nur teilweise als grundlegendes Gesetz ansah, zum Teil aber als Anfangsbedingung. Es stimmte, daß Maxwells Gleichungen eine feste Größe für diese Geschwindigkeit beschrieben, aber Physiker postulierten, daß es sich dabei um die Geschwindigkeit relativ zu einem als Äther bekannten Medium handelte. Es wurde angenommen, daß der Äther den Raum ausfüllte, und daß er sich in Beziehung zum gesamten Weltall im Zustand der Ruhe befände. Darum würde ein Beobachter, der sich relativ zum Äther bewegt, herausfinden, daß sich die Lichtgeschwindigkeit von c unterscheidet, genau wie es im Fall des Beobachters auf dem Zug geschah, als er rollende Bälle auf der Erdoberfläche beobachtete. Zum Beispiel würde der Beobachter, falls er sich parallel zum Lichtstrahl in der entgegengesetzten Richtung bewegte, eine Geschwindigkeit vorfinden, die c zuzüglich seiner eigenen Geschwindigkeit entspricht. Falls er senkrecht zum Lichtstrahl ginge, würde er eine Geschwindigkeit erhalten, die durch den Satz des Pythagoras gegeben wäre, nämlich die Quadratwurzel aus der Summe der Quadrate von c und seiner Geschwindigkeit.

Der Niedergang dieser Idee begann 1887 mit zwei amerikanischen Wissenschaftlern. Albert A. Michelson (1852–1931) und Edward W. Morley (1838–1923) führten ein Experiment aus, um die Bewegung der Erde durch den Äther zu entdecken. Im Experiment wurde ein als Interferometer bezeichnetes Gerät benutzt, das ursprünglich von Michelson gebaut worden war, um genaue Messungen der Lichtgeschwindigkeit durchzuführen (siehe Abb. A.1). Michelsons Interferometer besteht aus zwei geraden Armen, die im rechten Winkel zueinander aufgebaut werden. Jeder Arm hat an einem Ende einen Spiegel. An der Stelle, wo die Arme miteinander verbunden sind, teilt eine halbverspiegelte Glasplatte einen Lichtstrahl in zwei Strahlen, wobei jeder entlang eines Ar-

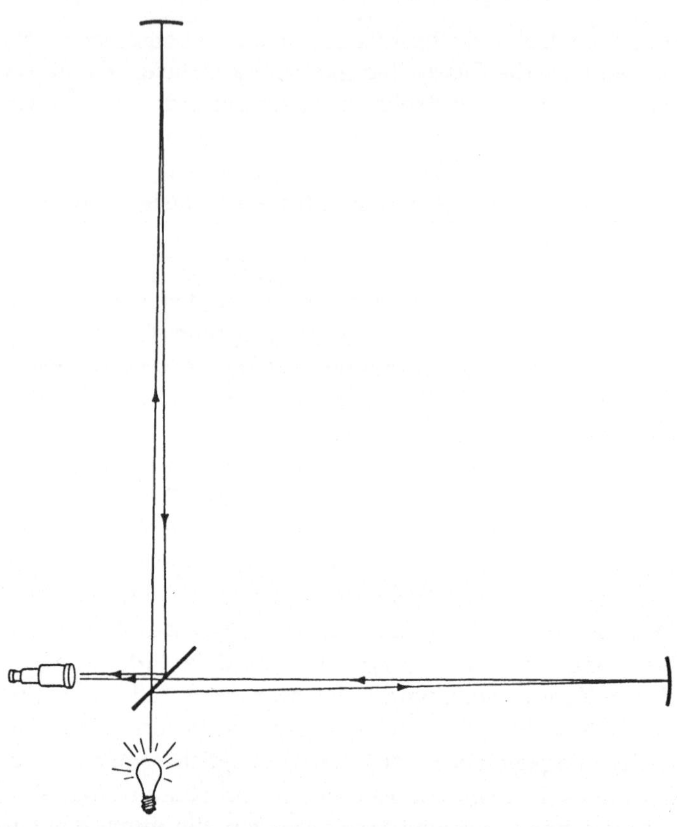

Abb. A1. Michelson-Interferometer. Licht von einer Quelle wird von einem halb reflektierenden Spiegel geteilt und breitet sich entlang von zwei senkrecht aufeinander stehenden Armen aus. Spiegel an beiden Enden werfen die Strahlen zurück. Die Strahlen werden vereinigt, und ein Muster von hellen und dunklen Interferenzringen wird beobachtet.

mes geführt und von Spiegeln an den Enden der Arme in sich zurückreflektiert wird. Wenn die zwei Strahlen wieder vereinigt werden, interferieren sie in einem charakteristischen Ringmuster; dieses hängt vom Unterschied in der Zeit ab, die von den beiden Lichtstrahlen für die Gesamtlaufzeit benötigt wurde. Falls ein Arm des Interferometers parallel zur angenommenen Bewegung der Erde durch den Äther verläuft, beträgt die Geschwindigkeit in einer Richtung weniger als c, da sie um die Erdgeschwindigkeit vermindert ist. Auf dem Rückweg ist sie um denselben Betrag größer als *c*. Entlang des anderen Arms, senkrecht zur Bewegung, ist die Geschwindigkeit in beiden Richtungen dieselbe, aber mit einem Wert, der gegeben ist durch die Quadratwurzel aus der Summe der Quadrate der beiden Geschwindigkeiten. Wenn der Apparat um 90 Grad gedreht wird, sind die Rollen des parallelen und senkrechten Arms vertauscht, so daß das Interferenzmuster verschoben sein sollte (durch den Trick den Apparat zu drehen, umgeht man die Notwendigkeit, die Arme exakt gleich lang machen zu müssen, ein Unterfangen, das in der Praxis nur sehr schwer zu erreichen ist). Um Störungen der Arme des Instruments durch Verformungen und Erschütterungen auszuschalten, stellten Michelson und Morley die Vorrichtung auf einen in Quecksilber gelagerten Betonblock. Die Beobachtungen wurden gemacht, während der Block sich langsam und gleichmäßig um eine vertikale Achse drehte. Falls sich die Lichtgeschwindigkeit aufgrund der Drehgeschwindigkeit der Erde um die Sonne, die etwa 30 km/sek. beträgt, ändern sollte, dann würde die erwartete Verschiebung im Interferenzmuster einer Armlängenänderung von vier Zehnteln der Wellenlänge des benutzten Lichts entsprechen. Jedoch wurde noch nicht einmal eine Verschiebung in der Größenordnung von vier Hundertsteln der Wellenlänge beobachtet. Was die bewegte Erde betraf, war die Lichtgeschwindigkeit entlang beider Arme gleich, egal was passierte.

Dies ist genau das, was Einsteins Relativitätsprinzip fordert: Die Lichtgeschwindigkeit sollte in allen Inertialsystemen gleich sein, ob im Ruhezustand relativ zum Weltall oder im Hinblick auf die Erde und unabhängig vom Bewegungszustand der Lichtquelle. Die Idee des Äthers ist vollkommen überflüssig. Es ist jedoch interessant zu bemerken, daß Einstein selbst offensichtlich die Einzelheiten des Michelson-Morley-Experiments nicht kannte, als er 1905 die Spezielle Relativitätstheorie aufstellte, obwohl er vage auf Experimente anspielte, in denen es nicht gelungen sei, die Bewegung durch den Äther zu entdecken.

Die Vorstellung, daß die Lichtgeschwindigkeit gleich ist, ist tatsächlich der Schlüssel zum Verständnis der wichtigen physikalischen Folgen der Speziellen Relativitätstheorie. Die erste wichtige Folge besteht darin, daß das, was wir unter „gleichzeitig" verstehen, von unserem Bezugssystem abhängen kann. Betrachten wir zwei Beobachter auf dem Boden, die sich gleich weit entfernt von einem zentralen Hauptbeobachter befinden, und zwar auf entgegengesetzten Seiten (siehe Abb. A.2). Die beiden möchten ihre Uhren synchronisieren, daher machen sie vorher aus, beim Empfang eines vom Hauptbeobachter in alle Richtungen ausgesandten Lichtblitzes ihre Uhren auf eine vorgeschriebene Zeit einzustellen. Da sie vom Hauptbeobachter gleich weit entfernt sind und die Lichtgeschwindigkeit in beiden Richtungen gleich groß ist, nehmen sie natürlich an, daß sie die Signale gleichzeitig erhalten. Schauen wir uns jedoch an, was aus dem Blickwinkel eines Beobachterpaares auf einem fahrenden Zug geschieht, das denselben Lichtblitz in Augenschein nimmt. Der Hauptbeobachter sendet ein Signal aus, das sich offensichtlich mit derselben Geschwindigkeit in beide Richtungen ausbreitet, trotz der Bewegung des Zuges (Relativitätsprinzip). Während sich die Signale jedoch ausbreiten, bewegen sich beide Beobachter am Boden relativ zum Zug. Darum muß das Signal, das in der Bewegungsrichtung gesendet wird, eine kleinere Entfernung zurücklegen bis es auf den in Fahrtrichtung stehenden Beobachter trifft, während das Signal in der Rückrichtung eine größere Distanz zum zurückbleibenden Beobachter überwinden muß. Darum erhält, den Beobachtern auf dem Zug zufolge, der Beobachter in Fahrtrichtung das Signal zuerst, bevor es vom Beobachter auf der Rückseite wahrgenommen wird. Hingegen betrachten die beiden Beobachter am Boden den Signalempfang als gleichzeitig. Diese Feststellung half, das bis dahin anerkannte Newtonsche Konzept einer für alle Beobachter gleichen, absoluten und universellen Zeit abzuschaffen.

Das Verwerfen des Konzepts einer absoluten Zeit wurde rechtzeitig durch einen anderen wichtigen relativistischen Effekt vervollständigt, der unter dem Namen Zeitdilatation bekannt ist. Diesem Effekt entsprechend tickt eine Uhr, die sich durch ein Inertialsystem bewegt, langsamer als eine Reihe von identischen Uhren, die im Inertialsystem verteilt und miteinander synchronisiert wurden (siehe Abb. A.3). Der Grund für die vielen Uhren in dem Inertialsystem-Labor besteht darin, daß man Uhren nur dann eindeutig miteinander vergleichen kann, wenn sie Seite an Seite stehen (sonst müßte man Lichtsignale zwischen ihnen senden und sich darüber Gedanken machen, was während der Ausbreitung des Signals passiert). Darum muß man die bewegte Uhr mit ver-

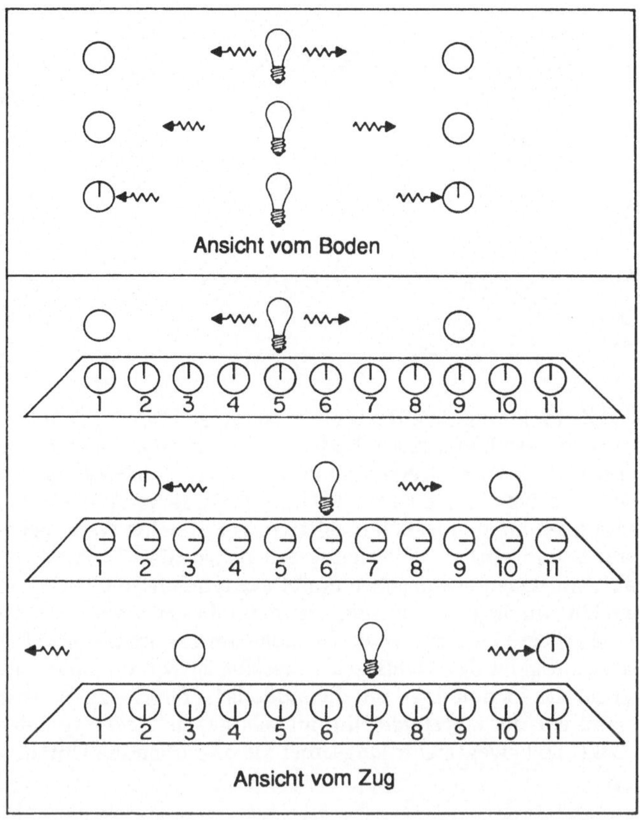

Abb. A2. Gleichzeitigkeit. Oben: Ansicht vom Boden aus. Die Hauptlichtquelle in der Mitte zwischen zwei Beobachtern sendet einen Lichtblitz aus. Jeder Beobachter stellt seine Uhr, um denselben übereinstimmenden Wert abzulesen, wenn der Blitz empfangen wird. Man stimmt darin überein, daß der Empfang der Blitze „gleichzeitig" erfolgte. Unten: Ansicht von einem Zug aus, der mit einer Geschwindigkeit vorüberfährt, die einem Drittel der Lichtgeschwindigkeit entspricht. Die Uhren auf dem Zug wurden vorher synchronisiert, wobei auf dem Zug eine ähnliche Technik wie oben benutzt wurde. Die Geschwindigkeit des Lichtblitzes, die von den Beobachtern auf dem Zug gesehen wird, entspricht jener, die von den Beobachtern auf dem Boden festgestellt wird. Ein sich nach links bewegendes Signal erreicht deshalb den Beobachter auf dem Boden, bevor das sich nach rechts ausbreitetende Signal auf den anderen Beobachter trifft, da es eine kürzere Entfernung zurückzulegen hat. Darum werden zwei Ereignisse, die auf dem Boden als gleichzeitig erscheinen, vom Zug aus nicht als gleichzeitig gesehen.

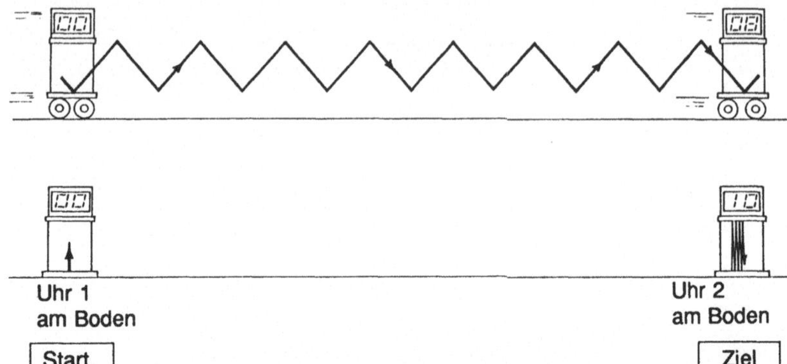

Abb. A 3. Zeitdehnung. Die Beobachter benutzen Uhren, die aus parallelen Spiegeln bestehen, die am Boden und an der Decke eines Labors befestigt sind. Jedes Mal, wenn ein Lichtsignal auf den Boden fällt, wird ein Ticken verzeichnet. Die fahrende Uhr bewegt sich mit 3/5 der Lichtgeschwindigkeit an zwei synchronisierten, auf dieselbe Weise gebauten Uhren am Boden vorbei. Währenddessen ticken die Uhren am Boden zehnmal. Vom Boden aus gesehen ergibt das reflektierte Lichtsignal der bewegten Uhr ein Sägezahnmuster, darum muß es zwischen den Reflektionen eine größere Entfernung als die Höhe des Labors überwinden. Da die Geschwindigkeit des Lichtsignals dieselbe ist wie im Labor am Boden, braucht das Licht länger, um die zusätzliche Strecke zu bewältigen. Darum wird von der fahrenden Uhr nur achtmal ein Ticken verzeichnet. Darum tickt die bewegte Uhr langsamer als die ruhenden Uhren.

---

schiedenen Uhren an verschiedenen Stellen entlang ihres Weges vergleichen. Aber solange die Labor-Uhren identisch und synchronisiert sind, dürfte das kein Problem darstellen. Nehmen wir der Einfachheit halber einmal an, daß alle unsere Uhren in der folgenden Weise hergestellt wurden: Zwei Spiegel wurden an den Enden eines Stabes aufgestellt, und der Stab wird senkrecht zur Bewegungsrichtung der bewegten Uhr ausgerichtet. Ein Lichtsignal wird zwischen den beiden Siegeln hin- und herreflektiert und jedesmal, wenn das Signal zum ersten Spiegel zurückkehrt, wird ein Ticken registriert. Bei bekannter Stablänge und Lichtgeschwindigkeit können wir die Zeitintervalle zwischen den Ausschlägen für alle Labor-Uhren bestimmen und erhalten natürlich denselben Wert. Ein Beobachter, der die bewegte Uhr begleitet, würde ebenfalls denselben Wert erhalten, denn für ihn sind die

Lichtgeschwindigkeit und die Stablänge unverändert. Aber wie verhält es sich mit der Zeit zwischen den Ausschlägen der bewegten Uhr, von den Labor-Uhren aus gesehen? Vom Laborbeobachter aus gesehen erzeugt das reflektierte Lichtsignal der bewegten Uhr ein Sägezahn-Muster, so daß die Entfernung, die es zwischen den Reflektionen zurücklegen muß, etwas größer ist als im Fall des Ruhezustands, wiederum nach dem Satz des Pythagoras. Die Geschwindigkeit des Lichtsignals ist natürlich noch immer c. Darum ist in Übereinstimmung mit den Labor-Uhren die Zeit für jeden Ausschlag der bewegten Uhr ein wenig länger als ein Ticken, darum muß die bewegte langsamer gehen. Jedesmal, wenn die bewegte Uhr eine weitere der hintereinander stehenden Laboruhren hinter sich läßt, wird beobachtet, daß sie immer mehr nachgeht.

Dieses einfache Argument kann dazu benutzt werden, die korrekte mathematische Formel für die Zeitdilatation auszurechnen. Aber es stellt sich heraus, daß der Effekt universell ist und nicht von der spezifischen Art der Uhren abhängt. Darum erfahren alle bewegten Uhren diesen Effekt, gleichgültig ob es sich um Atomuhren, instabile Elementarteilchen oder um Menschen handelt, die von biologischen Uhren beeinflußt werden.

Der experimentelle Nachweis der Zeitdilatation ist überwältigend. Wie ich bereits erwähnt habe, ist es diese Zeitdehnung, die die Zerfallsraten der durch kosmische Strahlung erzeugten instabilen Myonen verlangsamt, wodurch es ihnen möglich wird, Meeresspiegelhöhe zu erreichen. Quantitative Tests für die Zeitdilatation wurden zahlreiche Male mit Teilchenbeschleunigern durchgeführt. Ein klassisches Experiment wurde 1966 am Beschleuniger des Europäischen Hochenergie-Laboratoriums CERN in Genf durchgeführt. Die durch Zusammenstöße an einer der Streufolien im Beschleuniger erzeugten Myonen wurden mit Hilfe von Magneten so abgelenkt, daß sie sich auf kreisförmigen Bahnen bewegten und auf diese Weise für ein annehmbares Zeitintervall gespeichert werden konnten (solche *Speicherringe* wurden inzwischen zu einem wesentlichen Teil der meisten Hochenergie-Beschleuniger). Die Geschwindigkeit der Myonen betrug 99,7 Prozent der Lichtgeschwindigkeit, und die beobachtete zwölffache Zunahme ihrer Lebensdauer stimmt mit der Vorhersage bis auf 2 Prozent genau überein. Die heutigen modernen Atomuhren zeigen die Zeit so genau an, daß die Zeitdehnung berücksichtigt werden muß, wenn man die Zeit, die auf der Erde in solchen Einrichtungen wie dem U. S. Marine Observatorium oder dem Bureau International de l'Heure in Paris (oder an der Physikalisch-Technischen Bundesanstalt in Braunschweig, Anm. d. Übers.) gemessen wird, mit Atomuhren in Satelliten auf Umlaufbahnen vergleichen will. Ansonsten würden Diskrepanzen zwischen den verschiedenen Beobachtungen auftreten. (Einem anderen, als Gravitations-Rotverschiebung bekannten Effekt, einer Folge der gekrümmten Raum-Zeit, muß ebenfalls Rechnung getragen werden. Dieser Effekt ist Gegenstand des 3. Kapitels.)

Ein anderer Effekt, der eine Folge der Speziellen Relativität darstellt, ist als Lorentz-FitzGerald-Kontraktion bekannt. Es handelt sich um eine augenscheinliche Verkürzung der Länge eines bewegten Stabes, wenn er mit einem identischen Stab im Ruhezustand verglichen wird. Dieser Effekt wurde 1892 erstmalig von dem irischen Physiker George F. FitzGerald vorgeschlagen und 1895 von dem niederländischen Theoretiker Hendrik A. Lorentz näher ausgeführt bei ihren Versuchen, das Michelson-Morley-Experiment und das Wesen des Elektromagnetismus zu verstehen, ohne die Idee des Äthers fallen lassen zu müssen. Aber die Lorentz-FitzGerald-Kontraktion ist ein natürliches Ergebnis des Relativitätsprinzips und kann hergeleitet werden, indem man Stäbe und dieselben Spiegel-Uhren benutzt, die vorher dazu verwendet wurden, die Zeitdehnung zu verstehen. Auf der anderen Seite ist der Effekt experimentell ziemlich schwer zu sehen, da es schwierig ist makroskopische Stäbe zu solch hohen Geschwindigkeiten zu beschleunigen, damit der Effekt sich bemerkbar macht. Es ist nützlich anzumerken, daß für die Effekte, die ich beschrieben habe, die Abweichungen von unserer Newtonschen Anschauung abgeschätzt werden können durch das Verhältnis der Geschwindigkeit des Objekts oder Koordinatensystems zur Lichtgeschwindigkeit und das Ganze zum Quadrat erhoben. Für ein Auto, das mit 100 Kilometer pro Stunde fährt, entspricht diese Größe 20 Teilen in einer Million Milliarden oder 2 Billionstel eines Prozents.

Das Relativitätsprinzip kann auch auf komplizierte Situationen wie auf den Zusammenstoß von zwei Körpern oder die Bewegung eines geladenen Körpers in einem elektrischen Feld angewandt werden. Damit die Ergebnisse solcher Experimente unabhängig vom Inertialsystem sind, muß sich die effektive Masse oder Trägheit eines bewegten Teilchens vergrößern. Diese relativistische Zunahme der Trägheit ist es, die verhindert, daß Teilchen bis zur oder über die Lichtgeschwindigkeit hinaus beschleunigt werden, denn die Trägheit der Teilchen wächst ins Unendliche, wenn ihre Geschwindigkeit c erreicht. Das wurde zahlreiche Male in Teilchenbeschleunigern beobachtet und muß bei allen technischen Bedingungen und Kostenvorstellungen für größere Beschleuniger überdacht werden.

Fast als natürliche Folge dieses Effekts leitete Einstein eine der berühmtesten (und manchmal berüchtigten) Gleichungen der ganzen Physik her. Er demonstrierte zunächst, daß der Zuwachs der Trägheit eines Teilchens äquivalent zur Zunahme seiner Energie ist. In einem Koordinatensystem, das sich mit dem Teilchen bewegt, befindet sich das Teilchen jedoch in Ruhe, darum ist alles, was es hat, seine Masse, die gewöhnlich als Ruhemasse bezeichnet wird. Da aber die beiden Inertialsysteme äquivalent sind, muß das, was wir in dem einen System Masse nennen und das, was wir in dem anderen System als Energie bezeichnen, in Wirklichkeit dasselbe sein. So sind Masse und Energie tatsächlich äquivalent. Der Umrechnungsfaktor zwischen Masse und Energie war gerade das Quadrat der Lichtgeschwindigkeit: Daher die berühmte Gleichung $E=mc^2$. Die explizite Gültigkeit dieser Gleichung, sowohl in Kernkraftwerken als auch in Atomwaffen, hat gleichzeitig einen möglichen Schlüssel zum Überleben der Zivilisation als auch die Werkzeuge für ihre Zerstörung geliefert.

In mancher Hinsicht ergaben sich die wichtigsten Konsequenzen und Bestätigungen der Speziellen Relativitätstheorie, als sie mit der Quantentheorie verschmolz. Diese Verschmelzung, erstmalig ausgeführt von dem britischen Theoretiker Paul A. M. Dirac im Jahre 1928, führte zu zahlreichen Vorhersagen, die alle durch Experimente bestätigt wurden. Dazu gehört die Tatsache, daß Elektronen (und tatsächlich alle Elementarteilchen) mit einer *Spin* genannten Eigenschaft ausgestattet sind und die Vorhersage der Existenz von Antimaterie. Die Verschmelzung erzeugte auch neue Gleichungen der Atomstruktur, die sowohl zum Verständnis der Elektronenschalen, die die Chemie beherrschen, als auch zu einem korrekten Bild der Details der Atomspektren führten. Das gleichzeitige Verschmelzen der Speziellen Relativitätstheorie mit der Quantenmechanik und dem Elektromagnetismus führte zu einer der wichtigsten und erfolgreichsten Theorien des zwanzigsten Jahrhunderts, der Quantenelektrodynamik (QED). Sie stellt eine vollständige Beschreibung der Wechselwirkungen zwischen geladenen Teilchen zur Verfügung. Die Struktur der QED liefert nun ein Modell für die neuesten Theorien der Elementarteilchen, die auf Quarks und anderen exotischen Teilchen basieren. Sogar der Name dieser neuen Klasse von Theorien, Quantenchromodynamik (QCD), ist der QED nachempfunden. Die großartigen Erfolge dieser Theorien der fundamentalen Teilchen und Kräfte wären unmöglich gewesen ohne die zugrundeliegende Struktur der Speziellen Relativitätstheorie.

Literaturhinweise

Zum Weiterlesen

Born, M.: *Die Relativitätstheorie Einsteins*, 5. Aufl., HTB1 (Springer-Verlag, Berlin, Heidelberg 1985)

Einstein, A.: *Über die spezielle und die allgemeine Relativitätstheorie*, 23. Aufl. (Vieweg, Wiesbaden 1988)

Epstein, L.C.: *Relativitätstheorie anschaulich dargestellt* (Birkhäuser, Basel 1985)

Fritzsch, H.: *Vom Urknall zum Zerfall* (Piper, München 1983)

Pais, A.: *„Raffiniert ist der Herrgott" – Albert Einstein. Eine wissenschaftliche Biographie* (Vieweg, Wiesbaden 1986)

Sexl, R.U. und Sexl, H.: *Weiße Zwerge – Schwarze Löcher*, 2. Aufl. (Vieweg, Wiesbaden 1979)

Sexl, R.U. und Schmidt, H.K.: *Raum-Zeit-Relativität*, 2. Aufl. (Vieweg, Wiesbaden 1979)

Lehrbücher

Misner, C.W., Thorne, K.S. und Wheeler, J.A.: *Gravitation* (Freeman, San Francisco 1973)

Rindler, W.: *Essential Relativity*, 2. Aufl. (Springer-Verlag, Berlin, Heidelberg 1977)

Sexl, R.U. und Urbantke, H.K.: *Gravitation und Kosmologie*, 2. Aufl. (Bibliographisches Institut, Mannheim 1983)

Straumann, N.: *Allgemeine Relativitätstheorie und relativistische Astrophysik*, Lect. Notes Phys. 150, 2. Aufl. (Springer-Verlag, Berlin, Heidelberg 1988)

Will, C.M.: *Theory and Experiment in Gravitational Physics* (Cambridge University Press, Cambridge 1981)

Sachverzeichnis